国家社科基金
GUOJIA SHEKE JIJIN HOUQI ZIZHU XIANGMU
后期资助项目

颜李学派伦理思想研究

Research on the Ethical Thoughts of
Yen-Li School

吴雅思　著

中国人民大学出版社
·北京·

国家社科基金后期资助项目
出版说明

　　后期资助项目是国家社科基金设立的一类重要项目，旨在鼓励广大社科研究者潜心治学，支持基础研究多出优秀成果。它是经过严格评审，从接近完成的科研成果中遴选立项的。为扩大后期资助项目的影响，更好地推动学术发展，促进成果转化，全国哲学社会科学规划办公室按照"统一设计、统一标识、统一版式、形成系列"的总体要求，组织出版国家社科基金后期资助项目成果。

全国哲学社会科学规划办公室

目　录

导　论

　　明末清初是中国古代伦理思想史上一个重要的历史转折时期。但凡转折时期，必有思想争鸣。在经历了宋明理学作为官学长期占据主流地位之后，一股反宋明理学的实学思潮开始出现，成为 16 世纪到 18 世纪中国学术界的主调。其间名师宿儒，斐然成列。颜李学派闪耀于这一反宋明理学潮流中，熠熠生辉。颜李学派的创立者颜元，其弟子李塨、王源，再传弟子程廷祚等人为该学派的代表人物，是清初最具有朴素唯物主义思想特点的哲学家、伦理学家，是反宋明理学，特别是反程朱理学思想的先锋代表。他们具有忧国忧民的政治情怀，敏锐深邃的学术眼光和刚直不阿的人格胸襟，其伦理思想饱含了对秦汉以来儒家文化的积极复兴、理性反思与锐意改革。

　　颜李学派的伦理思想在明末清初时期就产生过巨大的社会影响力，代表人物李塨也曾为清廷太子傅的候选人。清末民初时期，借由戴望的《颜氏学记》，该学派再次受到关注，并一度祔祀孔庙。并且，由民国大总统出力支持，创建了相关的学术刊物《四存学刊》和学术研究组织"四存学会"。由政府出面为一个学派创办学术刊物和建立研究组织，这在中国传统伦理思想史上，还是较为鲜见的，可见其影响力之深远。因此，梁启超曾盛赞颜李学派人物能够"举朱陆汉宋诸派所凭借者一切摧陷廓清之，对于二千年来思想界，为极猛烈极诚挚的大革命运动"[1]，称该学派人物"不独是清儒中很特别的人，实在是两千年思想界之大革命者"[2]。颜李学派的伦理思想还受到了宋恕、章太炎、张之洞、胡适、钱穆、冯友兰以及毛泽东的鼎力推崇。因此，深入梳理颜李学派的伦理思想体系，科学探讨

---

　　① 梁启超：《中国近三百年学术史》，105 页，太原，山西古籍出版社，2001。
　　② 梁启超：《颜李学派与现代教育思潮》，见陈登原：《颜习斋哲学思想述》附录，209 页，北京，中国大百科全书出版社，1989。

其伦理思想的闪光点，合理评价并反思其思想理论，在中国传统伦理学史和现代中国经济建设中具有不可替代的意义。

一、本书的选题思路

明清之际，整个社会的政治、经济、思想等方面充斥着严重的矛盾。这些矛盾冲突是颜李学派伦理思想产生的学术土壤，造就了其思想的实践特性。

在政治上，农民起义伴随着民族纷争，社会处于改朝换代的动荡之中。其中，土地问题一直困扰着明清两朝统治者。明末急剧的土地兼并带来严重的社会恶果，农民起义在全国范围内此起彼伏，致使明王朝政权风雨飘摇。同样，在清初时期，土地兼并也达到令人咋舌的严重程度，影响了社会正常的农业生产。这些矛盾不断升级，致使思想家们开始质疑宋明理学的官学地位，希望能够改变社会现状，这促进了经世思想的发展。

在经济上，资本主义萌芽开始在封建经济的母体中生长。新兴市民阶层的出现为国家带来了强大的经济推动力，商品经济得以迅速发展。"商业的规模、商人的活动范围和商业资本的积累，都大大地超越了前一个历史阶段的水平。"① 然而封建经济体系仍然严重阻碍了资本主义萌芽的发展，新兴市民阶层寻求自身利益的呼声不断高涨。这一状况反映在思想领域，特别是在义利观方面，就是肯定利益，注重实效理念的出现，并促进了实学中致用思想的形成。

在思想上，西学的传入为当时的思想领域增添了新的学术力量，拓展了国人关于自然科学的新视野。实学思想家们将学术研究的范围扩展到了自然、天文、地理、兵革、医学等方面。并且，长期重农抑商的传统得到改善，工商与农业并重的新观念得以传播。在这样的社会背景下，实学思想家们饱含着对民族、社会和国家的责任意识，开始对宋明理学进行反思批判，形成了明末清初的实学思潮。

明末清初的实学思潮以反宋明理学为己任，颜李学派是其中最彻底的一支。该派对于宋明理学的批判主要集中在批驳程朱理学的伦理思想上。这一学派伦理思想主要以人性一元论为理论基础，主张人性无恶的观点，阐述了"正谊谋利，明道计功"的社会价值取向，并以具有实践精神的

---

① 傅衣凌：《明清时代商人及商业资本，明代江南市民经济试探》，7页，北京，中华书局，2007。

"习行"作为人才培养和道德教育的方式，始终以"经世致用"作为学派伦理思想的旨归，其理论具有极强的社会指导作用。

颜李学派代表人物有学派创立者颜元，弟子李塨、王源以及再传弟子程廷祚等人。其中以颜元和李塨为主要代表，因此取此二人姓氏，称为颜李学派。颜元弟子们的思想各有独特魅力，并承袭了颜元的人性一元论，认可人性为善的"气质之性"，主张"正谊谋利，明道计功"的义利观以及"经世致用"的理论目标，使该学派在中国传统伦理思想史上占有不可忽视的地位。现今所存学派人物的代表性著作包括《存性编》、《存学编》、《存治编》、《存人编》、《颜习斋先生言行录》、《颜习斋先生年谱》、《颜习斋先生辟异录》、《朱子语类评》、《习斋记余》、《恕谷先生年谱》、《大学辨业》、《瘳忘编》、《恕谷后集》、《平书订》、《拟太平策》、《兵论》、《前筹一得录》、《兵法要略》、《读书通易》、《礼乐论》、《居业堂文集》、《青溪文集》等。

简要介绍一下颜李学派的四位代表人物。

颜元，字易直，又字浑然，号习斋，清直隶博野人，生于明崇祯八年（1635），卒于清康熙四十三年（1704）。因其主张"习行"理念，并将自己的书斋命名为"习斋"，后世多称其为"习斋先生"。颜元一生饱尝生活艰难。他的父亲颜昶，是河北蠡县刘村朱九祚的养子，后改名朱昶。在颜元3岁的时候，由于清兵入关，父亲被掳，母亲也因此改嫁。在颜元幼年及少年时期，朱家尚属殷实人家。但后来因诉讼导致家道中落，颜元也因此在20岁左右开始了耕地劳作行医的生活。颜元在39岁养祖父过世后，才回归博野本宗。清朝初年，由于三藩之乱，他在51岁时出关寻父，56岁时一度到达河南，62岁时到肥乡亲设漳南书院。除此之外，颜元一生都在河北家乡度过，鲜有外出。颜元交往的名士有刁包（蒙吉）和王余佑（介祺），他还同孙奇逢（夏峰）、李颙（二曲）、陆世仪（桴亭）通过信，但都未谋面。

颜元一生的学术思想经历过多次变化。最先颜元学习陆王心学，之后转好程朱理学，后又放弃程朱思想，反对宋明理学，特别是程朱理学，最终自成一家。此后颜元在人性论上，发展了孟子的性善论，主张"理气合一"，倡导"气质"一元论，认为"气质"无恶，"恶由引蔽习染"；在义利观上，颜元反对程朱理学"存天理、灭人欲"的观点，提出了"正其谊以谋其利，明其道而计其功"[1] 的义利观，在中国古代义利观发展史上具

---

① （清）颜元著，王星贤、张芥尘、郭征点校：《颜元集》，163 页，北京，中华书局，1987。此句在后来的伦理思想史上亦被表述为"正谊谋利，明道计功"。

有里程碑式的意义；在修养论上，颜元重视实践的意义，提出"习行"的修养方式，着力培养圣贤人才。并且，颜元还在其《存治编》中分九个方面论述了如何进行社会改革，实现经世致用。颜元的伦理思想，针对当时的社会时弊，以强国济民、经世致用为最终目的。颜元晚年曾主持漳南书院，传授并实践其学说理论。众弟子中颜元最为得意者当推李塨。

李塨，字刚主，号恕谷，直隶蠡县曹家蛮人，生于清顺治十六年（1659），卒于清雍正十一年（1733）。他是颜元伦理思想学说最有力的倡导者和传播者。李塨一生经历了顺治、康熙、雍正三代帝王统治，生逢由乱而治的过程，他对颜元强国济民、经世致用的理想甚为推崇，是颜李学派的重要代表人物。同其老师颜元一样，李塨也有感于明亡的教训，认为是程朱理学的空疏导致了"兵专而弱"，人才无用的结果。

在哲学方面，他继续坚持颜元理气一元论的唯物主义观念，明确提出"理气不二"的论断。在认识论上，李塨继承了颜元有关认识论的主张，坚持认识与实践相结合的理论，并进一步发展了其"习行"观点：颜元主张习行，反对死读书；李塨在此基础上提出只重读书或者只重实践都是片面的，书中的理论和实践的经验皆不可缺少。在道德修养上，李塨和颜元一样，极力反对程朱理学所提倡的"玄谈静坐"式的教育方法。李塨提出，教育的目的在于培养经邦济世的人才，为此沿袭颜元的教育内容，制定了具体的学习内容和选士制度，反对八股取士，他将颜元的教育思想和学院授课扩展到政治实践领域。另外，李塨在政治伦理、经济伦理方面的主张也受到颜元思想，特别是颜元主张发展商业的思想的影响。因此，李塨秉持重农不抑商的观念，主张改革土地制度，给予商人一定的社会地位。

值得说明的是，颜元的思想能够在当时得到广泛传播，与李塨密切相关。李塨在康熙三十九年（1700）赴京参加乡试、两次南下浙江交游以及晚年至陕西辅政之时，都极力传播颜元思想，使颜元思想走出了中原地域，在中国南北方产生了巨大的影响。在李塨的门人所著的《李塨年谱》中可以看到，李塨不仅传播了颜元的思想，还将之改进发展："四海之内，久沉溺于宋、明之虚浮，以致议论多，躬行少，而纯法孔孟、践履笃实者，惟见于习斋先生一人。恐其信之犹未坚也，今再见次模范，以为恕谷学行与习斋若合符节，而其修明礼乐，谋画经济，更有以补习斋所未及为者，则豁然悟，崛然起矣。"①

---

① （清）冯辰、刘调赞撰，陈祖武点校：《李塨年谱》，1页，北京，中华书局，1988。

王源，字昆绳，别字或庵，清顺天府大兴人，生于顺治五年（1648），卒于康熙四十九年（1710）。作为颜元门下的第二大弟子，王源也极力反对空疏的程朱理学，甚至以儒者这个称呼为耻。

在哲学上，王源是个纯粹的唯物主义者，认可世界的物质性，提出运动无尽头。因此王源反对迷信，主张无神论。在人与自然的关系问题上，他提出人应该遵循自然，但同时也需要发挥人的作用去改造自然，否则就不能够成为人。王源伦理思想最重要的建树在经济伦理领域。他明确提出"惟农为有田，士工商皆不得有田"的理论，实质上是对封建土地所有制提出了变革的要求。在这一点上，其革新精神之强为历代思想家所不可企及。虽然这一想法有难以实现的时代因素，却是后来孙中山所倡导的"耕者有其田"理论之源起。同李塨相似，王源也反对"重农抑商"的政策。他主张积极发展经济，保护工商业，希望改革中央机构，减免赋税。他提出了一种类似现代所得税的制度，比欧美国家要早近300年。这一思想是颜李学派经世致用取向最为明显的体现。王源伦理思想的另一突出特点，是其军事思想极大地反映了颜李学派讲求实践习行、经世致用的学术特色。他明确指出，宋明时期的理学主张玄谈，鲜有涉及兵武之道，这是最终导致亡国的直接原因之一。他结合经世致用的思想，反对坐谈兵戎，提出"自制之道"和"制敌之道"，对于将帅的道德情操以及军队赏罚制度有创新性的见解，体现了颜李学派经世致用理论在军事方面的建树。

程廷祚，初名默，廷祚为其后所改，字启生，号绵庄，晚年号青溪居士。他原为徽州人，曾祖父为明朝遗老，曾迁至南京经商，生于康熙三十年（1691），卒于乾隆三十二年（1767）。程廷祚是颜李学派的再传弟子，在22岁左右，因受岳父的影响而倾心颜李学，成为颜李学说的信徒。其后与李塨接触，往来书信以谈学问。

他继承理气一元的理论，是颜李学派中最彻底的朴素唯物主义者，并对颜元的有神论进行了修正。程廷祚认为天地是运动辩证的，而生活在其间的人具有独特的认识能力，肯定了人在自然界中的地位。在人性论问题上，程廷祚坚持人性本善，主张气质之外无性。他扩大了颜李学关于人欲的观点，将人的需要分成三类，即饮食、男女、生死。与程朱理学不同，程廷祚认为这三类需要并不是罪恶的来源，不会导致人性堕落，相反是人性之善的体现。这一观点之大胆，体现出程廷祚真情至性的学术态度，为明末清初反对宋明理学的实学思潮增添了力量。程廷祚对程朱理学的批驳同样体现在道德修养论上。他继承了颜元、李塨的观点，援用先秦孔子六艺的内容，赞同"习行"为圣人之道的观点。程廷祚的学术观点同样也对后世产生了影响，对戴震的致知进学思想的影响尤其深厚。

　　然而，尽管程廷祚在转信颜李学后，反对宋明理学，尤其是程朱理学的玄虚不实，站在实学角度阐明其观点，但其在学术生涯的后期，态度却有所改变。清初的实学思潮并没有完全取代宋明理学，伴随着清廷思想控制的加紧和文字狱的兴起，宋明理学再度成为官学，颜李学派的境遇开始变得艰难。雍正七年（1729），御史谢济世因谤程朱而获罪，李塨门生被诬私藏禁书而家破人亡，程廷祚也险遭株连，这都迫使程廷祚改变了对程朱理学的激进反对态度。大多数说法认为程廷祚在其学术生涯的后期放弃了颜李学说，但是胡适认为程廷祚仅仅是改变了传播颜李学的方式，并未背弃师门。虽然颜李学派能够清醒地认识到当时社会的时弊，其思想也在一定程度上顺应了资本主义经济萌芽的发展需求，但仍然因为清廷的政治取向而渐渐湮没于历史中。在程廷祚之后，颜李学派的学说鲜有传播与发展。

　　总体来说，颜李学派思想的主旨是经世致用，经邦治国。围绕于此，颜李学派思想家结合明末清初的时局，认识到宋明理学，尤其是程朱理学思想的空疏和弊端，将经世致用作为其伦理思想的主体，从"气质无恶"的人性论基础出发，遵循"正其谊以谋其利，明其道而计其功"的价值取向，通过"习行"的个人修养方式来培养圣贤人才，最后达到经邦治国的目的。其理论思想在明清之际颇有前瞻性，能够看到社会的时弊，也顺应了经济发展的需求，却因为清廷的政治取向而湮没不传。满人入主中原，为了消除统治障碍，清政府推行了文字狱，并且其"西学东源"的自大观念以及保守的经济政策，都使得颜李学说的发展在清初时期步履维艰。

　　但是颜李学派学术思想的先进性没有被时间磨灭，研究颜李学派的伦理思想有其深刻的理论意义。

　　其一，颜李学派的伦理思想具有启蒙和复兴古代儒学的色彩，其"正谊谋利，明道计功"的义利观，对于打破清初宋明理学的桎梏，为民众打开理性天窗，具有重要的价值。研究这一思想，对于革除空疏、伪善和唱高调之风，确立正视物质利益、肯定并满足合理的个人利益，进而保障个体的实际幸福的义利观，具有重要意义。

　　其二，颜李学派最重要的贡献之一就是提出了"习行"的修养方式，其理论的实践性为当世思想家所不及，对后世学者如戴震、章太炎、梁启超、毛泽东的理论思想以及民国大总统徐世昌的政治态度都有着直接的影响。研究颜李学派的"习行"思想，对于建构现代道德实践理论，使道德培养从玄虚的书本里走到实际社会中去，具有重要意义。

其三，颜李学派所倡导的教育方式，体现了"人的全面发展"的观点，该学派创始人颜元亲设的漳南书院可谓是现代教育的雏形。学派在个人修养方面不仅重视个人的道德素质，同时也重视个人的身体素质，如学派代表人物颜元是个武艺高超之人，他将孔子之六艺作为教学内容。这一学派发展体育的思想对毛泽东的影响颇为深远，毛泽东曾于 1917 年在《体育之研究》一文中对颜李学派重视体育的思想表示了深切的敬意。研究颜李学派的教育理念和道德修养理论，对于改进现代教育，特别是改进现代道德教育理论不无裨益。

颜李学派的伦理思想是传统文化的重要组成部分，对其进行深入研究颇具现实意义。

第一，有利于发扬经世爱国的传统，增强社会责任感。颜李学派伦理思想的旨归是"经世致用"。这是在总结明王朝国力衰微、国家灭亡的教训的基础上产生的。这种思想饱含了颜李学派以天下为己任，关心国家兴亡和民族命运的情怀，有着强烈的社会责任感和历史使命感，是中华民族爱国主义传统的美好体现。这也是我国建设中国特色社会主义过程中不可或缺的道德品质。

第二，在建设市场经济的条件下，将"义""利"对立就是否定了个人利益的合理性，就是否定了人性，同我国建设社会主义市场经济是不相适应的。颜李学派的义利观可以为我们提供清醒的参考：该学派充分肯定了人的自然欲望及利益的必然性与合理性，主张用正确的方式追求合理利益，促进国家经济发展。可以说，颜李学派的义利观为如何看待个人利益和社会公共利益的关系问题提供了理论依据。

第三，颜李学派的伦理思想重视发展国家经济，强国富民的主张体现在其政治、经济、文化三个方面的制度制定之中，这为我国发展社会主义市场经济，走强国复兴之路提供了理论参考。

第四，颜李学派重视实践、讲求"习行"的伦理思想更是将道德教化同个体的具体生活实践结合了起来，成为"实践是检验真理的唯一标准"理论的传统文化渊源之一，对于我们当今社会的发展，仍然具有一定的借鉴意义。

第五，颜李学派重视教育，为我国科教兴国战略提供了理论反思。颜李学派在德育领域的贡献在同时代思想家中首屈一指：他们将人才培养同国家命运紧密联系起来，看到了人才的重要性；其"习行"的教育理念打破了程朱理学的弊端，具有革新精神。颜李学派的伦理教育体系，其学科的设置具有前瞻性和突破性，不仅重视传统德育的教化，还将自然科学及军事国防等科目纳入教育体系之中，是现代学校教育制度的雏形。教育关乎国家命运，在当代，我国更应该继续推行科教兴国的战略，颜李学派的理论为这一战略提供了理论参考。

研究颜李学派的伦理思想，势必要涉及前人对于颜李学派的研究。几百年来，颜李学派的学术思想研究经历了三个高潮时期：颜元在世之时，其弟子李塨、王源、程廷祚大力宣扬颜李学派的学术思想，引起学术界和政治界的重视，不少文人权贵转信颜李学；清末民初，戴望的《颜氏学记》再次掀起颜李学的热潮，宋恕、章太炎、张之洞、刘师培、梁启超、康有为、孙宝瑄、李石曾、胡适、钱穆、冯友兰、毛泽东等人对颜李学派皆推崇有加，民国大总统徐世昌也亲自筹备《四存学刊》；新中国成立后，从 20 世纪 80 年代到 21 世纪初，伴随着河北省颜李学相关会议的召开，国内学术界又掀起一股研究颜李学派思想的高潮。

颜李学派伦理思想研究的第一个高潮时期伴随着颜元学术思想传扬的过程展开。颜元在世的时候，其弟子李塨撰写的《瘳忘编》、《存治编序》，张文升撰写的《存治翼编》，郭金成撰写的《存学编序》等等，都是对颜元思想的继承与发扬。特别是其弟子李塨，在应邀讲学交游的过程中，将颜元的伦理思想传扬于大江南北，受到学术界和政界的极大关注。就连当时的清廷也希望能够聘请李塨为其皇储讲学，将李塨列为太子傅的候选人。虽然当时颜元的思想得到弟子们的传扬，但是就颜元本人而言，他非常反感著述，一生中也鲜有交游。即便如此，后人仍然可以从李塨编纂的《颜习斋先生年谱》、钟錂编纂的《颜习斋先生言行录》中了解颜李学派思想的发端。这两部著述都是在整理颜元《日谱》的基础上完成的。虽然颜元反对著述，但他仍然保持了记录"日谱"的习惯。这一习惯从 30 岁开始一直持续到他去世，为后世保存、研习其伦理思想提供了宝贵的资料。此外，钟錂编纂了《颜习斋先生辟异录》，并在李塨修改的基础上，将颜元本人所著之《习斋记余》加以修订。另外，根据《日谱》编纂的《四书正误》以及《朱子语类评》等资料，连同长达 40 年的日谱记录，以及颜元生前与学界同人的往来书札，都是研究颜李学派思想的重要资料。更值得一提的是，在颜元生前，得以刊印的著述只有《存学编》和《三字书》。在其过世后，经过李塨的努力，《存性编》、《存人编》、《存治编》也得以刊印。另外，恽鹤生也在颜李学的传播过程中发挥了作用。恽鹤生在同李塨交流后，转信颜李学，使颜李学在南方得以广泛传播。可以说，在清初时期，颜李学派的思想研究及其传播离不开李塨、王源、钟錂和恽鹤生的努力。这个时期，是实学迅速发展的阶段，也是传播、研究颜李学派伦理思想的第一个高潮阶段。

　　颜李学派伦理思想传播、研究的第二个高潮阶段是在清末民初。在第一个高潮时期过后，伴随着清廷借助程朱理学摆脱政治困境，与其对立的颜李学派逐渐受到打压排挤，其间鲜有对颜李学派的推崇与研究，甚至连学派再传弟子程廷祚也不敢再宣扬颜李学说。到了清朝末期同治年间，戴望编纂《颜氏学记》，宣扬了颜李学派的学术思想，才又逐渐引起学人对颜李学派伦理思想的兴趣和重视。颜李学派受到程朱理学排挤的局面在19世纪末20世纪初开始得到改善。1893年，清廷准奏重修《清史·儒林传》，颜元从"附传"上升到"专传"，可见其地位的回升。国学大师章太炎将颜李学派创始人颜元尊崇为"大儒"，在研究中强调颜李学派的尚武精神；梁启超在其著作《中国近三百年学术史》中对颜李学派给予了极高的评价，认为颜李学派是"举朱陆汉宋诸派所凭借者一切摧陷廓清之"，在《颜李学派与现代教育思潮》中将颜元和杜威相提并论，认为颜李学派的教育理论比杜威更早更彻底。

　　颜李学派的思想不仅在学术界再次受到重视，在政界亦是如此，颜李学派的思想备受中华民国大总统徐世昌的推崇。1920年，徐世昌于前清太仆寺旧址创设了"四存学会"并创办了《四存学刊》，宣讲颜李学派的伦理思想。"四存学会"的会员更是整理搜集颜李学派的著作，编纂并刊印了《颜李丛书》，其中包括颜李学派著作共40余部。

　　20世纪30年代，国民政府中央研究院的特级研究员，金陵大学教授陈登原先生著书《颜习斋哲学思想述》，认为颜元的伦理思想是救国良策。更值得一提的是，毛泽东对颜李学派思想也颇有研究，并很是赞赏。他在《体育之研究》一文中对颜李学派文武合一，提倡"习行"的思想给予了高度的肯定。可以说，颜李学派注重实践、倡导"习行"的思想是"实践是检验真理的唯一标准"理论的中华传统文化渊源。

　　这一时期颜李学不仅在国内成为显学，也开始走向国际学界。1906年，日本东京铅印出版了戴望的《颜氏学记》，这是国外关注颜李学派学术成就的发端。1926 年，曼斯菲尔德·弗里曼 （Mansfield Freeman） 在英文杂志《皇家亚洲学会中国华北分会学报》（*Journal of the North Chi-na Branch of Royal Asiatic Society*） 1926 年第 17 期上发表了学术论文《颜习斋：17 世纪的哲学家》（"Yen HsiCHai, A 17th Century Philoso-pher"）。可见当时颜李学派已经受到国际学术界的关注。

新中国成立以后也出现过研究颜李学派思想的热潮，这是研究的第三个高潮时期。古籍出版社出版了颜元的代表作《四存编》，李国均撰写了《颜元教育思想简论》，姜广辉撰写了《颜李学派》，这些都是颜李学派研究极具代表性的成果。

近二三十年来，颜李学派学术思想研究成果以单独研究颜元的伦理教育思想为最盛，而研究整个学派思想的其少。特别值得指出的是，一些研究成果在颜元的生平细节上出现了遗漏和失误，一些期刊文章将颜元划归为地主阶级，或者认为颜元走的是孔孟复古之道。这些同前辈思想家梁启超、侯外庐所提出的颜李学派是用"复古的形式表达了新兴的思想"的论断相比较，是研究的倒退。

2004 年和 2005 年是颜元学术思想研究的高峰时期。2004 年是颜元逝世三百周年，为了纪念这位伟大的河北思想家，河北师范大学承办了"颜元教育思想与现代教育改革国际学术研讨会"，《河北师范大学学报》教育科学版开辟"习斋研究"专栏。此后几年，有关颜李学派的书籍出版较多：葛荣晋著《中国实学文化导论》、陈山榜著《颜元评传》、朱义禄著《颜元 李塨评传》、傅济锋著《习行经济：建基于"气质性善论"的习斋哲学研究》、高青莲著《解释的转向与儒学重建：颜李学派对四书的解读》、王春阳著《颜李学的形成与传播研究》等等。他们都在深入挖掘颜元伦理思想的基础上，对颜元的实学思想、教育思想和军事思想做了系统的论述研究，取得了丰硕的成果。这一阶段研究颜元的论文成果也很丰厚，达数百篇。这些文章多是对颜元的道德教育思想进行探析，突出其"实"的教育哲学理念与方法。将颜元的思想同墨子、朱熹、洛克等人相比较的文章较多，在此不一一列举。通过比较的方法来探寻颜李学派，特别是颜元思想的成果，是这一时期较为显著的特征。

回顾颜李学传播和研究的三个高潮时期，可以发现政界和学界都对其给予了高度的关注。时光流转，颜李学派伦理思想仍然保持了理论的光辉，散发出学术生命力。

二、本书的主旨与思路

本书选择明末清初颜李学派伦理思想为研究对象，旨在从伦理思想史和经济学史的视域，以明末清初的实学思想为背景，结合与同时代英国思想家亚当·斯密的经济伦理思想的比较，探讨颜李学派伦理思想中的人性论、义利观、"习行"修养方式、"经世致用"思想的内在逻辑与理论内容，揭示在清初资本主义萌芽时期其学术兴衰的缘由，并讨论其现代理论价值。本书除导论外共分七个部分：颜李学派伦理思想的简介及其产生的历史文化背景、理论基础、社会价值取向、实践方式、终极目标、历史命运及价值启示。

全书基本结构及主要内容如下：

导论部分简介了颜李学派的概况，阐述了选题目的和意义；评述了自明末清初至今，有关颜李学派思想的研究成果；论述了本成果的研究方法，即文献综述法、历史唯物主义研究法和比较研究法。

第一章主要论述颜李学派产生的政治、经济、文化背景，研究其学派构成、师承关系及学派的理论特色。本章首先着眼于颜李学派产生的历史背景。明清之际整个社会的政治、经济、文化等方面的矛盾，特别是封建地主阶级同农民之间的矛盾以及不断激化的民族矛盾，使明王朝的腐朽统治摇摇欲坠；在经济上，资本主义萌芽开始在封建经济的母体中生长，新兴市民阶层开始出现，并积极寻求自身的利益；在思想上，西学的传入为当时的思想领域吹进了一股新风，拓展了国人对于自然科学的视野，长期重农抑商的传统得到改善，工商与农业并重的新观念开始传播。思想家们将学术研究的范围扩展到了自然、天文、地理、兵革、医学等方面，开始对宋明理学进行反思批判。颜李学派诞生于这样的背景之下，并成为清初反宋明理学思潮中最坚定的一支力量。本章还分析了颜李学派的主要代表人物、师承关系以及该学派的理论特色，即功利性、实践性和前瞻性。

第二章主要论述了颜李学派伦理思想的理论基础，即人性论思想。颜李学派的人性论继承孟子性善论，主张人性一元论，主张人性"无恶说"。这种人性论主要是针对当时程朱理学的人性二元论和"存天理、灭人欲"的传统而建立的。颜李学派的人性论肯定了人性无恶，人欲合理，是该学派"正谊谋利，明道计功"的义利观的理论基础。认为"恶"存在的原因是"引蔽习染"，认为人性是可塑的，强调人的道德修养的重要性，从而为其教育理论提供了理论依据。然而，这一人性论没有科学地回答人性的社会属性问题；在论述人性中的恶与"引蔽习染"的关系时，分析比较肤浅，没有对性恶产生的根源做出进一步探究。

第三章论述了颜李学派的义利观。颜李学派的义利观是在反思孔子"以义制利"，孟子"贵义贱利"，董仲舒"正其谊不谋其利，明其道不计其功"，宋明时期"利不可言"、"存天理、灭人欲"等思想的基础上形成的。它适应封建社会走向晚期、资本主义经济因素开始萌芽的社会变化，对阻碍社会进步和经济发展的程朱理学的义利观进行了批判，提出"正谊谋利，明道计功"的义利观，凸显、肯定了个体利益的合理性。在道义与利益之间的辩证关系上提出了具有创造性的观点，在中国古代"义利"之辨的历史上享有重要的学术地位。

第四章阐述了颜李学派理想人格的教育方式。在梳理了自先秦开始历代理想人格的具体内容和培养方式的基础上，论述了颜李学派"经世致用"的理想人格及其教育理论。从理论上具体分析了颜李学派理想人格——圣贤——设立的理论依据，即人性论方面的理论依据和义利观方面的理论依据。最后，集中论述了颜李学派圣贤培养的具体方式——习行。颜李学派针对程朱理学主静的修养方式对社会的贻害，推崇"习行"，即无论道德教育还是道德修养，都需要在实践中展开。因此，围绕社会道德教育和个体道德修养，论述了"习行"的理想人格培养方式的具体体现。颜李学派的理想人格和黜空谈静修，重实践验证的人才培育模式，具有革命性的意义。

第五章以文本分析的方式，阐述了颜李学派伦理思想体系的最终目的，即"经世致用"思想在政治、经济和文化领域的举措。在《存治编》中，颜元主要分王道、井田、治赋、学校、封建、宫刑、济时、重征举、靖异端九个部分论述了其经世致用思想在国家治理制度上的具体运用。在政治方面，颜李学派力主恢复"封建"，改革人才培养方式，取消八股取士制度；在经济方面，颜李学派针对当时土地兼并的状况，提出实行井田制，并且还主张改革税收制度；在田租税收方面，颜李学派坚决反对货币租赋，并陈述了货币地租带给人民的弊端；在商业问题上，颜李学派反对传统的抑商政策，提出了一种类似于近代所得税的制度，这可谓是世界商业史上前无古人的理论，对于积极发展工商业，增强国力有着极大的促进作用。颜李学派的具体举措，具有"复古"的形式，然而在内容上适应了历史的经济发展需求，具有新时代特色。

第六章通过与同一时代英国思想家亚当·斯密的伦理思想进行比较，

分析了颜李学派伦理思想的闪光点、对后世的影响及启示。颜李学派伦理思想与同时期英国思想家亚当·斯密的伦理思想，无论是形成背景还是理论内容都颇有相似之处。他们的思想皆发端于资本主义萌芽时期，并力图建立理想的社会。在人性论问题上提出了人性无恶，肯定了个体利益的合理性和国家利益的重要性，并积极寻求调节个体利益同国家利益之间矛盾的方式，即"看不见的手"和"习行"。本章通过将《四存编》、《平书订》的思想同斯密所著《道德情操论》及《国富论》的思想相比较，分析了颜李学派和亚当·斯密建立理想社会理论的基础内容，同时厘清了在建立理想社会过程中劳动的价值、商业的地位及制度的作用。在此基础上提出两种理论命运迥异的缘由：在制度方面，中国当时的大一统制度，在极大程度上制约了封建经济母体内资本主义萌芽的发展，资本主义在中国早熟却极不成熟，导致同资本主义经济相契合的理论不可能为历史所选择。在文化传统方面，由于中国长期重农抑商的传统和士大夫阶层的思想家介于主人和奴仆之间的强烈的国家主人翁意识，以及颜李学派第三代传人程廷祚生活时期的文字狱运动，导致颜李学派略具实用的伦理思想，终究不敌宋明理学对中国封建社会的"有用性"。在个人境遇方面，亚当·斯密颇受欧洲当时自由主义、重农学派和同时代思想家的理论影响，而颜李学派却亲历了朝代更迭、战乱频发的乱世，其理论所追求的重心虽然相同，却在不同社会受到了不同待遇。斯密所生活的英国，国家注重维护经济秩序，承担了调节的角色；而颜李学派生活的清朝，政府关注维护社会的精神秩序，重视教化民众。

第七章总结了颜李学派的思想精髓、精神气质，阐述了它所表现出来的强大生命力。在 20 世纪，中国经历了巨大的变迁，风云人物辈出。颜李学派的伦理思想经过两百多年的沉寂后，再次受到世人的瞩目。民国大总统徐世昌积极创办"四存学会"，创办《四存学刊》。由政府出面单独为一个学派创建学会和刊物，这在中国传统伦理学史上非常鲜见。梁启超、刘师培推崇其教育主张，孙宝瑄、胡适推崇其实践、实用的实学精神，毛泽东推崇其体育精神。在 21 世纪，颜李学派的理论思想仍然具有借鉴价值和强大的生命力：它突出了全面发展、劳动修身的育人观念，倡导独立实践、自立自强的奋斗精神，关注个人同国家的关系。虽然颜李学派的伦理思想并不完善，但这并不妨碍它对于当代中国建立和谐理想社会具有借鉴意义。

虽然颜李学派的伦理思想没有成为清代历史最终的选择，但是该学派重击了清初宋明理学的桎梏，打开了理性天窗。创始人颜元所主持的漳南书院，代表了现代教育模式的趋势，其教育理念包含了人的全面发展的科学因素，其体育同道德教育的关系理论对青年毛泽东产生了深远的影响。值得一提的是，颜李学派在人性论和义利观方面的理论，肯定了人性之善，确立了合理个人利益的理论地位，提出个体利益同国家利益具有一定的一致性，主张义为利先。这些理论不仅在当时具有革新精神和理论前瞻性，即使在今天仍然具有突出的现实价值，为我国建设社会主义市场经济，调控个人利益与国家利益的关系，理解道德与利益的关系，在实践中搞好经济建设等提供了极有价值的参考。

三、本书的研究方法

学术研究总是建立在一定的方法基础之上，研究工作的顺利完成离不开正确的研究方法。本研究主要采用以下方法：

1. 文献综述法

颜李学派伦理思想研究属于中国古代传统伦理学研究，需要对学派人物著作进行研读，也要对与学派相关的人物的著作进行研读。鉴于此，做颜李学派伦理思想研究需要全面搜集学派人物的代表著作，恪守原文，仔细分析，避免断章取义。全面综合地把握学派人物，将其学派思想历史地还原于本书的思想分析及论述之中。这是本研究的首要方法。

2. 历史唯物主义研究法

历史唯物主义的根本观点是社会存在决定社会意识，社会意识反作用于社会存在。社会存在是第一性的，社会意识是第二性的。这一观点深刻地揭示了两个问题：其一，人类思想的来源问题；其二，人类思想的作用问题。因此，颜李学派的伦理思想作为一定社会关系的产物，其性质取决于当时学派人物所生活的历史物质条件。按照历史唯物主义的方法研究颜李学派的伦理思想，需要将学派各代表人物的思想理念放置于明末清初的社会历史背景之中，将思想与社会历史结合起来，把握并分析明末清初中国社会的政治、经济和文化背景，探析这些背景形成的原因。

同时，运用历史唯物主义方法研究颜李学派伦理思想，还需要注意两个方面的内容。一方面，从纵向来看，无论是学派内部代表人物之间，还是在与整个中国传统伦理思想史上的其他学派的关系中，都存在理论的承继。因此要尊重历史发展具有的连续不断的性质特征，注重颜李学派内、外部的学术历史承继关系，借鉴历史，全面客观地评价理论。另一方面，从横向来看，学派内部代表人物的思想发展具有一定的理论相关性，在看到他们思想相似性的基础上，更要把握各个代表人物所处的不同社会历史背景，把握不同社会阶段中社会存在对社会意识的决定作用，发掘其思想的差异性。这样才能够从整体上正确评述颜李学派的思想特征和主旨。

可以说，对颜李学派伦理思想的研究，不仅需要深入分析当时的社会历史背景，同时还要注意这一学派思想的历史沿革，尊重历史发展的延续性。这样才能够全面、清晰地分析颜李学派伦理思想的内涵。颜李学派产生于明末清初，当时社会政治的动荡、资本主义经济的萌芽、宋明理学的流弊与实学思潮的兴起都对该学派思想的形成具有不可抗拒的历史影响力。尊重历史，才能够更好地理解颜李学派理论的优秀内涵，才能够更好地理解其学派兴衰的缘由，才能够结合我们现在的国情，有选择地继承并借鉴其理论。分清利弊，去伪存真，这是运用历史唯物主义方法研究颜李学派伦理思想所希望达到的目的。

3. 比较研究法

21 世纪是文化对话的时代，文化的对话形成了比较的视野。当人们研究不熟悉的事物时，常常要同熟悉的事物相比较，以获得更进一步的认知。然而，比较的意义不仅于此。通过比较，能够从不同的角度激发人们的认知，进而进行反思，以达到整合新的理念，超越原有思想的目的。

颜李学派的重要人物和创始人颜元，同英国思想家亚当·斯密生活的年代相近。将颜李学派伦理思想与斯密的伦理思想相比较，其差异性之大可想而知。但是通过这样的比较，可以更好地反思颜李学派的历史命运，分析其荣辱兴衰的命运根源，发掘颜李学派伦理思想的独到之处。当然，中西比较的研究目的，是找出双方思想中的相似之处与相异之处，并对此进行分析评价。那么，这样的分析评价就离不开一个标准。如果仅仅用西学标准来衡量中国传统文化，那将有失公允，也不利于中国优秀传统文化的继承与发展。但是寻找一种客观的、公正的、具有普遍价值的标准来衡量，却又是不现实的事情，因为这样的标准很难真正存在。因此，本书所用的比较方法，是将中西方思想互为标准进行比较。通过这种互为标准的比较，可以公正清楚地看到中国传统文化的优势与弊端，从中汲取有益于中国现代社会发展的思想成分。

具体而言，本书选择将英国思想家亚当·斯密的伦理思想作为颜李学派伦理思想比较的对象，原因有三。

其一，时间。亚当·斯密活跃的年代和颜李学派活跃的年代非常接近，其理论生成的历史背景也极其相似。颜李学派伦理思想形成于明末清初，正是中国传统文明与西方文明走上不同发展道路的关键时期，也是中国资本主义开始萌芽却尚未成熟的关键时期。而此时欧洲正处于封建社会的瓦解阶段，资本主义生产关系开始萌芽并急速发展。所以说，二者都处于大变革的历史时期。

其二，内容。颜李学派与亚当·斯密伦理思想都旨在建立一个理想的社会，前者著有《四存编》和《平书订》，后者著有《道德情操论》和《国富论》。颜李学派提出"经世致用"，斯密提出"富国裕民"，皆为各自建立理想社会的目标。他们在人性、个人利益及个人行为调节方式这三个方面都有着相似之处。第一，肯定了在人性中天生存在"善"的因素；第二，认为个人利益具有存在的必然性和合理性；第三，提出了调节个人行为的方法。这些都是他们建立理想社会的基础。而建立理想社会，无论高举的是"经世致用"还是"富国裕民"的旗帜，都包含了对社会物质文明和精神文明发展的要求。换言之，这要求在良好道德秩序下发展物质文明。因此，二者都论述了劳动的价值、商业的地位及制度的作用，实质上反映了个人、市场和国家三者在理想社会建构中的不同作用，为我们展开理论反思提供了基础。

其三，结局。颜李学派和斯密生活于相似的历史时期，其思想内容都围绕建立理想的社会展开，但两者的学术命运却极为不同：颜李学派兴盛一时，虽是当时实学思潮中最具革命精神的代表，却渐为清廷所搁置，直至清末民初才再次受到关注；而亚当·斯密的学术理论在英国、欧洲大陆甚至全球掀起热潮，持续至今。此后，英国和中国的国家命运也迥然不同：英国迅速进入了工业化时代，开始建立市场经济体系；中国国力逐渐衰落，直至沦为半殖民地。探寻这种相似理论遭遇迥异学术命运的缘由，可为中国现代社会提供有价值的借鉴。

第一章　时代背景及学派特色

中国传统伦理思想历史悠久，源远流长，每一流派都能够在历史长河中找到其理论萌芽的土壤。由于流派的产生总是与当时的社会历史背景密切关联的，因而在评析某一学派的思想之前，对其产生的历史时代背景进行分析就显得尤为重要。颜李学派产生于明末清初，此时中国正处于王朝更迭的剧烈动荡之中，政治、经济、思想界都在经历着重大的转型。这些时代背景在颜李学派的思想里刻下了烙印。尤其在思想界，当时许多学者对长期以来处于正统地位的宋明理学进行了抨击，以推崇实学为代表的颜李学派，更是成为了这支批判大军的先锋，与其他学派一道，动摇了宋明理学的正统地位。

可以说，从纵向看，颜李学派能够在中国传统伦理思想的长河中找寻到流派的理论渊源；从横向看，其产生的时代更是在多方面为该学派提供了理论养分，赋予其存在的必然性。因此，要完整把握颜李学派的伦理思想，首先需要深入明末清初的历史中，通过分析政治上的政权更迭、经济上的资本主义发展、思想上的实学兴起等背景，探求该学派产生和成长的环境，从而正确评价颜李学派的伦理思想体系。因而，本章将主要分析颜李学派产生的时代背景及其在抨击宋明理学，尤其是批驳程朱理学思想的过程中所表现出来的学派特征。

第一节　颜李学派产生的时代背景

明末清初，中国在政治、经济和思想方面皆处于大变革阶段。黄宗羲形容这一时期的特点为"天崩地解"，可见其变革程度之深，影响之大。

在政治上，各类矛盾开始激化。一方面，由于受到明末农民起义的打击和少数民族的边犯，明王朝在经历了内忧外患之后覆灭，新的封建王朝清朝建立起来。国家政权的更迭使当时的社会矛盾进一步激化，土地的纷争不仅动摇了明王朝的统治，也为清政府稳固王权埋下了重重隐患，农民流离失所，民生凋敝。这一时期，朝代的更迭使宋明理学暂时丧失了稳固有力的政治依靠力量，这无疑为颜李学说的发展创造了有利的政治环境。另一方面，除了封建统治者和农民阶级之间的矛盾，前者同新兴市民阶层之间的矛盾也开始显露。此时，资本主义萌芽的产生推动了新兴市民阶层的崛起。然而，这种崛起却在原本已经激化的阶级矛盾中又增添了新的冲突点。它"使得明末清初的阶级关系和阶级矛盾十分错综复杂，斗争方式又是多种多样，具有不同的类型"①。这种复杂的阶级关系和阶级矛盾，促使思想家们开始重新审视并质疑宋明理学的官学地位，从而在客观上推动了颜李学说的发展。

在经济上，资本主义萌芽成为这一时期的特点。明朝后期，在江南地区商品经济较为发达的地方，资本主义萌芽开始出现。然而，中国的资本主义萌芽早熟却不成熟，其发展受到传统封建地主经济的压制。在这个过程中，旧的生产关系扼制了早熟的资本主义萌芽，使其没有能够得到正常发展。傅衣凌先生在《明清社会经济史论文集》中曾经描述过当时的情景：一位地主从事了某些商业性的经营之后，获得了非常可观的利润，这让他的邻居非常羡慕，"然亦不能夺其故习也"②。从这个故事中可以看到，在明末清初的中国社会，虽然资本主义的生产方式开始萌芽，市民阶层作为新兴力量开始出现，一部分地主阶级开始成为资本主义生产方式的代表；但是，中国传统封建生产关系仍然没有被动摇，在其桎梏下，资本主义生产方式并没有广阔的发展空间。虽然人们开始积极寻求经济利益，这种生活方式却很难得到广泛认可，更无法在全国范围内被接受。因此，明清时代的中国封建经济呈现出多样化的局面：一方面传统的封建经济仍然保持了强大的影响力，另一方面资本主义经济开始萌芽，两者纠葛在一起，从本质上反映了封建地主阶级和新兴市民阶层之间的利益冲突。

在思想上，宋明理学开始受到质疑，实学思潮兴起。明王朝的覆灭使清初学者在亲历了国破家亡的现实基础上，开始反思宋明理学的流弊。他们有感于宋明理学之空疏无用，形成了批判宋明理学的风尚。虽然之前也有思想家质疑过宋明理学思想，但是都不及此次范围广，影响大。此外，

---

① 傅衣凌：《明清社会经济史论文集》，293 页，北京，中华书局，2008。
② 同上书，9 页。

此时西方实用之学开始传入中国，清初学者开始注重实行，突显经世致用的学风。一股实学的社会思潮开始席卷明末清初的中国社会，而颜李学派正是这股实学思潮中最具有革命精神的代表。

总的来看，明末清初的中国社会，政治上经历了政权动荡，经济上产生了新的经济因素，思想上涌现了实学思潮。这些反映了当时中国社会的总体变化特征。这些特征在思想界得以体现，最终形成了反宋明理学的文化思潮，成为当时社会学术思想发展的推动力。颜李学派在这样的社会背景下产生，饱含了这个时代的特征，其推崇实学的旗帜最为鲜明，批判宋明理学，尤其是程朱理学的态度最为彻底，是清初反宋明理学思潮中一支重要的学派。

一、国家政治动荡的危机

颜李学派创始于明末清初，此时正值国家政权更迭、政治动荡的乱世。颜李学派的创始人颜元出生于明王朝末年，成长于中国政治极度黑暗混乱的转型时期。在这样的政治背景下，颜李学派的思想不可避免地烙上了极为深刻的历史政治特征。

当时中国社会主要存在着三类政治矛盾，即封建统治阶级内部的矛盾，封建地主阶级和农民之间的矛盾，以及封建统治阶级同新兴市民阶层之间的矛盾。这些矛盾都围绕着封建地主阶级形成，并错综复杂地纠缠在一起，使中国封建社会末期的封建地主阶级陷入了危机之中。不仅如此，伴随清兵入主中原，清贵族建立了为少数民族所统治的封建王朝，民族矛盾开始加剧。在清朝初期，清政府颁行了不少安抚汉人的政策，如重用汉官，亲祀孔庙，追谥崇祯皇帝等，虽然在一段时期内起了一定的作用，但是仍然没有缓解亡国之恨所带来的民族矛盾。同时，清贵族的圈地行为也使得民族矛盾不断加深，各地反清复明的呼声不断高涨。这样，明末清初时期各种矛盾相互交织掺杂，这成为颜李学派伦理思想形成的社会政治背景。

首先，此时封建地主阶级所面临的多重矛盾中，内部矛盾再次突显出来。明王朝灭亡之后，清王朝的统治并不稳定。鉴于多尔衮的先例，清廷不再任命同姓皇亲贵族辅政，而是任命了内大臣索尼、鳌拜、苏克萨哈以及遏必隆辅政，以保全幼帝康熙的皇权地位。在最初的几年中，四位辅政大臣尚且能够相互协作，但是从康熙五年（1666）开始，他们的矛盾开始激化，且愈演愈烈，并影响到君臣关系。这其中，以鳌拜和苏克萨哈的积怨为最深，而遏必隆依附于鳌拜，与其结党。他们三个人的矛盾是封建地主阶级内部的矛盾。虽然索尼一度希望化解这一矛盾，却无能为力。在索尼去世后，鳌拜借机罗列苏克萨哈的罪状，将其杀掉。至此，鳌拜扫清了政治上的障碍，开始把持朝政，结党营私，威胁了康熙的皇权。

然而，封建地主阶级内部的矛盾不仅仅是清贵族之间的矛盾，同时也有汉族藩王同清贵族皇权之间的矛盾。在清兵入关之初，为了应对李自成的起义军和南明的遗留势力，清廷借助了明朝降军的力量，其中驻守云南的吴三桂、驻守广东的尚可喜和驻守福建的耿精忠分别被封为云南平西王、广东平南王和福建靖南王。在其势力范围内，三位藩王各自拥兵自重，且所提携的官员势力遍及全国数省，在政治上对中央皇权构成了威胁。因此，康熙帝开始撤藩。这一举措引起了以吴三桂为首的藩王的不满。康熙十二年（1673），吴三桂起兵反清。他诛杀了云南巡抚朱国治，进军湖南、四川等地。同时，福建、广东的两位藩王开始响应，战火延及陕西、河南、湖北和广西，战乱持续了八年之久。封建地主阶级内部的矛盾，虽然围绕着皇权，但在具体的斗争过程中，影响波及社会民生，涉及了官员任命、军饷补给、国家财赋、互市贸易、田地圈占等多个方面。

其次，在明末清初时期，封建地主阶级同农民之间的矛盾成为主要矛盾，主要表现在土地和赋税方面，并以土地兼并问题最为严重。土地是农民的生存之本，土地兼并问题在明朝时期就已经存在。明朝洪熙年间，土地兼并拉开序幕。这个时期，大面积的耕地被兼并。在这些被兼并的土地上，建起了皇庄和官庄，供封建地主阶级游玩享用。到了明朝万历年间，这一现象不仅没有得到缓解，反而愈演愈烈，土地兼并达到了惊人的程度。上至王亲贵族，下至普通地主都有所涉足。显贵的王亲皇族占有的庄园常常多达数万顷，而一般的大地主也占有数百顷土地。这些被兼并的土地很多都是农民耕种的良田，这直接导致了粮食产量的减少，因此遭到农民的强烈反对。在明朝末期，农民阶级同封建地主阶级的矛盾不断升级，并因天灾而达到顶点。明王朝统治的最后时期，几乎连年有天灾，民众的生活几乎陷入了绝境。在这样的情况下，全国各地的农民起义此起彼伏，成为结束明王朝统治的重要助力之一。改朝换代后，虽然经历了政权的更迭，但是土地兼并现象并没有得到缓和。比起明朝末年土地高度集中的状态，清初的土地兼并现象仍然非常严重。根据《皇朝经世文编》的记载，在康熙时期，有田地的人只占 10%，90% 的人没有田地。

除了土地兼并问题，加剧阶级矛盾的还有赋税问题。农民可耕种的土地减少，致使他们失去了交付税收的根本。由于明王朝统治阶级急于摆脱内外交困的政治局面，在明朝末年不断加大赋税的征收力度。在日趋减少的土地和日趋增加的赋税的双重压力下，农民阶级和封建地主阶级的矛盾也不断激化。同时，在明朝后期出现了货币地租，它在一定范围内替代了实物地租。因此，在缴纳赋税时，农民需要先将所产粮食卖于商人赚取货币。不可避免地，农民在这个过程中也受到了商人的盘剥。颜元和李塨对民众疾苦的感触，是颜李学派注重实际利益，提倡功利之学的渊源。因此，当颜李学派批驳程朱理学"存天理、灭人欲"的谬论，明确肯定个人的合理利益时，获得了广泛的社会认可与支持。

最后，这一时期封建地主阶级同新兴市民阶层的矛盾也开始激化。在明朝后期，不少城市的经济得到显著的发展，并陆续出现了资本主义萌芽。伴随着资本主义的萌芽，新兴市民阶层开始出现。然而，这一阶层却受到封建地主阶级的压迫。在资本主义萌芽之后，农产品商品化以及农业赋税货币化开始形成，这在一定程度上方便了封建地主阶级掠夺新兴市民阶层的经济利益。《明史》中记载了当时封建统治阶级对农民和市民进行掠夺的过程。这些赤裸裸的掠夺导致了封建王朝政治上的不稳定，新兴市民阶层公开抗击封建统治阶级的情绪不断高涨。据史料记载，仅万历年间，就连续三年出现了多次新兴市民自发组织的抗击封建地主剥削的事件，其中以荆州市民反抗太监陈奉、临清市民反抗税监马堂等起义活动最为著名。这些反抗活动都是新兴市民阶层争取本阶层经济利益的政治表现，同时也显示了新兴市民阶层同封建地主阶级的矛盾在进一步加深。颜李学派在学术上提倡实用精神，反对程朱理学的禁欲主义，在一定程度上符合了新兴市民阶层的利益和要求，是时代前进趋势的必然成果。

此外，明末清初还有一个突出的矛盾，即民族矛盾。明朝末年，王朝积弱，与少数民族政权的战争连接失败。这些民族矛盾演变成的战争，加剧了明朝政府对内的横征暴敛，在一定程度上激发了农民起义，从而加速了明王朝的灭亡。再加上明末连年大旱，民不聊生，农民起义如燎原之火，在中原大地上掀起了一股农民阶级对抗封建王权的洪流。然而，李自成进驻北京之后，焚烧宫殿、趁火打劫、蹂躏百姓、荒淫贪腐。此时，民族矛盾并没有消失，反而愈演愈烈。清军借口帮助消灭农民军，在明山海关总兵吴三桂的投靠下，打败了李自成的军队，入主中原，建立了清王朝。这场民族战乱在农民起义、王朝更替的腥风血雨后，又一次加深了民众的心理伤痕，"反清复明"成为不少民间秘密武装组织的口号。

　　同时，随着清王朝的建立，满洲贵族在入关之后颁布了一系列政策，加剧了汉族人民同满洲贵族之间的矛盾。大清律法的诸多规定导致满人和汉人在法律上的地位不平等。清廷还颁布律令，将满洲贵族八旗子弟强占汉族农民耕地的行为合法化，导致战争后人民流离失所。这样，国破家亡的仇恨从李自成身上转移到了满洲贵族身上。颜李学派针对这种现实，将明朝灭亡同两宋时期加以比较，认为当时作为官学的宋明理学是导致国家灭亡的主要原因之一。他们提出，正是由于宋明理学思想倡导玄谈静心，不务实际，才导致明朝国力衰微，不抵外族入侵。因此，鉴于宋明理学难辞亡国之咎，颜李学派在阐述其"经世致用"的强国富民理论时，对宋明理学，尤其是程朱理学进行了猛烈的抨击。

　　总之，明末清初时期的政治危机加剧了当时原已尖锐的社会矛盾，封建地主阶级内部，以及他们同农民之间、同新兴市民阶层之间的矛盾不断激化。可以说，社会秩序的极度紊乱状态激发了民众对和平幸福生活的向往，也引起了思想界对自宋朝以来推崇的"存天理、灭人欲"理念的反思。一些有识之士开始以一种更为客观的视角重新审视和批判宋明理学。他们认为宋明理学实行重本抑末和重农抑商政策，贬低了个人利益的合理地位，阻碍了当时商品经济的发展。特别是清朝初期，清廷通过"大清律"和"圈田令"对汉族进行统治，以暴力强占大量土地，致使许多农民颠沛流离，民不聊生。颜元和李塨生活在畿辅地区，亲眼目睹了这些人间惨剧，这对其思想的形成产生了重要的影响。

　　颜、李两人痛定思痛，"常借两宋之亡，抒发其黍离麦秀之哀，故国铜驼之思"①。颜元认为明朝覆亡与"两宋末期相似，理学家充斥朝廷，终日讲'正心诚意'，不务实际，难辞误国之咎"②。因而，颜元和李塨等学者开始在学术思想上提倡功利之学，反对程朱理学的禁欲主义，一定程度上反映了当时新兴市民阶层的要求。同时，他们还反思并质疑了理学玄谈心性的修养方式和八股取士的人才培养模式，认为这样并不能够培养出真正的人才。正是受这些政治危机造成的社会矛盾激化的影响，颜元和李塨更加注重实际利益和国家强盛的问题，彻底和深刻地展开了对程朱理学的批判。

────────────────

①②　姜广辉：《颜李学派》，17页，北京，中国社会科学出版社，1987。

二、资本主义发展的萌芽

任何社会中，道德归根到底都是当时社会经济发展的产物。因此，系统分析明末清初时期中国的社会经济状况和特点，将有利于研究颜李学派的伦理思想体系。

经过宋明时期的发展，中国经济至明末清初时期已经有了大幅提高，生产力水平也有显著攀升。虽然战乱在一定程度上影响了经济发展，但清政权建立后，清政府开始着手恢复经济生产，初见成效。总的来看，这个时期中国封建经济的发展呈现出以下态势：一方面，封建经济的生产方式仍然占据着主要地位和优势，但是在南方，尤其是沿海城市，已经出现了资本主义萌芽和商品经济的发展。明末清初的土地圈占使得土地集中的程度很高，而原本在这些土地上耕种的农民却得到了相对的离土自由，因此，由这些离土的农民发展而来的短工和忙工就开始集中出现。另外，明末货币地租的出现、纸币的使用以及长期大一统的政治治理模式，都从客观上促进了资本主义经济的萌芽和发展。另一方面，资本主义经济虽然得以萌芽，却呈现早熟而不成熟的状态，受到当时封建经济的钳制。颜李学派"经世致用"的伦理思想就产生在这种经济背景之下，其思想产生于此，并最终回归到"发展国家经济"中去。

先分析明末清初时期中国社会资本主义萌芽的发展状况。明末清初时期，中国社会生产力得到极大的发展，特别是农业生产方面的发展带动了整个社会经济的前进。正如马克思所说："农业的一定发展阶段，不管是本国的还是外国的，是资本发展的基础。"① 农业生产力的提高，为非农业生产者提供了必要的生活资料，从而使得分工成为可能，这也是资本主义发展的前提之一。在这一时期，中国粮食产量增长幅度较大，特别是湖广、江浙、四川等地成为重要的产粮区域。粮食产量的提高使得一部分土地和劳动力得到解放。在生产过程中，初步的分工开始出现。在满足了基本粮食生产需求后，一些农户开始种植其他农副作物，如桑、棉、茶等，生产力水平得以进一步发展。特别值得一提的是，在江南的一些平原地区，商业性的农业悄然兴起。这种商业性的农业生产以换取货币为目的，促进了当时中国社会资本主义萌芽的发展。

伴随着农业的商业性发展，一部分农民以小生产者的形态从农业中分

---

① 《马克思恩格斯全集》，中文 1 版，第 26 卷第 1 册，23 页，北京，人民出版社，1972。

化出来。虽然他们的这种分化还没有完全达到分离的程度，但是也在无形
之中促进了资本主义萌芽的发展。另外，明朝末年的农民起义也为资本主
义的发展提供了条件。一些农民在起义后成为了自耕农，得到自我发展的
机会并成为了比较富裕的农民。他们也是资本主义萌芽发展的助力。

明清时期资本主义的萌芽不仅有赖于自耕农的出现，也有赖于劳动者
的个体解放。在元朝，农民的人身依附关系仍旧非常严重，农民被牢牢地
固定在土地之上，但是经过元朝末期的农民战争后，这种依附关系开始减
弱。在随后明朝末年的农民起义中，农民阶级同封建地主阶级的武装斗争
和社会生产力的显著进步都使得农民的社会地位有所提高。在明朝的律例
中就有保护农民地位的相关规定。例如，律例规定地主不得役使自家的佃
农为其抬轿子，否则就是违法。由此可见，相较于元朝，明清时期农民的
地位得到显著提升。另外，由于明末大大小小的农民战争持续了几十年之
久，对生产力有破坏作用，因此，清朝建立之初，清政府改变了明代的匠
户制度，将明朝荒废的田产给了原来种地之人。自康熙开始的摊丁入地制
度，也在一定程度上免除了部分劳动人民的纳税负担，这些都能够缓和农
民的人身依附关系。

伴随着农民人身自由程度的提高，在明朝末年，江南地区曾经出现过
短工和忙工。这些短工和忙工拥有一定的人身自由，地主以货币形式支付
他们的工资。虽然地主只在农忙时期雇用这些农民，时间较短，但是他们
的出现还是具有极大的进步意义。这不仅体现了当时生产力水平的提高，
同时也为小生产者的进一步分化提供了可能。此外，农民运动的兴起及其
同封建地主阶级斗争的成功，使得一部分农民获得了支配部分剩余劳动产
品的自由，这也为市场中商品的流通提供了有利条件。

这一时期资本主义萌芽的发展，不仅能够从农民的分化、劳动者的个
体解放中看到，同时也从农业的商业性发展趋势中体现出来。在明朝末
年，一些经济比较发达的城市开始出现颇具规模的集市，成为商品经济发
展的土壤。早在16世纪，中国封建社会中就出现过许多庙会和集市，但
伴随着明清时期商品经济的发展和资本主义的萌芽，它们开始发生实质性
的变化。这些庙会和集市在初始阶段是少量剩余农产品的交换场所，之后
逐渐成为具有商品流通性质的市场集散地。从参与交换的人员来看，之前
仅仅是少量的农民参与农产品的交换和买卖，但在明末清初时期，前来参
加集市的不但有农民、地主、官僚等阶层的人，还有来自江浙、京城等地的
商人。从参与交换的产品来看，这些集市也开始不断细化。起初，参与交换

的产品没有固定的类别，是农民生产所得的额外物品。发展到明末清初，则出现了各种分门别类的农副产品集市，如专门的棉花、大米、油料等农副产品市场。这些都对农业和手工业向商品化发展起到了促进作用。

然而，从整个明清时期经济发展的状况来看，土地还是不同阶级争夺的焦点，同时也是制约资本主义萌芽发展的主要因素。资本主义经济虽然得以萌芽，却受到当时封建经济的钳制，后者仍然占据着优势地位。这一冲突最直接的表现就是农民起义。农民战争的主要目的就是要摆脱封建义务，并在一定程度上取得独立的经济来源。因此，明末清初的农民起义数量很多，并且都带有明显的个体经济发展的要求，这为农民身份的分离和商品经济的发展铺平了道路，对封建土地所有制的冲击极大。当然，这个发展异常艰难，特别是商业性农业发展的道路并不平坦。原因既有封建地主阶级对农民阶级的压制，也有封建地主阶级对新兴市民阶层的压制。这些斗争不断加剧，封建地主阶级对新兴市民阶层征收重税，并颁布了各种专卖政策。由于商业性作物的种植必然导致谷物产量的下降，因此政府不断限制各种商业性作物的种植和买卖，这也必然影响了新兴市民阶层的经济利益。①

不难看出，明末清初时期，商品经济同自然经济的斗争十分激烈。这种激烈的斗争体现了商品经济对于自身利益的渴求，必然在一定程度上反映到实学思想家的理论体系中。由于宋明理学主张清心寡欲的理念同清初经济迅速增长的趋势相矛盾，思想家们开始注重民众生活中的实际问题，关心合理的经济利益所得。在这个思潮中，颜李学派成为当时突出的代表之一。他们着眼于民众的经济生活，从论证种地者谋求收成，垂钓者盼望收获的实际出发，肯定了利益存在的必然性和合理性，呼吁"正谊谋利，明道计功"，坚决反对程朱理学思想中羞于言利的传统。这些是当时经济发展在思想领域的必然反映。

三、经世实用思潮的兴起

明末清初，连年的战乱和亡国的现实使思想家们开始质疑宋明理学的地位，形成了明末清初的实学文化思潮。这股思潮的兴起，伴随着对宋明理学的批判、资本主义经济的萌芽、西学的传入以及自然科学的复兴，开

---

① 以上"资本主义发展的萌芽"内容参见傅衣凌所著《明清时代商人及商业资本，明代江南市民经济试探》，266~286 页、287~335 页中所述具体数据和观点。

启了明末清初文化思潮的新篇章，使"经世致用"的思想具有了批判性和科学性的时代特征。这是颜李学派伦理思想的时代背景。

这一时期的实学主义思潮首先建立在对宋明理学的批判基础上。在此之前，宋明理学在思想界和学术界长期占据着统治地位，一直到明朝灭亡才引起思想家们的反思。张岱年先生认为："宋代理学为当时社会等级秩序提供理论根据，是和当时现存的生产关系相适应的。当时还没有出现新的生产关系的萌芽……到明代后期，资本主义生产关系开始出现，社会中酝酿着变革的契机，于是理学就逐渐变成反动的了。"① 可见，明末清初对宋明理学的反思有着一定的历史条件。换句话说，这一时期反对宋明理学的文化思潮有其深厚的阶级根源和经济根源。

从阶级根源来看，明末清初对宋明理学的批判正是当时地主阶级改革派自我批判意识的显现，同时也是新兴市民阶层的阶级要求在思想领域的反映。这时中国的封建社会经历过兴盛时期，正在进入衰败的末期，各种矛盾开始激化，社会危机业已显露。地主阶级和农民阶级的矛盾引发了李自成、张献忠领导的全国性的农民起义，他们针对当时明朝政府横征暴敛的腐败政治，提出了"均田免粮"、"平买平卖"的口号。汉族和少数民族的矛盾也日益加深，边境满族、蒙古族的不断侵扰使明朝不堪连年战争的重负，加速了明朝的灭亡。封建统治阶级内部的矛盾也日趋加深，官僚作风和党阀之争日益严重，开始危及皇权。

鉴于此，封建地主阶级中的有识之士敏感地察觉了当时明王朝的昏庸、赋役的沉重以及科举的腐败等问题，纷纷探讨救亡图存的方法。陈登原在《颜习斋哲学思想述》中曾描述说："对于外有强邻，内有李张②，中则暗弱之明季政局，竟无人狂澜独挽，危而不持，颠而不扶，当又习斋所太息深憾者也。"结合沉痛的亡国教训，颜元认为正是宋明理学末流的空疏和虚静导致了国力衰微。面对困境，他批判道："汉、唐训诂，魏、晋清谈，虚浮日盛，而尧、舜、周、孔之学所以实位天地育万物者，不见于天下，以致佛、老猖炽，大道沦亡，宋儒之兴善矣，乃修辑注解，犹训诂也，高坐讲论，犹清谈也。"③ 他明确提出程朱理学存在的弊端，认为

---

① 张岱年：《中国伦理思想研究》，8 页，南京，江苏教育出版社，2005。

② 文中所提"李张"，即农民起义战争中的李自成和张献忠。他们在农民起义战争的过程中，因杀戮不断而给明末的中国社会带来战乱的痛苦。

③ （清）颜元著，王星贤、张芥尘、郭征点校：《颜元集》，702 页。

"宋儒之误也；故讲说多而践履少……"①，宋儒学者们"心性外无余理，静敬外无余功，与周、孔若不相似然。即有谈经济者，亦不过空文著述"②。因此他感慨说："道不在章句，学不在诵读。"③ 这种空谈静想的治学方式，在明末清初的大变革时代，对于缓和国家的阶级矛盾毫无裨益，必然会受到质疑。

从经济根源来看，这一时期显著的特征是资本主义萌芽的发展以及新兴市民阶层的出现。中国经济经过两宋时期的发展，生产力水平有了很大的提高。在一些比较发达的城市和地区，出现了资本主义的萌芽，并且出现了商品交换的集市。农民经过暴动和起义，取得了一部分经济利益。清政府将前明王朝的废弃耕地退还给农民，使部分农民脱离了与地主的人身依附关系。货币地租的出现和农民离土的相对自由也为商品经济的发展和资本主义的萌芽提供了土壤。在这个过程中，商业性农业的发展和手工业的兴盛，使得新兴市民阶层出现在历史舞台上。这个阶层，生活于商品经济不断发展和封建地主阶级极力盘剥的背景下，极其渴望获得独立的经济地位。然而，理学末流倡导"存天理、灭人欲"，蔑视经济利益，在思想上成为这个阶层生存的最大理论障碍。与此相反，明末清初形成的实学思想注重实务、讲求经济，特别是颜李学派的伦理理论正是明末清初新兴市民阶层愿望的反映。

明末清初形成的实学思想，崇尚实用，具有崇实黜虚的时代精神。这种精神表现为锐意改革、经世致用的理论观点。值得一提的是，清初康熙帝对于理学空谈误国也十分不满，力图吸取教训，反对"假道学"，提倡干实事，在政治实践中推行实学精神。这使得实学思潮拥有了一定的政治基础。这一时期代表性的实学思想家有罗钦顺、王廷相、黄绾、陈确、黄宗羲、顾炎武，同时也涌现出了如徐光启、宋应星、方以智、梅文鼎等著名的自然科学家。他们将研究领域扩展到了田制、水利、赋税、兵制、科举、天文、地理、农工、妇科，以及历算等领域，旨在从各个方面研究改革时弊、经世救国的理论。这股思潮，在理论方面主要针对宋明理学思想。颜李学派更是明确批判宋明理学道："乾坤之祸，莫甚于释、老之空无，宋儒之主静。"④ 对比理学末流静心冥思、空谈心

---

① （清）颜元著，王星贤、张芥尘、郭征点校：《颜元集》，72 页。
② 同上书，702 页。
③ 同上书，703 页。
④ 同上书，702 页。

性、脱离实践的思想，明末清初的实学更加关怀国计民生，重视实务，其理论所具有的时代先进性不言而喻。正如谢国桢所言，这个时期有"先秦诸子百家争鸣的风格，有东汉党锢坚贞的气节，摆在历史的进程上有与他们并驾齐驱的局势，起着承前启后、推陈出新的作用，从明、清以来封建社会黑暗的统治中，在人民群众的思想和舆论上又发出光彩，可以说是在吾国历史上的文艺复兴时期，开了灿烂的花朵"①。颜李学派在其中独树一帜，它吸收了各位思想家关于经邦济世的救世理论，形成了自己独到的"习行"修养方式，重视实践在生活中的地位和作用，旨在建立理想的社会模式。

总而言之，在学术思想界，受当时社会现实的影响，一股反宋明理学的实学文化思潮业已形成，成为当时社会思想大变革的重要趋势。颜李学派就是在这样的背景下产生的，其推崇实学的旗帜最为鲜明，批判宋明理学最为彻底，是清初反宋明理学思潮中的代表学派。

第二节　颜李学派的理论特色

颜李学派伦理思想的形成不仅受到当时的政治、经济和文化的影响，其主要代表人物与师友的交流也对学派思想体系产生了重要影响。作为颜李学派的创始人，颜元的伦理思想受到孟子性善论、胡瑗实学理念、陈亮事功思想、王安石的治国举措以及张载礼教观念的影响，同时还受到了师友吴持明、贾珍、李明性、孙奇逢等人的影响。

李塨和王源作为颜元的两大弟子，继承了颜元伦理思想的精髓，同时李塨也将颜学传于弟子程廷祚、恽鹤生。他们的思想对颜李学派伦理思想的形成具有重大的影响，成为颜李学派的理论渊源。在颜李学派之中，李塨成为继承颜元学说的第一人，他对颜元学说的继承和发展，在一定程度上使颜元的伦理思想传扬到中国南方更广阔的范围。王源作为颜元的第二大弟子，对颜元之"经世致用"的思想有所发展，在经济制度和政治制度上颇有建树。程廷祚是颜元的再传弟子，然而由于文字狱的兴起和清廷对宋明理学的偏护，此时颜李学派的伦理思想已逐渐被历史湮没。即便如此，颜李学派在中国传统伦理学史上仍然颇具特色：提出人性一元论，主张人

---

① 谢国桢：《明末清初的学风》，1页，上海，上海书店出版社，2004。

性本善；肯定利益的合理性；重视实践，倡导"习行"；注重经世致用，将人才培养同国家命运相联系，在中国伦理发展史上具有不可取代的地位。

一、理论渊源：汲取众长、力驳程朱

颜元作为颜李学派的创始人，其思想内容是颜李学派伦理思想的主要部分，主导了整个学派的理论发展趋势，因而其学说的学术渊源最为重要。而那些对颜元产生过影响的思想，也是颜李学派伦理思想的理论来源。颜元的伦理思想主要受到孟子、胡瑗、陈亮、王安石和张载的影响，同时也受到其老师吴持明、贾珍、李明性、孙奇逢等人的影响。此外，颜李学派各代表人物也以驳斥程朱理学为理论建立的基础。下面依次论之。

人性论是中国传统伦理思想的基础，因此孟子性善论对颜李学派伦理思想的影响可谓重要且深远。孟子的人性论给予了人类合理的地位，认为："然则犬之性，犹牛之性；牛之性，犹人之性欤？"（《孟子·告子上》）反对将人和动物等同起来，抹杀人之为人的本能。同时，孟子给人性以善的价值，明确指出了人性之善并不是由外界环境所赋予的，而是人自身本来就具有的。孟子的性善论是颜李学派人性论的理论源头。颜元曾大为赞赏孟子的性善论，说道："孟子于百说纷纷之中，明性善及才情之善，有功万世。"①

在人性论上，颜李学派提出人性无恶，认为"'气质之性'四字，未为不是，所差者，谓性无恶，气质偏有恶耳"②。并且，颜李学派继承了孟子人性论中"恶的来源"的理论。孟子认为恶的存在是由于人性之善受到了环境的影响，颜李学派同样也论述道："其所谓恶者，乃由'引、蔽、习、染'四字为之祟也。"③ 因此，可以说颜李学派人性论中"恶由引蔽习染"的观点直接来源于孟子。此外，孟子的人性论认为虽然环境对人性有影响，但是人的主观能动性对人性的影响更大。因此要注重道德修养，提出"反求诸己"，发挥个人的主观能动性。这一观点为人性修养和道德教化提供了理论可能。颜李学派也继承了孟子人性论中对道德修养的重视，提出了"习行"的修养方式，主张发挥个人的能动性，打破了自宋明时期以来主静的修养方式。

---

① （清）颜元著，王星贤、张芥尘、郭征点校：《颜元集》，13 页。
② 同上书，18 页。
③ 同上书，49 页。

胡瑗为宋代著名的教育家、经学家和音律学家，在他的学术成就中，以教育理论最为出色。他是宋代儒生中最受颜元推崇的人，他对颜李学派的影响主要集中在道德教育方面。在《朱子语类评》中，颜元有过"推重胡子"的表述，足以见胡瑗在其心中的地位和影响。

胡瑗的人才培养理念对颜李学派的影响巨甚。他提出治理天下的关键在于人才培养，人才培养的关键在于教育教化，而教育教化的关键则在于学校。这个理论对颜李学派的道德教育思想有直接的影响。如颜元十分看重学校的作用，认为"浮文是戒，实行是崇，使天下群知所向，则人材辈出，而大法行，而天下平矣"①。由此可见，他和胡瑗一样，将国家的命运同学校教育紧密联系在一起。

在具体的教育方法上，胡瑗的实学观点和具体举措影响了颜李学派，并在实际教育过程中被直接沿用。胡瑗非常重视实学精神，曾经在书院设置"经义斋"和"治事斋"。这对颜元主持漳南书院具有启迪作用。颜元曾经说过："惟安定胡先生，独知救弊之道在实学不在空言，其主教太学也，立经义、治事斋，可谓深契孔子之心矣。"② 清初颜元亲自主持漳南书院，沿用了胡瑗的做法，在书院分设六斋，分别为文事斋、武备斋、经史斋、艺能斋、理学斋以及帖括斋。胡瑗在湖州任教期间，提倡六艺，主张因材施教。这些做法在颜李学派的道德教育中都得到了进一步的体现，如颜李学派也曾强调要"申明尧、舜、周、孔三事、六府、六德、六行、六艺之道"③。

陈亮为南宋的政治家、哲学家、词人。他力倡事功，对颜李学派的义利观产生过积极的影响。首先，陈亮将人的欲望看成人生必然之存在，在认可人欲的基础上，赞同追求利益的必然性和合理性。他在《刘和卿墓志铭》一文中提出："人生何为？为其有欲。欲也必争。"虽然陈亮肯定了利益的重要性，赞同民众追求利益，追逐致富，但他明确反对为求财富而不择手段的行为。因此在该文中他还提出："善致富者则曰'人弃我取，人取我与'，其抑扬阖辟盖加一等矣。然犹较尺短寸长于其冲也，孰能运其智力于不争之地，使范蠡计然之策一切在下风乎！"陈亮的论述启发了颜元，颜元认为利益存在于人们的日常生活之中，是不可避免，也不应该避

① （清）颜元著，王星贤、张芥尘、郭征点校：《颜元集》，109 页。
② 同上书，75 页。
③ 同上书，737 页。

免的。他举例种地的人都要关注收成，钓鱼的人也要关心得失。和陈亮如出一辙，颜元能够从人的基本欲望出发，肯定人性对于利益的自然需求。颜元的这一观点也受到学派其他代表人物的肯定，该学派在义利观上持"正谊谋利，明道计功"的态度。这在明末清初时期，实为难得。其次，颜李学派也认可陈亮关于个人利益的获取方式的观点，主张通过合理的手段获得利益，采用"以义制利"的观点。最后，陈亮对国家发展商业持赞同的态度，认为国家的强大需要依靠经济的发展。陈亮提出"农商不对立"的观点，认为农业和商业非但不可对立，反而需要相互补充，如此国家经济才能得以发展。因此他在《四弊》一文中论证道："商借农而立，农赖商而行，求以相补，而非求以相病。"陈亮认为如果一直采取抑商的政策，一旦遇到天灾，农业受损，则必然会导致民生无依的状况。陈亮的这一观点，是将个人追求经济利益的行为同壮大发展国家实力相结合，突出了个人利益同国家利益的密切关系。这一理念深深地影响了颜李学派的"经世致用"学说，促进并丰富了颜李学派经邦济世的理论，也为颜李学派注重实干，力图通过"习行"的方式修养身心、培养人才的观点提供了理论渊源。

王安石为北宋杰出的政治家、思想家、文学家，位列唐宋八大家之一，因其政治变法对经济的深远影响，被列宁誉为"中国 11 世纪最伟大的改革家"。王安石的变法思想、治国理念，尤其是其人才培养理念和军事治国思想，对颜李学派的伦理思想影响深远。

从人才培养理念上看其对颜李学派的影响。王安石非常重视造就人才，认为人才同治世有着密切的关联。王安石在《上皇帝万言书》中曾说过："所谓教之之道何也？古者天子诸侯，自国至于乡党皆有学，博置教道之官而严其选。朝廷礼乐、刑政之事，皆在于学，学士所观而习者，皆先王之法言德行治天下之意，其材亦可以为天下国家之用。苟不可以为天下国家之用，则不教也。"他将"学"当作教育人才、强国济民的根本。颜李学派完全承袭了这一观点，提出："学术者，人才之本也。人才者，政事之本也。政事者，民命之本也。无学术则无人才，无人才则无政事，无政事则无治平、无民命。"① 可以说，颜李学派为了达到最终"经世致用"的目的，将学术、人才、国家、政事联系了起来。在王安石治国思想的基础上，将相关思想更加鲜明地提了出来。

---

① （清）颜元著，王星贤、张芥尘、郭征点校：《颜元集》，398 页。

　　从军事治国思想上看两者的相承关系。王安石重视武备，曾提出要文武兼修，不可轻视武备的观点。他在《上皇帝万言书》中进言："先王之时，士之所学者，文武之道也。士之才，有可以为公卿大夫，有可以为士，其才之大小、宜不宜则有矣。至于武事，则随其才之大小，未有不学者也。故其大者，居则为六官之卿，出则为六军之将也；其次则比、闾、族、党之师，亦皆卒、两、师、旅之帅也。故边疆、宿卫，皆得士大夫为之，而小人不得奸其任。今之学者，以为文武异事，吾知治文事而已，至于边疆、宿卫之任，则推而属之于卒伍，往往天下奸悍无赖之人。"针对这种重文轻武的现象，颜元也极有感慨。颜元的感慨来自他亲历了明王朝积弱而亡的过程，认为由于理学倡导重文而导致"其遗风至今日，衣冠之士羞与武夫齿，秀才挟弓矢出，乡人皆惊，甚至子弟骑射武装，父兄便以不才目之"①。于是他发出"长此不返，四海溃弱，何有已时乎"② 的感叹。事实上，颜元及其弟子作为能文能武的思想家，在传统文化中较为鲜见。史料中曾经记载过颜元与他人比武的过程，而在颜元亲设的书院中，也开设了武备斋，教授弟子武艺。

　　在《朱子语类评》中，颜元记录了自己和朋友王法乾的一段对话："吾友法乾王氏为吾辨宋儒，明尧、孔旧道，怒叫曰：'兄真王安石也。'曰：'然。荆公，赵家社稷生民之安石；仆，孔门道脉学宗之安石也。'"在这段对话中，颜元对王安石的赞同之情跃然纸上，他将自己比作孔门道学中的王安石，可见其对王安石思想的认可程度。清代张伯行曾评价颜元，认为他如果能够受到朝廷重用，则能够做出王安石那般的成就。张伯行对于颜元的评价直接说明了王安石与颜元的关联。王安石治国思想理论同颜李学派学术思想的渊源关系，由此可见一斑。

　　张载是理学奠基人、北宋时期重要的思想家。虽然颜元曾经批判过张载的人性论，但是张载的礼教思想、实行"井田"和"封建"的主张却受到颜李学派代表人物的接受与赞同。张载非常重视礼教，认为圣人之道最重要之处在于"礼"。对此，颜元评价道："张子以礼为重，习而行之以为教，便加宋儒一等。"③ 从中可以看出，颜元对张载的评价很高，肯定了张载的礼教思想，认为"然则教人不当以礼乎？谢氏之入禅，于此可见。二程平昔之所以教杨、谢诸公者，于此可想矣。玩'行得来因无所见'一

---

① ②　（清）颜元著，王星贤、张芥尘、郭征点校：《颜元集》，58 页。
③　同上书，95 页。

语，横渠之教法真可钦矣"①。此外，颜元对于张载实行"井田"、"封建"的看法很是赞赏。在《存治编》编首的《王道》一篇中，他便对张载的理论表示赞同："昔张横渠对神宗曰：'为治不法三代，终苟道也。'然欲法三代，宜何如哉？井田、封建、学校，皆斟酌复之，则无一民一物之不得其所，是之谓王道。不然者不治。"②

张载主张的"井田"、"封建"思想同样影响了颜李学派，这体现在该学派具体的政治制度改革举措上。在与"井田"相关的思想论述中，颜元提出实行井田，能够"游顽有归，而士爱心臧，不安本分者无之，为盗贼者无之，为乞丐者无之，以富凌贫者无之，学校未兴，已养而兼教矣"③。不仅如此，颜元还提出在实施井田制的过程中，做到"治农即以治兵"④，提高国家军事力量。他认为"间论王道，见古圣人之精意良法，万善皆备。一学校也，教文即以教武；一井田也，治农即以治兵"⑤。这种寓兵于农的思想正是经世致用理论在井田制上的具体反映。在与"封建"相关的思想论述中，颜元认为只要恢复"封建"，就可以达到"尽天下人民之治，尽天下人材之用"⑥的经世致用的目的。李塨认为在恢复"封建"的问题上，虽然应该反对极端专制的集权统治，但是也应该注意到，由于时势不同，不可简单因循古法。

由此观之，颜元作为颜李学派的创始人，其学术思想受到孟子性善论、胡瑗实学理念、陈亮事功思想、王安石的治国举措，以及张载礼教观念的影响，这些影响也使颜李学派形成了经世致用的学术实质和独到学风。应该说，颜李学派的思想渊源比较复杂，以上诸位思想家对颜李学派的影响最为明显。但是，颜李学派的学术渊源不限于此，该学派还受到同时期思想家的诸多影响，包括颜元业师吴持明和贾珍，私淑之孙奇逢，以及李明性等人。以下逐一简述。

吴持明，字洞云，是颜元的启蒙老师。这位学者精通文武之道，善骑射，但是不为明朝政府所用，后在家行医教学。颜元从 8 岁至 13 岁，一直受教于吴持明，深受其影响。颜元之后也如吴持明一般，文武双全，行医教学。不得不说，颜元年轻时期的著述《王道论》（即《存治编》）明显

---

① （清）颜元著，王星贤、张芥尘、郭征点校：《颜元集》，60 页。
② 同上书，103 页。
③ 同上书，104 页。
④⑤ 同上书，107 页。
⑥ 同上书，111 页。

受到了吴持明重视实事、修身辅世思想的影响。在吴持明仙逝后，颜元也撰文以祭，表达其哀痛之情。

　　贾珍，字袭什，谥端惠①。贾珍提倡将"实"作为生活准则。《习斋记余》中记载：贾珍有一天写了两副对联，告诉颜元这两副对联代表了他的志向。对联内容为："不衫不履，甘愧彬彬君子；必行必果，愿学硁硁小人。""内不欺心，外不欺人，学那勿欺君子；说些实话，行些实事，做个老实头儿。"这位先生的人品对颜元后来的为人处世有着至深的影响。贾珍去世后，颜元为其做传。

　　孙奇逢，字启泰，号钟元，直隶保定府容城县人。他晚年在辉县夏峰村讲学，长达 20 余年，人称夏峰先生。在明朝时期，他就因不畏强权的精神和满腹的才华而闻名于世。明亡后清政府因慕其才能，曾两度御召，授予官职。但是孙奇逢两召而不仕，于是人称孙征君。孙奇逢的学术思想中最为突出的是"躬行实践"、"经世载物"，对颜李学派伦理思想中"经世致用"归旨的形成具有一定的影响力。另外，孙奇逢在教育方面的实践也为颜元创办漳南学院指引了方向。颜元在记述中不忘老师的教诲："赴得汤，蹈得火，才做得人。"②

　　李明性，字洞初，号晦夫，明末县学生员，其人品学识深得门人及周围学者的尊敬。李明性是颜元弟子李塨的父亲，常与颜元讨论学问。李明性临终前将自己最为喜爱的儿子李塨托付给颜元，让他拜颜元为师。从中可见两人关系之密切。

　　此外，对颜李学派影响较为深远的还有张罗喆（张石卿）、刁包、王余祐、张公仪、王五修、吕申（吕文辅）、郭靖共（郭敬公）、王养粹（王法乾）、赵太若等人。《颜习斋先生言行录》中曾有记述："先生尝自言：'私淑孙征君，又所父事者五人：曰张石卿，曰刁蒙吉，曰王介祺，曰李晦夫，曰张公仪。兄事者二人：曰王五修，曰吕文辅。友交者三人：曰郭敬公，曰王法乾，曰赵太若。'"③ 他们当中不乏道学家、实学家，还有许多精通自然科学之人。

　　颜李学派的发展，不仅有赖于创始人颜元汲取众长，同时也源于各代表人物对程朱理学的反思、质疑和驳斥。事实上，颜元在自成一派之前，

----

① "端惠"是贾珍去世后，颜元对其的私谥。
② （清）颜元著，王星贤、张芥尘、郭征点校：《颜元集》，166 页。
③ 同上书，620 页。

也曾经笃信程朱理学。但是经过为养祖母服丧的体验后，顿悟程朱理学之弊端。又结合明末清初社会变革的现实，逐步发现了程朱理学不合时宜之处，开始了反理学的学术历程，由此形成了颜李学派。一般而言，明末清初的实学思潮，主要是反对宋明理学的弊端，颜李学派正是其中的一支。就宋明理学内部而言，包括了以二程、朱熹为代表的程朱理学（后世多称之以"理学"），以及兴盛于明代的陆王心学（后世多称之以"心学"）。从具体的学术立场来说，颜李学派主要反对程朱理学。

在人性论上，颜李学派反对程朱理学人性二分、人性为恶的理论，主张人性一元无恶；在义利观上，颜李学派反对程朱理学否定利益合理性的观点，主张"正谊谋利，明道计功"；在修养论上，颜李学派反对程朱理学"主静"的修养方式，提出"习行"的实践理论。总而言之，颜李学派在明末清初的社会变革中，能够以敏锐的学术眼光和前瞻的学术气魄，反对作为官学的程朱理学，在中国传统伦理思想史上具有里程碑式的意义。

二、学派体系：学承孔子、传至三代

在清初反宋明理学的思想流派中，颜李学派的革命性和彻底性可谓首屈一指，其代表人物有颜元、李塨、王源、程廷祚、钟錂及恽鹤生。颜元是颜李学派的创立者，围绕经世致用的理念，提出人性一元论、"正谊谋利，明道计功"的义利观和"习行"的修养论。弟子李塨、王源、程廷祚、恽鹤生为其学说最得力的继承人。其中，李塨通过南方交游推动了颜李学的传播，并对颜元思想进行了扩充。王源在经济制度和政治制度上的改革举措颇为独到，沿袭了学派经世致用的宗旨。程廷祚是颜元的再传弟子，在清廷推行文字狱之后便鲜有公开传播颜李学的行为。钟錂和恽鹤生也是颜元弟子中比较著名的人物，钟錂撰写了《颜习斋先生言行录》，恽鹤生则为颜李学说在中国南方的传播起到了促进作用。

颜元的父亲是河北蠡县刘村朱九祚的养子，颜元也曾姓朱，年少时期家中颇为殷实。20岁家道中落之后，他开始了种地行医的生活。在颜元一生中，其思想由丹书之道至自成一家历经多次变化：颜元最初开蒙于吴持明，在13岁的时候离开。15岁时，因沉迷于修炼丹术而娶妻不近。之后，颜元从学贾珍，中过秀才，开始攻读经世之学。这一时期，是颜元政治思想形成与成熟的阶段，其《王道论》（后改名为《存治编》）也诞生于这个阶段。大约从24岁开始，颜元研读了《陆王要语》，转而喜好陆王之学。在和思想家刁包进行交流后，受其影响，他又转学程朱理学。在随后约十年的时间里，颜元都是理学的支持者。

然而，正是因为颜元曾信仰过理学，在理学静坐冥思的修养方式中了解到了理学的弊端，才使得颜元最终摒弃理学，转而形成自己的独立思想。史料中记载，颜元 34 岁时，养祖母去世，颜元严格按照理学的规制服丧，几乎病饿致死。通过这次亲身经验，颜元感觉到程朱理学的规制有违人之性情。事实上，理学规制经过千百年的演化，已经逐渐显现出反人性的态势，颜元从实践中切实感受到了这一点。

正是由于切身感受到了理学的弊端，颜元举起了反程朱理学的大旗。这在清政府利用政治力量庇护程朱理学的时代，是需要极大的学术勇气的。颜元不仅在思想著述中反程朱理学，也在实践中反对理学对民众的毒害。颜元晚年曾亲自主持书院，在教学内容上摒弃程朱理学之经书训诂，代之以先秦孔子所主张的六艺。当然，尽管颜元采取了"复古"的形式，但是其"经世致用"的思想却承载着学术的先进性。在教育方法上，颜元首创了"习行"的教育方式，用以培养强国济民的"圣贤"，通过主持书院教育工作，将他的思想理念付诸实践。

由于颜元认为"道寄于纸千卷，不如寄于人一二分。……须以鼓舞学人为第一义"①，因而，他的主要精力用于践行"习行"，潜心于书院实际的教育活动中，著述并不多，这对后世来说或许是一大遗憾。幸而在其弟子李塨等人的努力下，大量对颜元言行的记录被整理成册，形成了《颜习斋先生言行录》、《颜习斋先生年谱》和《颜习斋先生辟异录》，其中包含了颜元丰富的思想理论。除此之外，现世尚有《四书正误》、《朱子语类评》两本书，是颜元读朱熹著作时的批注，虽然其中有赞同朱熹思想的内容，但更多的是对朱熹思想的更新与批判，后由弟子门人整理成书。

颜元最主要的著作是《四存编》，即《存性编》、《存学编》、《存治编》和《存人编》。这四部著作彼此独立，其间又有一定的理论联系，是系统反映颜元思想最完整的理论资料。《存治编》为颜元早年的著作，完成时名为《王道论》。《存治编》分为九个部分："王道"、"井田"、"治赋"、"学校"、"封建"、"宫刑"、"济时"、"重征举"以及"靖异端"②，分别从

---

① （清）颜元著，王星贤、张芥尘、郭征点校：《颜元集》，788 页。
② 陈山榜认为在这九个部分中，由于"王道"一篇字数寥寥，且该书原名为"王道论"，其余八部分均为论述如何为王道以及如何行王道，因此"王道"一篇应为《存治编》的前言或绪论。

经济、教育、政治、宗教等方面论述了如何成就"王道"。该书力主恢复封建、实行井田、全民皆兵，反对八股取士，主张废除科举、兴办学校，是在复古名义下颜李学派思想超前意识的集中反映。《存性编》分为两个部分，包括卷一"驳气质性恶"、"明明德"、"棉桃喻性"、"借水喻性"和"性理评"，以及卷二"性图"、"图跋"、"附录同人语"和"书后"。在《存性编》中，颜元批判了程朱理学中有关人性二元论以及性恶论的观点，在人性一元论的基础上，论述了"恶由引蔽习染"的道理。他提出人性本善，只是由于外部环境的影响而导致恶行的产生。这为个人的道德修养提供了理论上的可能。《存学编》中颜元主要讨论了有关教育的内容，他将"习行"作为教学方法，在《明亲》一篇中探讨了道德教育的目的和人才培养的目标。《存人编》是有关宗教的论述，旨在教人不要信仰佛、道，并对一些假儒学展开了激烈的批判。他认为一些所谓儒者将儒学仅看为八股取士、求取功名的途径，在内心中却是个信佛、道之人，这类假儒者也是《存人编》的教化对象。《四存编》是颜元学术思想最集中的展现。

颜元留给后世的著述不多，其思想大多由弟子李塨、王源及程廷祚所传扬。李塨生于清顺治十六年（1659），卒于清雍正十一年（1733），一生经历了顺治、康熙、雍正三代帝王统治，见证了清朝由乱而治的过程。这种由乱而治的过程强烈地影响了李塨的学术思想。在前期，李塨承袭了其师颜元的学说，有感于明亡的教训，致力于批判程朱理学。李塨在 37 岁后，曾南下游学论道，其间结交了梅文鼎、毛奇龄、胡渭、方苞、孔尚任等诸多名流。这些学者中有一部分是反对宋明理学的，李塨在和他们的论道中广泛地吸收了当时批判宋明理学的成果。

在学术立场上，李塨认为程朱理学的流弊是导致明朝灭亡的原因之一，并着力批驳。同时，李塨也对陆王之学进行了批判，指出陆王和程朱二者皆有脱离实际事物空谈理论的弊端。虽然两种学说在人性论上的见解略有不同，但是由于他们都认可天性为先，因此在人性论问题上都存在理论错误。在这点上，李塨完全继承了颜元理气一元论的唯物主义思想。在修养论上，李塨继承并发展了颜元的观点。颜元强调习行，反对死读书，更反感著述。李塨继承了颜元对认识来源的看法，同时也强调书本知识的重要性，认为理性的间接经验必不可少。这也是李塨对颜元学说最大的超越，即认为知先于行，行在知后，知行统一。相比于颜元，李塨在知行关系上比颜元更加深入地讨论了理性思维在认识过程中的作用，提出"知"与"行"是并行不悖、相互促进的关系。这种观点是对颜元的理论学说的补充和完善。

此外，在具体的政治改革举措上，李塨也对颜元的观点进行了发展。颜元主张恢复秦汉之前的封建制度，但是李塨则明确表示反对。他认为由于秦汉之后建立的郡县制时间久远，若想恢复之前的封建制度已是不太现实的事情。在李塨思想的后期，由于其对于著述的重视使自己开始流连于书本的考据，这也是后世认为李塨晚年有悖于师门的原因。但是总体来说，李塨是颜李学派思想传播的主要人物，是颜元思想体系化的关键。

较之颜元，李塨的著作更为丰富。李塨曾经说过，其师颜元以天下万世为己任，去世后便将传扬学术的任务托付给自己。由于颜元著述不多，李塨才不得不著书言志。李塨早年效仿先生颜元，写了自检言行的《日谱》，这成为后世研究李塨学说的重要材料。此后，他还著有《瘳忘编》、《阅史郄视》、《恕谷诗集》、《大学辨业》、《学礼》、《小学稽业》、《辟佛论》、《平书订》、《拟太平策》等，集中论述了颜李学派的伦理思想。

王源是颜元的另一弟子。李塨在京师讲学时，王源结识了李塨，并为颜李学说深深折服，遂进入颜门。王源著有《读易通直》和《平书》。《平书》集中反映了王源的思想，此书名取自《大学》中"治国平天下"之意。可惜的是，《平书》现今已佚，现存《平书订》为李塨整理，其中大部分文字皆为王源《平书》中的观点，李塨对其进行了批注。所以，通过《平书订》，我们仍然可以看到王源的思想观点。可以说，《平书订》是研究李塨与王源思想的一本重要著作。王源的《居业堂文集》也是研究其思想的主要资料。值得说明的是，对于程朱理学，王源的批判最为彻底。他十分明确地指出程朱理学静心玄理的主张是导致亡国的根源，因此，他在军事治国方面论述较为具体。王源本着经世致用的思想，反对程朱理学坐谈兵戎，提出"自制之道"和"制敌之道"，在将帅的道德情操、赏罚制度、战斗中人的主观能动性等方面都有创新性的见解，是颜李学派经世致用理论在军事方面的具体表现。

另外，王源在经济理论方面也颇有建树。王源明确提出"惟农为有田"的理论，成为孙中山"耕者有其田"的理论源起。这一理论的提出，旨在改善清初严重的土地兼并现象。王源甚至提出，凡是占有土地的人就必须耕种，不能雇用他人耕种，也不能从事其他的职业，而从事其他职业的人，如商、士、官等都不应该占有土地。为此他还提出了六条回收田地的政策，其中最有创新性的是在《平书订》之《制田第五上》中所说的："天下之不为农而有田者，愿献于官则报以爵禄，愿卖于官则酬以资，愿卖于农者听，但农之外无得买，而农之自业者一夫勿得过百亩。"王源反对土地兼并与封建地主对土地的私人占有，这种思想在当时显得极为激进。不过，这些主张在封建土地所有制的条件下是很难实现的，因此他主张用温和的方式来进行缓慢的改革，而非用暴力手段迅速解决问题。尽管如此，这仍然是个"乌托邦"式的设想。

此外，王源还进一步继承了颜李学派历来对商业的重视。颜元认为只有发展经济，才能富强国家。这在王源的思想中也明确地体现了出来。他主张提高商业的社会地位，对商业税收制度进行改革，反对对商人课以重税，主张按照利润来征税，对于仅仅足本的商人要免其赋税。王源不仅在经济层面上为商人争取利益，在政治层面上也积极为商人争取地位。他提出给予商人一定的社会地位，让商人居于士大夫的行列，如果商人缴税达到一定的额度，还可以封爵世袭。这一主张在封建土地所有制时期的清朝无疑是具有进步意义的。

作为颜李学派的传人，王源与颜元、李塨的经历有所不同。其父为明末宫廷侍卫，明亡后流离辗转，父亲的言传身教和遗民子弟的经历使王源能够深切地感受到理学空疏误国的流弊。因此，在颜元的弟子当中，王源比其他人更加强调程朱理学的弊端，对程朱理学的批判最为犀利，这也是王源著书异常关注经邦济世之略的缘故。

程廷祚是颜李学派的再传弟子，也是颜李学派中最彻底的朴素唯物主义者。在哲学本体论上，他秉承了颜元的气一元论，并对颜元、李塨的有神论进行了修正。在人性论问题上，程廷祚认为人的需求可以分为三类，即饮食、男女、乐生恶死。他反对程朱理学将这些人性的正常需求看作罪恶之源的观点，认为这三大类需求是人性至善的表现。在道德修养上，程廷祚继续援用颜元所提倡的先秦儒家之六艺，倡导颜李学派"习行"的修养方式。但是，程廷祚未能将颜李学派的思想传扬开来。他生活的时代，正是文字狱兴起的时候，他本人也曾险些卷入牢狱纷争之中。在这种氛围下，程廷祚不得不改变对程朱理学激进批驳的态度，同时也不敢公开传播颜李学说。因而，颜李学说也就渐渐湮没在清朝的历史之中了。

最后要提的是颜元的弟子钟錂和恽鹤生。钟錂，字金若，直隶博野人。他的著作有《农书》、《一隅集》等，同时他还编纂了《颜习斋先生言行录》四卷，《习斋纪余》二卷，为颜李学说在后世的传播打下了基础。恽鹤生，字皋闻，晚号诚翁，常州武进人，康熙四十九年（1710）举人，雍正十年（1732）官至常州武进县知县。其生前著述不少，但是流传于今世的仅有《大学正业》。在同李塨认识之前，恽鹤生曾经笃信程朱理学，然而在同李塨的第一次交流后便发生了大转变，改信颜李学，自称私淑颜元。这时，距离颜元过世已有数年之久。晚年时期，恽鹤生在常州地区传播颜李学说，是颜李学说在南方得以传播的重要力量。

三、思想特征：肯定功利、注重实践

纵观颜李学派各代表人物的思想主张，可以看出，颜李学派最突出的特点有三：其一，功利性。重视经济在民众日常生活中的重要作用，肯定了利益的合理性。在程朱理学千百年"存天理、灭人欲"的桎梏下，提出利益存在的必要性与合理性。其二，实践性。崇尚实学实用，倡导"习行"的修养方式。鉴于宋明理学玄谈之风的误国教训，颜李学派尤其重视理论的实践性，明确提出"习行"的概念，倡导在实践中获取真知。其三，前瞻性。推崇经世致用的思想，将人才培养同国家命运相联系。颜李学派伦理思想的最终目的是为国家培养合格的人才，达到经世致用的目标。其思想最值得肯定的地方，就是将人才的培养真正同国家命运相联系，这是宋明理学末流不可及之处。

（一）功利性

颜李学派的实学伦理思想最突出的贡献就是肯定"利"的必然性与合理性，肯定了"利"具有合理的社会价值，将"利"同社会经济发展相结合。

首先，颜李学派通过人们的日常生活论证了利益的合理性。"世有耕种，而不谋收获者乎？世有荷网持勾，而不计得鱼者乎？……盖'正谊'便谋利，'明道'便计功，是欲速，是助长；全不谋利计功，是空寂，是腐儒。"[①] 颜李学派认为早期的儒家并没有完全排斥"利"，而是后来宋明理学将"利"与"义"对立起来，主张"利"、"义"不相容，提出要"存天理、灭人欲"。针对于此，颜李学派主张"利"是"义"的基础，"谋利"、"计功"同"正谊"、"明道"是共生共存的关系。明清时期，宋明理学作为官学，一直得到中央政府的政治偏袒与庇护。因此，宋明理学否定人欲需求的观点深入人心，公然提出利益的必然性和合理性需要极大的勇气和智慧。而颜李学派从日常生活中看到了"利"无处不在，揭示了宋明理学，尤其是程朱理学义利观的弊端，为利益的存在提供了理论依据。

---

① （清）颜元著，王星贤、张芥尘、郭征点校：《颜元集》，671页。

其次，颜李学派肯定了"利"的社会价值。在颜李学派看来，社会个体追逐合理的利益不但没有产生危害，反而能够推动生产力的进步，对社会发展具有促进作用。由此该学派充分肯定了人的合理利益，提出无论是凡人还是圣贤，都有追求利益的需要。追求合理利益是一种正常的心理需求，正是这种心理需求能够促使人们努力劳作，从而获得更好的生活。颜李学派反对程朱理学鄙视功利的态度，认为"宋儒正从此误，后人遂不谋生，不知后儒之道全非孔门之道"①。这种让人不能"谋生"的儒道，造成了人人空谈玄理，社会发展停滞不前，国家备受外族欺凌的状况。因此颜李学派肯定了"利"的合理性，认为"利"有益于社会的发展。

然而最为难能可贵的是，颜李学派重利却不轻义，提出了求利的原则，即以义求利，以义用利。前者是获取利益的方法原则，后者是对待利益的方式原则。颜李学派遵循孔子"取之有道"的观点，对于合理的利益，他们赞同用合理的手段去获得，但是对于非法的手段、不合理的利益，他们是坚决反对的。进一步，他们认识到正常的逐利行为有助于推动社会经济进步和增强国力，因此，"求利"成了强国救世的手段。如果求利的行为同救世的目的相冲突，就需要反对求利。可以看到，在颜李学派的伦理思想体系中，他们在追求经济进步和道德发展时，始终力图寻求一个平衡点。这个点是一个合理的度，是以最终促进社会前进为目的的。颜李学派对于合理利益的肯定，是千百年来对人性的一种解放，也是千百年来对富国强民理想的积极探索。

（二）实践性

颜李学派思想最突出的特色就是强调实际，"习行"的修养方式是其学术理论的标志。颜李学派认为要真正做到"行"，就要敢于实践。他们在这个问题上首先批判了程朱理学的思想："思宋人但见料理边疆，便指为多事；见理财，便指为聚敛；见心计材武，便憎恶斥为小人。此风不变，乾坤无宁日也！"② 由于长期受程朱理学"存天理、灭人欲"思想的影响，世人往往只是空谈玄理，对于实际的事务或者具体经济利益极其避讳。颜李学派认为这种风气对国家的发展具有负面作用，因此，让人们重视实践，敢于实践成了他们的首要任务。

在实践中，颜李学派认为要做到"行"，首先就要反对读死书。这是

---

① （清）颜元著，王星贤、张芥尘、郭征点校：《颜元集》，671 页。
② 同上书，781 页。

颜李学派创始人颜元最为注重的观点，他甚至因此都没有太多的著述流传于世；但是其弟子李塨和王源对于这一观点有所保留，他们既重视著述，也重视实践。颜李学派主张，要解决实际的问题，就需要真正有用的知识，而真正有用的知识需要通过自己亲身实践获得。实际上，颜李学派坚持一种唯物主义的观点，强调知识来源于直接经验。颜李学派认为，圣贤的论述是为了总结生活中的经验，为后来人指引前进方向，仅仅死读书而不实践，只会造成"读书人"越来越多，"做事者"越来越少的局面。如果知识不能够被运用于实践之中，那么知识也就没有存在的必要了。

可以说，"颜李学派反对离开具体事物，空谈道理，而主张见理于事，寓知于行"①。基于这个认识，颜李学派再次批驳了程朱理学知行分离的弊病，评价道："以孔门相较，朱子知行竟判为两途，知似过，行似不及。其实行不及，知亦不及。"② 不仅如此，他们还注意到，由于受到程朱理学的影响，人们为了考取功名，所学的知识范围相较于孔孟时代已变得十分狭窄，这些空洞的知识难以指导人们的实际生活。因此，颜李学派推崇孔子的主张，提出"孔门六艺，进可以获禄，退可以食力"③ 的观点。特别是颜元，提倡将礼、乐、射、御、书、数作为国家培养人才应当教习的学业内容。

颜元在亲自主持书院的时候，还将军事、农事、自然科学以及各种专业技能作为学习的内容，实行分科设教。颜李学派的教育思想在深度和广度上都大大超过了程朱理学思想，使"习行"中的"习"有了新的内容，对人们的"行"更具指导作用。

颜李学派提倡通过实践活动来解决问题，这是"习行"修养方式的最终目的。而"习行"作为一种修养方式，是培养"圣贤"的关键，同时也是通往终极目标"经世致用"的桥梁。

（三）前瞻性

说颜李学派的思想具有前瞻性，是相较于当时的理学末流而言的。颜李学派看到了宋明理学在明末清初时的弊病，认为理学末流不求实用、不干实事的理论不利于人才培养，是导致亡国的重要原因。因此，他们猛烈

---

① 姜广辉：《颜李学派》，72 页。
② （清）颜元著，王星贤、张芥尘、郭征点校：《颜元集》，86 页。
③ 同上书，671 页。

地批判程朱理学的教育方式，极力倡导"经世致用"，将自己的人才培养方式同国家的命运联系起来。

颜李学派指出，传统理学教育最大的弊病就在于它导致读书人只追求功名，不把学问与国家命运相联系，乐于空谈玄理。他们批评通过科举考试所选拔的人才往往倾慕功名，指出程朱理学培养人才"学从名利入手，如无基之房，垒砌纵及丈余，一倒莫救"①。因此，颜李学派坚决反对八股，反对为求官位而读书，并感慨程朱理学对社会的负面影响："而乃前有数圣贤，上不见一扶危济难之功，下不见一可相可将之材，两手以二帝畀金，以汴京与豫矣！后有数十圣贤，上不见一扶危济难之功，下不见一可相可将之材，两手以少帝赴海，以玉玺与元矣！多圣多贤之世，而乃如此乎？"② 鉴于此，颜李学派提出教育的目的是培养能够服务于国家的人才，圣贤要能学有所用，才是真材，才不枉称圣贤。针对程朱理学导致读书人脱离实际的弊病，颜李学派倡导改变程朱理学的虚静之风，培养能干实事、经邦济世的人才。

颜李学派为了推广"经世致用"的理念，达到"圣贤救世"的理想目标，不仅从理论上批判了传统教育模式，而且开设了书院，充分体现了"致用"思想。在书院的治学中，颜元打破陈规，做了突破性的改革：在其亲自主持的漳南书院分设了文事斋、武备斋、经史斋、艺能斋、理学斋以及帖括斋等六斋，各斋的主要教育内容分别涵盖了六艺、天文地理、军事理工、理学等范围。从这六斋的分设可以看到，针对程朱理学重文轻武的特点，颜元所主持的书院颇具创造性，文事斋与武备斋并存，具有文武兼备的特点。该学派的前瞻性，可以从清朝末年的中国历史中体会到。乾隆时期，理学再度占据官学地位，颜李学派悄然沉寂。经过数百年理学的影响，清朝末年列强侵华足以显露出理学重文轻武的弊端。而在清初，颜李学派便怀揣着忧国忧民之心，在漳南书院的具体教学过程中执行了文武并重的理念。只可惜，他们的教育思想最终没有为清廷所采用。

此外，颜元还重视天文地理、艺能理工等教育内容。他认为国家的振兴，不仅要依靠文史武备，天文地理、艺能理工对于国家的强盛发展也具有促进作用。事实上，这一观点受到了当时西学传入的影响。总体而言，

---

① （清）颜元著，王星贤、张芥尘、郭征点校：《颜元集》，660 页。
② 同上书，67～68 页。

颜李学派看到了教育和政治的统一性，提出"圣人学、教、治，皆一致也"①。这在当时绝对是极具前瞻性的论断。

对于人才培养的具体原则，颜李学派将人才分类，也是独到的见解。他们主张培养通才和专才。颜元认为在国家所需要的人才中，通才是最高境界，"以六德、六行、六艺及兵农钱谷、水火工虞之类教其门人，成就数十百通儒"②。同时，颜元也认识到要求每个人都成为通儒是不现实的，因此他提出，如果达不到通儒的境界，可以退一步成为专儒，即"上下精粗皆尽力求全，是谓圣学之极致矣。不及此者，宁为一端一节之实，无为全体大用之虚。如六艺不能兼，终身止精一艺可也"③。此外，颜元还提出了"百职秀民"的观点，认为"人只要掌握了实学，有了才干，在上可以为君相，在中可以任百职，在下可以做秀民，均无负于人生，均无愧于儒名"④。颜元也强调儒者肩负的责任重大，他们"在上者则兴礼乐以化民，在下者则崇仁义以明道"⑤。由于教育紧密联系着国家的命运，因此培养人才要坚持宁缺毋滥的原则，那就是宁可世间没有精通圣学的儒士，也不可有伪儒。颜李学派的思想具有将国家同教育相连，将教育同学校相连的特点。他们对当时的学校制度进行了批驳，以警醒世人。他们认为朝廷是政事之根本，而学校是人才之根本，没有人才就无政事可言了。

可以看出，颜李学派在程朱理学影响深重的时代，能够保持清醒的头脑，其理论的功利性、实践性和前瞻性值得后世研究。

---

① （清）颜元著，王星贤、张芥尘、郭征点校：《颜元集》，39 页。
② 同上书，40 页。
③ 同上书，54 页。
④ 陈山榜：《颜元评传》，215 页，北京，人民教育出版社，2004。
⑤ （清）颜元著，王星贤、张芥尘、郭征点校：《颜元集》，135 页。

第二章 人性一元论——颜李学派伦理思想的哲学基础

在中国伦理思想史中，人性论是各学派观点分殊的逻辑起点，也是构建伦理思想体系的哲学基础。颜李学派之所以能够在中国伦理思想史上占有一席之地，就在于其独特的人性论观点。从本质上讲，颜李学派的人性论属于人性一元论，主张人性为"气质之性"，认为人性无恶。颜李学派的人性一元论主要是为了从根本上批判程朱理学的人性二元论，反对"存天理、灭人欲"的传统义利观，这构成了颜李学派伦理思想的哲学基础。从内容看，它肯定了人性无恶、人欲合理，是颜李学派"正谊谋利，明道计功"义利观的立论基础；颜李学派也据此揭示出人性之"恶"存在的原因，即"引蔽习染"，为其"习行"的修养方式论及人才培养制度提供了理论依据。

第一节 "气质性善论"的源流

关于人性的论断，始于春秋战国时期。自儒家孔子提出"性相近也，习相远也"（《论语·阳货》）这句关于人性的论断以来，伦理学史关于人性论的论争就拉开了序幕。人性论不仅是中国传统伦理思想家争论的焦点，也是各种伦理思想体系的基石。从思想史的发展脉络看，中国传统伦理思想史中人性论观点的发展具有一定的历史承继性。在几千年的人性论发展史中，无论是承继还是批判，后一时期的人性论多是由前一时期的观点演变而来的，前后之间有着紧密的联系。只有清晰地梳理中国传统伦理思想史中颜李学派人性论的发展脉络，才能够更好地认识该学派人性论的主要内容和存在价值。

毋庸置疑，人性论是颜李学派思想的基础，对其人性论观点的评价将有助于我们更好地把握颜李学派思想体系的独特性和创造性。从内容上讲，颜李学派的人性论观点有二：主张人性之善；认为人性一元，理气统一。因而，从本质上说，颜李学派的人性论观点建立在继承孟子性善论和批判程朱理学人性二元论的基础之上。对此，颜元曾经评价道：

> 孟子如明月出于黄昏，太阳之光未远，专望孔子为的，意见不以用，曲学邪说不以杂。程、朱则如末旬之半夜，偶一明色映烁之星出，一时暗星既不足比光，而去日月又远，即俨然太阳，而明月亦不知尊矣。①

由此可见，颜李学派对于孟子和程朱的人性论非常关注，这也是其人性论的主要理论渊源。然而，需要说明的是，在人性论问题上，颜李学派并没有完全照搬孟子的性善论，而是以一种继承和发展的方式对其加以利用。更重要的是，颜李学派提出人性一元论的主要目的是为了从根本上批判程朱理学的人性二元论和反对"存天理、灭人欲"的传统义利观。因而评价颜李学派的人性论，首先需要对中国伦理思想史的人性论概貌进行历史性的梳理，以整体性的视野把握颜李学派人性论的师承与发展，确定其在整个中国伦理人性论中的历史地位，从全面的历史发展的角度审视和评价颜李学派思想的贡献。其次需要从颜李学派对程朱理学人性二元论的批判着手，掌握该学派在当时历史条件下所具有的独特性质，知晓颜李学派批判宋明理学，尤其是程朱理学人性论的深层缘由。

因此，本章将从颜李学派对中国传统伦理思想中孟子性善论的承继和对程朱理学人性二元论的批判两方面入手，揭示颜李学派人性论的理论渊源和独特之处。

一、对孟子性善论的继承

人性论争一直贯穿在中国的伦理思想发展史当中，曾涌现出诸如性恶论、性善论、性无善无恶论、性有善有恶论等各种观点。在儒家伦理思想体系中，孟子的性善论为后世所推崇，而颜李学派人性论的主要观点正是对孟子性善论的一种继承和发展。

性善论在中国伦理思想史中由来已久。西周建立伊始，便已有性善的传统观点，认为人性由天性决定，天之性为善，因此人之性也为善。春秋

---

① （清）颜元著，王星贤、张芥尘、郭征点校：《颜元集》，16 页。

时期，儒家的创始人孔子提出"性相近也，习相远也"（《论语·阳货》），认为人天生性情相近，具有成就善恶的质素，而之所以最终有善恶的分别，则是因为每个人所处的后天环境不同，所受到的影响各异。因此，孔子很重视教化的作用。其理论虽然没有明言人性为善，但是突出了人性最初的状态，看到了后天环境对人性的决定作用。儒家亚圣孟子在总结前人和孔子观点的基础上，系统阐述了"性善论"的观点。孟子的性善论明确地提出人性为善，而恶行则是人性之善受到外界各种邪欲侵害的结果。但是由于人性可以教化，所以人性可以因外界环境由善变恶，也可以经过教化由恶变善。因此，孟子的性善论是对孔子人性观点的系统整理，并由此形成了儒家性善论的主流思想。

孟子的人性论具有合理性，也存在一些片面性。孟子人性论属于先验论，提出人性区别于动物之性，人性之善先天而生，但后天环境影响了人的行为。孟子首先批驳了告子的论断，反对告子将人性定义为生物的本能。针对于此，孟子说："然则犬之性，犹牛之性；牛之性，犹人之性欤？"（《孟子·告子上》）孟子认为将人性定义为生物的本能显然荒谬，这是把人和动物等同起来，抹杀了人的特性。就这个方面而言，孟子的看法显然比告子的人性论合理，他将人从动物界分离了出来，没有将人的生理本能看作人性。可以说，虽然孟子的人性论尚未达到从社会属性分析人性的高度，但是将人与动物区别开来，是孟子人性论的合理之处。

将人和动物区别开后，孟子提出人性之善人皆有之，它是与生俱来的"不忍之心"。孟子举例说明："所以谓人皆有不忍人之心者，今人乍见孺子将入于井，皆有怵惕恻隐之心。非所以内交于孺子之父母也，非所以要誉于乡党朋友也，非恶其声而然也。由是观之，无恻隐之心，非人也；无羞恶之心，非人也；无辞让之心，非人也；无是非之心，非人也。恻隐之心，仁之端也；羞恶之心，义之端也；辞让之心，礼之端也；是非之心，智之端也。人之有是四端也，犹其有四体也。有是四端而自谓不能者，自贼者也；谓其君不能者，贼其君者也。凡有四端于我者，知皆扩而充之矣，若火之始然，泉之始达。苟能充之，足以保四海；苟不充之，不足以事父母。"（《孟子·公孙丑上》）孟子由不忍之心，提出人之四端的概念，即恻隐之心、羞恶之心、辞让之心和是非之心，他认为这是人的道德之端。所谓"端"，即事物生长发展之初始状态。恻隐之心、羞恶之心、辞让之心、是非之心便是仁、义、礼、智四种德目的发端。孟子的这种界定"把人性特指为道德心理，又逻辑地包含着人应该讲道德、有道德的结论，也是值得肯定的"①。虽然在当代的伦理学原理中，人性并不单指道德心理，但是孟子的思想，能够明确人性中的善，引导人讲道德，的确值得肯定。

同时，孟子也明确指出了人性之善的来源。"仁义礼智，非由外铄我也，我固有之也。"(《孟子·告子上》)这就是说，人所具有的仁、义、礼、智四种道德，并不是外界环境所赋予的，而是人天生所具有的。但凡是人，就已经具有仁、义、礼、智，这些都是"不虑而知者"(《孟子·尽心上》)。显然，这种观点存在先验的问题。孟子认为人性之四端，是萌生后天道德的源头。人后天的行为之善，皆是由此四端生发而成。因此，如果这四端是天生存在，具有先验性，那么由此生发的道德也必然包含了先验的成分。所以从本质上看，孟子的人性论还是属于一种先验论。这是孟子人性论中的片面之处。

罗国杰先生为分析人性论提供了三个重要的视角，认为"人性作为人的本质规定性或根本特点，主要有三个方面的内容：一是人所具有的所谓饮食男女等自然属性，二是人所具有的能够认识和改造客观世界的自觉能动性，三是人在后天实践活动中所形成的社会属性。人性的这三个重要方面不是平行的，其中以人的社会性最为重要，乃是人的最根本的属性。人的饮食男女等自然属性，受人的社会性的制约，已不再是纯粹动物式的，而是在社会的形式下进行的，或者说，人的自然属性的实现，总是带有一定的社会意义"②。在上述这三个层面中，毋庸置疑，孟子看到了人的自然属性，也看到了人所具有的自觉能动性。但是，尽管孟子意识到了在人性问题上人与动物有区别，却没有看到这种区别最大地体现在社会性上。所以，孟子的人性理论缺少了人性中最为重要的社会属性，这是导致其人性论片面性的主要原因。同时，由于孟子的人性概念主要指向某些道德心理，例如恻隐、辞让等，而"人的本质属性不仅指、也不主要是指有道德这一方面，而且，在阶级社会中，人们的道德心理又各不相同、相互对立。这样，孟子的'人性'概念就不能不是片面的，抽象的"③。

孟子将人性定义为善，认为"乃若其情，则可以为善矣，乃所谓善也"(《孟子·告子上》)。所以，从人性为善的前提出发，孟子阐发了"人

---

① 朱贻庭主编：《中国传统伦理思想史》，102 页。
② 罗国杰主编：《伦理学》，441～442 页，北京，人民出版社，2007。
③ 朱贻庭主编：《中国传统伦理思想史》，102 页。

皆可以为尧舜"(《孟子·告子下》)的观点。同时，孟子认为人性本善，
人之所以有恶的行为是由于外界环境的影响和人的主观能动性没有得到发
挥。因此，为了保持人性之善，就必须加强人的道德修养，使普通人也能
够具有尧舜的道德品质。换句话说，孟子认为只要运用合理的道德修养方
式，人就可以发挥自己的主观能动性，摒除外界邪恶的负面影响，从而达
到至善的境界。虽然孟子在人性来源问题上进入了先验论的误区，但是他
却没有因为这个错误而走向宿命论。相反，孟子积极肯定了人的道德主观
能动性，注重个人道德修养，从"性善"援引出了道德修养的必要性。

　　孟子的性善论是后世儒家伦理思想和颜李学派人性论的重要理论渊
源，颜元对此大为赞赏："孟子于百说纷纷之中，明性善及才情之善，有
功万世。"① 简而言之，孟子性善论对颜李学派人性论的影响主要体现在
三个方面：其一，颜李学派承继了孟子对人性性质的界定。该学派认可人
性中的善，提出人性无恶，认为"'气质之性'四字，未为不是，所差者，
谓性无恶，气质偏有恶耳"②。其二，颜李学派承继了孟子人性论中恶之
来源的观点。孟子认为世间之所以存在恶，是因为人性中的"善"受到外
界环境的负面影响。颜李学派也做出相似的论断："其所谓恶者，乃由
'引、蔽、习、染'四字为之祟也。"③ 其三，颜李学派承继了孟子人性论
中重视道德修养的传统，尤其是发挥主观能动性的修养方式。孟子的道德
修养论强调了个人道德修养的主观能动作用。在孟子看来，善是人的天
性，人应当尽量发挥理性的作用，即"尽心"来加强善的天性。对此，孟
子使用了一个形象的比喻来解释"尽心"的具体作法："仁者如射，射者
正己而后发。发而不中，不怨胜己者，反求诸己而已矣。"(《孟子·公孙
丑上》)孟子所谓的"反求诸己"，正是要求发挥个人的主观能动性。颜李
学派在这一点上有着显著的超越，提出了"习行"的修养方式："习"有
学习、修养、从善之意；"行"体现了实践性和行动力，指在实践中进行
道德教育和道德修养，提高个体道德水平。按照颜李学派的主张，当人性
受到外界负面影响，形成恶习时，就需要个人发挥能动性，达到修养从善
的目的。

　　在探寻颜李学派人性论的性善渊源时，需要注意的是，颜元虽然继承

---

① （清）颜元著，王星贤、张芥尘、郭征点校：《颜元集》，13页。
② 同上书，18页。
③ 同上书，49页。

了孟子性善论的思想，但是两者存有巨大区别。李国钧认为颜元"没有把孟子的'性善'学说全盘托出，而是打着'性善'的招牌，在孟子'性善'的主词下，改变述词，加入了他所处的时代的新精神"①。这种时代的新精神正是在宋明理学为钦定官学时期，颜李学派针对其人性二分论的谬误发出的声音，反对"气质之性"为恶的观点，突出了人性的"理气合一"。当朱熹提出孟子性善论更重视"性"时，颜元评述说："朱子曰：'孟子道性善，性字重，善字轻，非对言也。'此语可诧！性善二字如何分轻重？谁说是对言？若必分轻重，则孟子时人竟言性，但不知性善耳。"②他还在《朱子语类评》中定性程朱理学人性论的价值，认为"程、朱'气质之性杂恶'，孟子之罪人也"。由此可见，颜李学派在继承孟子性善论的基础上，批驳了程朱理学人性论的弊端，对人性论进行了一定程度的发展。

二、对人性二元论的批判

人性论纷繁复杂，除了孟子的性善论，荀子主张性恶，告子认为性无善无恶，扬雄主张性善恶相混，王充主张性有善有恶，董仲舒、韩愈等主张人性三品，张载、程朱主张人性二元，其中，以孟子的性善论以及张载、程朱的人性二元论的影响最为深远。一方面，颜李学派继承并发展了孟子的性善论；另一方面，该学派通过批驳张载、程朱的观点，提出了人性一元论，最终形成了独具特色的人性理论。

张载是北宋时期著名的唯物主义哲学家。他开创了人性二元论的先河，认为人性由"天地之性"和"气质之性"组成。"天地之性"产生善，是在人出生之前，形体尚未具备时就存在的；而"气质之性"产生恶，是在人出生之后，形体形成后自身所具有的。在"天地之性"中，善天生存在，具有仁、义、礼、智等多种道德内涵；而"气质之性"中则包含了人的各种伪善和欲望的根源，具有恶的特性。因此，张载主张个体需要变化自己的"气质之性"，返回"天地之性"，从而达到去除恶性，成就人性至善的结果。

张载的人性二元论对后来的宋明理学，特别是程朱理学的人性论有着决定性的影响。北宋理学家程颢和程颐从天理的角度来分析人性，继承了

---

① 李国钧：《颜元教育思想简论》，24 页，北京，人民教育出版社，1984。
② （清）颜元著，王星贤、张芥尘、郭征点校：《颜元集》，4 页。

张载人性二元论的思维方式，认为人性可以二分为"天命之性"和"气禀之性"。和张载的理论类似，二程提出，人性中的善来自天赋的"天命之性"，是天理的体现。程颐进一步解释了人性之善恶，认为孟子提倡的人性之善是"极本穷源之性"，是人性中最本源的那个部分，即他们所谓之"天命之性"。而人性中的恶则来自"气禀之性"，它决定了人性后天的善恶程度。到了明朝，朱熹继承并发展了张载和二程的人性论。他极为赞赏人性二元的分析方法，认为这可以很好地解释人性中"善"的由来，弥补孟子性善论的不足之处。为此，朱熹曾高度评价张载与二程的人性论。朱熹将人性分为"本然之性"和"气质之性"，其后的朱门弟子陈埴将人性二分成"义理之性"和"气质之性"。虽然张载、二程、朱熹和陈埴的人性理论采用了不同的概念表述方式，将人性中善的部分称为"天地之性"、"天命之性"、"本然之性"、"义理之性"等，将人性中存在恶的部分称为"气质之性"、"气禀之性"，但他们都是典型的人性二元论的代表。

　　在人性二元论观点中，各家学说均有利弊，他们的弊端成为颜李学派建立人性论的基础。张载的人性论中提出"天地之性"，在一定程度上弥补了孟子人性论的不足。孟子虽然主张人性为善，却没有给予这种"善"合理的来源，有先验的神秘色彩。张载的人性论则解决了这个问题，从"天地之性"找寻善的源头，给予了"善"合理的来源。然而，张载赋予了"天地之性"自然界物质本性的地位，这种物质本性又是人性的来源，这样，人性归根到底就与自然界其他物种没有根本区别了，这抹杀了人的社会属性。张载的哲学逻辑将人性的普遍性与特殊性相混淆，这是颜李学派反对人性二元论学说的主要缘由。

　　二程的人性论对张载的人性论有所发展，之后朱熹进一步继承了这种人性论学说。朱熹将"天理"从人性中分离出来，认为人的现实本性中存在恶因。这些恶因由后天气质的清浊各异造成，使得个人不能返回"天理"。如果要恢复人的本性，就需要保存"天理"，摒除"气质之性"中的浑浊。这样，朱熹的逻辑就走到了注重培养人性，以提高个人道德修养的轨道上。客观而言，朱熹对人性善恶基础的论证还是非常严密的，他提倡注重道德意志的培养，用道德意志克服人性中的恶因，加强个人的道德修养。这些是值得肯定的地方。然而，到了明末清初时期，理学末流的"天理"具有了至高无上的地位，使其道德修养方式走向了反人性。"存天理、灭人欲"这种灭绝人欲，只知空谈心性的人性论，束缚了当时新兴市民阶层和资本主义萌芽的发展，遭到了当时实学思想家的批判。颜李学派正是这股实学思潮中反对人性二分的主力。

颜李学派的人性论思想建立在批判理学末流人性论的基础上,并针锋相对地提出人性一元论的观点。该学派提出"形性不二"的说法,即"气质之性"和"天理之性"并不能够分离,认为人性就是"气质之性",离开了"气质之性"就无所谓天理。此外,颜李学派还否定了理学"存天理、灭人欲"的修养主张,提出了"习行"的修养方式,形成了完备的人性理论。

第二节　颜李学派人性论的内容

颜李学派的人性论观点,从代表人物颜元的著述中可以得到清晰的体现。颜元作为颜李学派的创始人,是位重视实践、反对在书本上空谈心性的学者。其著述虽少,但留存于世的皆为精品,《存性编》就是其一。颜元认为后世儒生没有很好地理解和继承先秦孔孟的人性论,因此撰写了《存性编》来阐述自己的观点。

在《存性编》开篇颜元解释道:"孔、孟性旨湮没至此,是以妄为七图以明之。非好辩也,不得已也。"①《存性编》共分两卷,包括"驳气质性恶"、"明明德"、"棉桃喻性"、"借水喻性"、"性理评"、"性图"、"图跋"、"附录同人语"及"书后"九个部分,详尽阐述了其人性观点。其后,弟子李塨、王源等人秉持并发展了颜元的人性论,形成颜李学派"舍形无性"、"践形尽性"的人性论观点。可以说,颜李学派的人性论,在颜元的《存性编》中,得到淋漓尽致的体现。

颜李学派的人性论主要针对程朱理学的负面影响,认为其人性思想导致"后世诵读、训诂、主静、致良知之学,极易于身在家庭,目遍天下,想像之久,以虚为实,遂佟然成一家言而不知其误也"②。因此,在人性渊源上,颜李学派主张性一元论,"理气统一",批判理学性二元论;在人性界定上,主张人性无恶,反对理学"气质之性"为恶的理论;在善恶来源上,主张"恶由引蔽习染";进而在人性修养方式上,批驳程朱理学"主静"的修养方式,提出"习行"的理念以完善人性。

---

① (清)颜元著,王星贤、张芥尘、郭征点校:《颜元集》,1页。
② 同上书,16页。

一、"理""气"统一

颜李学派人性论的出发点是"理""气"统一，反对程朱理学的人性观，尤其是人性二分的观点。程朱理学将人性分离，提出"天地之性"和"气质之性"，将人的欲求看作"气质之性"，定性为人性中的"恶"。朱熹曾经明确提出，圣贤虽然用了千言万语来教化世人，但这些都是为了达到"存天理、灭人欲"的目的。他们的理论实质上是通过对"气质之性"的压抑，来灭掉一切有违天理的思想，而这个"天理"实际上就是封建统治秩序。这种专制的思想长期压制着人民的精神，也阻碍了国家的发展。颜李学派针对这种思想流弊，结合社会实际，主张祛除"天地之性"与"气质之性"的二分，将人性归结为"气质之性"，以此肯定人的合理欲求。因此，颜李学派的人性论首先论证了人性一元的问题，坚决反对程朱理学人性二分的观点。

在《存性编》中，颜元明言了他的立场。他批驳张载和二程的观点道："问：'气质之说起自何人？'曰：'此起于程、张。某以为极有功于圣门，有补于后学。'程、张隐为佛氏所惑，又不解恶人所从来之故，遂杜撰气质一说，诬吾心性。而乃谓有功圣门，有补来学，误甚！"①其弟子程廷祚也认为人性没有所谓义理、气质的分别，自宋代儒生开始才有了这样的分类。同时，颜元也质疑朱熹的人性观点，认为："朱子曰：'气有不存而理却常在。'又曰：'有是气则有是理，无是气则无此理。'后言不且以己矛刺己盾乎？"②他赞赏同时代学者张石卿所言"人性无二，不可从宋儒分天地之性、气质之性"③，以及学者王介祺所言"气质、天命，分二不得"④。

颜元认为程朱理学将人性二分，提出"天地之性"为人性本源，具有理论虚妄性；而将"气质之性"界定为恶，则否认了人的物质需求和机体本能。他分析朱熹的人性二分时曾反驳道："乃晓然见其意，盖明天命之性与气质之性之别，故上二字注之曰'性无不善'，谓其所言天命之性也；下二字'善''恶'并列，谓其所言气质之性也。噫！气质非天所命乎？抑天命人以性善，又命人以气质恶，有此二命乎？然则程、张诸儒气质之性愈分析，孔、孟之性旨愈晦蒙矣。此所以敢妄议其不妥也。"⑤

---

①　（清）颜元著，王星贤、张芥尘、郭征点校：《颜元集》，8页。
②　同上书，6页。
③④　同上书，34页。
⑤　同上书，20页。

　　颜李学派的人性一元论将人性定义为"气质之性"，认为"其灵而能为者，即气质也。非气质无以为性，非气质无以见性也"①。所以颜元直言："人之性，即天之道也。"② 并举例孔孟来论证自己的观点："孔子说'性相近也，习相远也'，孟子辩告子'生之谓性'，亦是说气质之性。"③ 这样，颜元实际上是将"天之道"同"气质之性"相统一，达到了"理气合一"的理论高度。颜元总结说道："盖气即理之气，理即气之理，乌得谓理纯一善而气质偏有恶哉！"④ 对此，他以眼睛为例举证："眶、疱、睛，气质也；其中光明能见物者，性也。将谓光明之理专视正色，眶、疱、睛乃视邪色乎？余谓光明之理固是天命，眶、疱、睛皆是天命，更不必分何者是天命之性，何者是气质之性；只宜言天命人以目之性，光明能视即目之性善，其视之也则情之善，其视之详略远近则才之强弱，皆不可以恶言。"⑤ 他认为"眶、疱、睛"是眼睛的组成部分，是眼睛的气质，而"光明能见物者"是性。人需要拥有眼睛的各个机体组成部分，才能看见光明，两者是不可分离的。如果分离，则会导致没有眼睛的各个机体组成部分，却能够看见光明的荒谬可笑的结论。他还用水来比喻"理""气"合一的关系："诸儒多以水喻性，以土喻气，以浊喻恶，将天地予人至尊至贵至有用之气质，反似为性之累者然。不知若无气质，理将安附？且去此气质，则性反为两间无作用之虚理矣。"⑥ 其后，颜元的弟子们也秉持这一观点，由此形成了颜李学派人性一元论。

　　对于"理""气"合一的理论，颜元认为："语云，理之不可见者，言以明之；言之不能尽者，图以示之"⑦。因此，他曾在《存性编》中绘图以示，并作了注解。只可惜这些图示已经失传了，但从字里行间仍然可以了解颜元"理气合一"的人性一元论。颜元这样论述道：

　　　　大圈，天道统体也。上帝主宰其中，不可以图也。左阳也，右阴也，合之则阴阳无间也。阴阳流行而为四德，元、亨、利、贞也。

---

① （清）颜元著，王星贤、张芥尘、郭征点校：《颜元集》，15页。

② 同上书，22页。

③ 同上书，18页。

④⑤　同上书，1页。

⑥　同上书，3页。

⑦　同上书，32页。

（四德，先儒即分春、夏、秋、冬，《论语》所谓"四时行"也。）横
竖正画，四德正气正理之达也，四角斜画，四德间气间理之达也。交
斜之画，象交通也；满面小点，象万物之化生也，莫不交通，莫不化
生也，无非是气是理也。知理气融为一片，则知阴阳二气，天道之良
能也；元、亨、利、贞四德，阴阳二气之良能也；化生万物，元、
亨、利、贞四德之良能也。知天道之二气，二气之四德，四德之生万
物莫非良能，则可以观此图矣。①

颜元将"天道"化分为"左阳右阴"，阴阳化分为"元、亨、利、贞"四
德，这便是"气"。人生而禀气，未发为四德，发之为仁义礼智。这四德
有十六种形式，根据不同组合而拥有三十二种性质。这些性质即为人类和
万物所有。因此，对于世间万物，颜元认为："万物之性，此理之赋也；
万物之气质，此气之凝也。正者此理此气也，间者亦此理此气也，交杂者
莫非此理此气也；高明者此理此气也，卑暗者亦此理此气也，清厚者此理
此气也，浊薄者亦此理此气也，长短、偏全、通塞莫非此理此气也。"②
在颜元看来，天地间万事万物都由理气化生而成。而"至于人，则尤为万
物之粹，所谓'得天地之中以生'者也。二气四德者，未凝结之人也；人
者，已凝结之二气四德也"③。由此可见，人作为万物之粹，也必定是
"此理之赋也"、"此气之凝也"。

　　但是颜元的这个论证体系仍有缺漏。在这个机械的结构中，还有一个
虚设的"上帝"。由于无法正确回答人性这种精神层面的东西是如何从宇
宙间的物质转化而来的，颜元不得不求助于上帝，这个问题在颜李学派中
也没有得到其他人的正确解决。这样，颜李学派的人性论就无法避免地带
上了唯心主义的色彩。

　　颜元人性一元论在弟子李塨、王源那里得到了完整的继承。他们遵循
师道，也明确指出理气不二分，冯辰、刘调赞编撰的《李塨年谱》第二卷
中记载："草堂曰：'颜先生言理气为一，理气亦似微分。'曰：'无分也。
孔子曰：一阴一阳之谓道。以其有条理谓之理。非其外别有道理也。'"李
塨的人性论不但继承了颜元人性一元论的传统，同时将其理论进一步发
挥，认为世间万物都有理的存在。他将"理"进一步引申为事物的条理，

---

① （清）颜元著，王星贤、张芥尘、郭征点校：《颜元集》，20～21 页。
②③ 同上书，21 页。

认为"天事"、"人事"、"物事"都具有各自的理。这样，他就从哲学层面上否定了程朱理学对"天理"的唯心主义界定，将高高在上的天理转化成了实际生活中触手可及的规律，这对于程朱理学"存天理、灭人欲"的负面教导是个极大的冲击。

二、气质本无恶

在论述了人性之中"理""气"合一，人性为"气质之性"的基础上，颜李学派界定了人性的善恶，主张人性无恶。《颜习斋先生年谱》之"戊申（一六六八）三十四岁"中记录："（颜元）著《存性编》，原孟子之言性善，排宋儒之言气质不善。画性图九，言气质清浊、厚薄，万有不同，总归一善；至于恶则后起之引、蔽、习、染也。故孔子曰：'性相近，习相远。'墰后并为七图。"

颜元提出"四德之理气，分合交感而生万物"①。虽然万物由四德而出，但是万物仍然有分别。以人为例，颜李学派认为人的"清浊、厚薄、长短、高下，或有所清，有所浊，有时厚，有时薄，大长小长，大短小短，时高时下，参差无尽之变，皆四德之妙所为也"②。这四德的妙处在于能够产生无穷的组合变化，使世间万物具有多样性。万物所获取的四德的内容及其强弱程度造就了世间不同的个体形态：

> 其禀乎四德之中者，则其性质调和，有大中之中，有正之中，有间之中，有斜之中，有中之中。其禀乎四德之边者，则其性质偏僻，有中之边，有正之边，有间之边，斜之边，边之边。其禀乎四德之直者，则性质端果，有中之直，正之直，间之直，斜之直，直之直。其禀乎四德之屈者，则性质曲折，有中之屈，有正之屈，间之屈，斜之屈，屈之屈。其禀乎四德之方者，则性质板棱，有中之方，正之方，间之方，有斜之方，方之方。其禀乎圆者，则性质通便，有中之圆，正之圆，间之圆，斜之圆，圆之圆。其禀乎四德之冲者，则性质繁华，有中之冲，有正之冲，有间之冲，有斜之冲，有冲之冲。其禀乎僻者，则其性质闲静，有中之僻，正之僻，间之僻，有斜之僻，有僻之僻。其禀乎四德之齐者性质渐钝，禀乎四德之锐者性质尖巧，亦有

---

① （清）颜元著，王星贤、张芥尘、郭征点校：《颜元集》，24 页。
② 同上书，23 页。

中、正、间、斜之分焉。禀乎四德之离者性质孤疏，禀乎四德之合者
性质亲密，亦有中、正、间、斜之分焉。禀乎四德之远者则性质奔
驰，禀乎四德之近者则性质拘谨，亦有中、正、间、斜之分焉。其禀
乎违者性质乖左，禀乎遇者性质凑济，亦有中、正、间、斜之分焉。
禀乎大者性质广阔，禀乎小者性气狭隘，亦有中、正、间、斜之分
焉。至于得其厚者敦庞，得其薄者硗瘠，得其清者聪明，得其浊者愚
蠢，得其强者壮往，得其弱者退诿，得其高者尊贵，得其下者卑贱，
得其长者寿固，得其短者夭折，得其疾者早速，得其迟者晚滞，得其
全者充满，得其缺者破败：亦莫不有中、正、间、斜之别焉。①

但是无论怎么变化，无论四德的内容与程度怎样组合，都"不外于三十二
类也，三十二类不外于十六变也，十六变不外四德也，四德不外于二气，
二气不外于天道也，举不得以恶言也"②。因此，由四德分合交感而生的
万物，虽然千差万别，其本性还是由同一个源头衍生而来。这个源头具备
善的属性，因此衍生的"昆虫、草木、蛇蝎、豺狼，皆此天道之理之气所
为，而不可以恶言，况所称受天地之中、得天地之粹者乎"③！这样，作
为天地精华的人，其本性也就非恶。

　　颜李学派提出人性非恶，并进一步批驳了程朱理学的观点。其中，以
颜元的批驳最为彻底，最具代表性。在早期，颜元也曾信笃过程朱理学，
但在其为养祖母服丧期间，经由身心体验而猛然顿悟，进而质疑程朱理学
的人性论。因此，颜元"检《性理》一册，至朱子《性图》，反复不能解。
久之，猛思朱子盖为气质之性而图也，猛思尧、舜、禹、汤以及周、孔诸
圣皆未尝言气质之性有恶也，猛思孟子性善、才情皆可为善之论，诚可以
建天地，质鬼神，考前王，俟百世，而诸儒不能及也"④。颜元认为在历
史上自尧、舜至孔子，都没有认定人性为恶，因此程朱理学的人性为恶的
理论确有不当之处。

　　事实上，程朱理学在一定程度上也论及了性善的问题，但是由于其人
性二元的观点，仅仅认为"天地之性"为善，而"气质之性"为恶，由此
认为现实中人性会突显出恶，以至于渐渐走到"灭人欲"的轨道上。先秦

---

①　（清）颜元著，王星贤、张芥尘、郭征点校：《颜元集》，24～25 页。
②③　同上书，25 页。
④　同上书，20 页。

儒家在论及人性问题时，其逻辑与程朱理学大相径庭。先秦儒家认为人承接天命，形成了人性，如果顺从人之本性行事，就是一种"率性"的状态。如果人能够秉持本性，达到率性的状态，就是遵从了道。而若人违背了道，就意味着违背了人性，违背了天命。所以人需要修道，而这个修道的过程就是教化。所以先秦儒家非常重视个人的道德修养和教化，希望能够保持人之本性，达到天人合一的道德境界。此时，教化的意义并非束缚民众，而是使民众获得道德自由。

然而，朱熹在《四书章句集注》之《中庸章句》中对此观点批注道：

> 命，犹令也。性，即理也。天以阴阳五行化生万物，气以成形，而理亦赋焉，犹命令也。于是人物之生，因各得其所赋之理，以为健顺五常之德，所谓性也。率，循也。道，犹路也。人物各循其性之自然，则其日用事物之间，莫不各有当行之路，是则所谓道也。修，品节之也。性道虽同，而气禀或异，故不能无过不及之差，圣人因人物之所当行者而品节之，以为法于天下，则谓之教，若礼、乐、刑、政之属是也。盖人之所以为人，道之所以为道，圣人之所以为教，原其所自，无一不本于天而备于我。学者知之，则其于学知所用力而自不能已矣。

这段话中，朱熹认同人之本性来源于天，人应该遵循本性，做到率性而为。不过虽然每个人的本性都源于天，但是由于个体气禀不同，因此就有了"过"或者"不及"的状态，需要通过修身教化来修正。至此，就可以看到朱熹人性二元的问题了。朱熹实际上是将天命衍生出的人性分为了两个部分，其中一个部分延续天命的性质，而另一个部分掺杂了尘世的气息，成为"气质之性"，最终导致人性二分。先秦儒家则认为人性直接、完整地来源于天命，是人性一元论。虽然朱熹秉承了先秦儒家的观点，认为人性来自天，人应该顺从天命，修养人性，但他所修养的仅仅是人性的一个部分，即"气质之性"。他认为人性之所以出现问题，是由于人的气禀不同，因此出现了不符合天命的行为，即"过"与"不及"。导致这两种状态的"气质之性"，就是人性之恶，也是人性修养的对象。因此，朱熹认为教化的作用就是祛除"气质之性"中的恶，回复到"天命之性"中的善。朱熹将"率性"看作从"气质之性"回复"天命之性"的过程，将"气质之性"同"道"对立起来，从而得出"存天理、灭人欲"的结论。也就是说，如果要维护"道"，就必须灭绝"气质之性"。按照这样的逻辑，原本先秦儒家认为应该顺应、遵循的人之本性经过分化后，成为程朱理学人性论中需要通过教化而灭绝的对象，由此人性背上了恶名。

对此，颜元将程朱理学的人性论配合图示进行批驳分析，提出程朱理学将人性二分为了天命之性和气质之性，如下图：

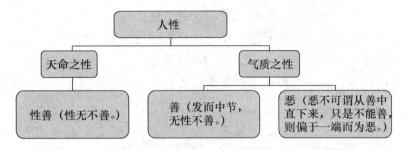

注：此图为作者根据颜元《存性编》中的文字所绘。
《存性编》中图示注解：
性善（性无不善。） 恶（恶不可谓从善中直下来，只是不能善，则偏于一端而为恶。）
善（发而中节，无性不善。）①

颜李学派认为，程朱理学"气质之性"为恶的逻辑如下：将人性分为"天命之性"和"气质之性"，认为"天命之性"具有"性无不善"的特性，而"气质之性"则具有"善"、"恶"兼备的特性。朱熹将"气质之性"中"恶"的特质注明为"只是不能善"，对此颜李学派尤为反对，特别是颜元认为："'性善'二字，更无脱离。盖性之未发，善也；虽性之已发，而中节与不中节皆善也；谓之有恶，又诬性之甚也。"②面对程朱理学将人性二分为"天命之性"和"气质之性"，并赋予"气质之性"以恶的界定，颜元评价说："噫！气质非天所命乎？抑天命人以性善，又命人以气质恶，有此二命乎？"③因此，颜元评价道："若谓气恶，则理亦恶；若谓理善，则气亦善。盖气即理之气，理即气之理，乌得谓理纯一善而气质偏有恶哉！"④

接着颜元举了两个例子来证明其观点。首先他以棉桃作喻："天道浑沦，譬之棉桃：壳包棉，阴阳也；四瓣，元、亨、利、贞也；轧、弹、纺、织，二气四德流行以化生万物也；成布而裁之为衣，生人也；领、

————————————

① ② （清）颜元著，王星贤、张芥尘、郭征点校：《颜元集》，19页。
③ 同上书，20页。
④ 同上书，1页。

袖、襟裾，四肢、五官、百骸也，性之气质也。领可护项，袖可藏手，襟裾可蔽前后，即目能视、耳能听、子能孝、臣能忠之属也，其情其才，皆此物此事，岂有他哉！不得谓棉桃中四瓣是棉，轧、弹、纺、织是棉，而至制成衣衫即非棉也，又不得谓正幅、直缝是棉，斜幅、旁杀即非棉也。如是，则气质与性，是一是二？而可谓性本善，气质偏有恶乎？”① 颜元认为整个棉桃就如同“天道”，而棉桃的壳就如同阴阳，四个棉花花瓣就是元、亨、利、贞四德，棉花就如同人的本性。棉花经过轧、弹、纺、织等工序的加工处理，成为了布，布经过剪裁制成衣服。棉桃在未加工前是棉，在制成了衣服之后也是棉，其性质没有改变。这也就如同人性，人性本是善的，从“天道”分化出的人性也应该是善的，所以颜李学派坚持气质之性亦无恶的观点。

之后，颜元又举一例。程朱理学常用水来比喻人性，将水之清比喻成“天地之性”，而将水之浊比喻成“气质之性”。对此，颜元论证其理论的错误：“譬如水出泉，若皆行石路，虽自西海达于东海，毫不加浊，其有浊者，乃亏土染之，不可谓水本清而流浊也。知浊者为土所染，非水之气质，则知恶者是外物染乎性，非人之气质矣。”② 颜元认为，人性之善有如水之清澈，而水出现浑浊的现象，并非表示水本身是浑浊的，而是因为水受到了土壤的污染。人性之源头为“天道”，具有善的特性，因此人性这条河流也应该是善的。如果出现不善，则是因为受到外物的污染，而并非人性本身的问题。同时他还解释说：“‘旧时人尝装惠山泉去京师，或时臭了。京师人会洗水，将沙石在筼中，上面倾水，从筼中下去。如此十数番，便渐如故。’ 此正洗水之习染，非洗水之气质也。”③ 这里，他借山泉为例，解释山泉味臭，并非泉水原本如此，而是由于泉水受到外界环境习染。通过“洗水”的方式，则可以去除习染的臭味，恢复如故状态。因此，人性本来无恶，之所以有恶行，皆是外界污染所造成的。其弟子程廷祚也认可这个观点，认为人性借助天地之气幻化而生，虽然天地之中存有不善之气，但是生化出的世人秉持了天地之善行，这也决定了人之本性是至善的。

此外，颜元借助孔子“性相近，习相远”的命题来反驳朱熹的性恶

---

① （清）颜元著，王星贤、张芥尘、郭征点校：《颜元集》，3页。
② 同上书，8页。
③ 同上书，11页。

来源问题，并在论证性无恶的过程中，提出了人性平等的问题。

　　　　孔子曰："性相近也，习相远也。"此二语乃自罕言中偶一言之，遂为千古言性之准。性之相近如真金，轻重多寡虽不同，其为金俱相若也。惟其有差等，故不曰"同"；惟其同一善，故曰"近"。将天下圣贤、豪杰、常人不一之恣性，皆于"性相近"一言包括，故曰"人皆可以为尧、舜"。①

在这段论证中，"性相近，习相远"是颜元托言圣人，阐发"性无恶"的出发点。他将人性比喻成真金，认为虽然个体存有差异，但是本质相同。这就如同人性都具有真金的属性，虽然真金的轻重多寡各异，但是含金量没有区别。这是一种人性平等的观念。"同一善"表示了人性相近，是人的共性问题；"有差等"表示了人的多样性，是人的个性问题。但是有差等不代表人性有本质区别；相反，差等表示了人性具有提升的空间，表示了人性可以教化的可能。颜元沿着这种差等逻辑，进一步提出"人皆可以为尧、舜"的结论。

　　这个结论同程朱理学完全要灭绝人欲的观点大相径庭，究其缘由，还是因为两者对人性善恶的界定不同。程朱理学认为人性（气质之性）本有恶，因此必须灭人欲以返还天理；颜元认为人性本善，只是由于外界习染而有恶行，因此只要祛除习染，通过"变化气质"矫正人性，就可达到尧、舜的境界。可以说，认可人性无恶，"恶由引蔽习染"，是颜李学派人性论的重要理论内容。颜元评判道："程、朱惟见性善不真，反以气质为有恶而求变化之，是'戕贼人以为仁义'，'远人以为道'矣。"②

三、恶由"引蔽习染"

　　颜李学派认为人性为善，同时也提出恶行的由来问题。颜元很赞赏其友张石卿的人性观，并记录说："惟吾友张石卿曰：'性即是气质之性，尧、舜气质即有尧、舜之性，呆呆气质即有呆呆之性，而究不可谓性有恶。'其言甚是。但又云'傻人决不能为尧、舜'，则诬矣。吾未得与之辩

---

①　（清）颜元著，王星贤、张芥尘、郭征点校：《颜元集》，7页。
②　同上书，30页。

明而石卿物故，深可惜也！"① 颜元赞同张石卿人性无恶的看法，但却不同意"傻人决不能为尧、舜"的观点。他认为人性虽然无恶，但是因为人受到环境的"引蔽习染"，所以形成恶行。如果祛除"习染"，则"人皆可以为尧、舜"。因此，颜元提出："气质清浊、厚薄，万有不同，总归一善；至于恶则后起之引、蔽、习、染也。"②

进一步，颜元借衣染尘污和水之清浊进行分析。先来看看衣染尘污的例证。颜元提出："然则恶何以生也？则如衣之着尘触污，人见其失本色而厌观也，命之曰污衣，其实乃外染所成。有成衣即被污者，有久而后污者，有染一二分污者，有三四分以至什百全污不可知其本色者。"③ 这个比喻十分形象，认为人性如同衣衫，原本都是干净纯善，但是由于受到外界污染，人性中显露恶行如同衣衫变脏。这些人性也如同着尘触污的衣衫，因受不同程度的污染，呈现不同程度的恶。据此观点，颜元批驳程朱理学道："不惟有生之初不可谓气质有恶，即习染凶极之余亦不可谓气质有恶也。此孟子夜气之论所以有功于天下后世也。程、朱未识此意，而甚快夜气之说，则亦依稀之见而已矣！"④

颜元再举水之清浊的例子来分析恶之来源：

> 程子云："清浊虽不同，然不可以浊者不为水。"此非正以善恶虽不同，然不可以恶者不为性乎？非正以恶为气质之性乎？请问，浊是水之气质否？吾恐澄澈渊湛者，水之气质，其浊之者，乃杂入水性本无之土，正犹吾言性之有引蔽习染也。其浊之有远近多少，正犹引蔽习染之有轻重浅深也。若谓浊是水之气质，则浊水有气质，清水无气质矣，如之何其可也！⑤

颜元认为，程朱理学的错误在于"惟见性善不真，反以气质为有恶而求变化之"⑥，其关键就是没有弄清"恶"并不属于人性，而是来自周围环境。如同水流一样，如果水流出现浑浊，并不是因为水本身不清澈，而是因为

①　（清）颜元著，王星贤、张芥尘、郭征点校：《颜元集》，2～3 页。
②　同上书，726 页。
③　同上书，3 页。
④　同上书，29 页。
⑤　同上书，4 页。
⑥　同上书，30 页。

水中含有了本身没有的物质，即尘土。所含尘土越多，水越浑浊，这如同人性受到环境引蔽习染，其程度越深，恶行越甚。因此，他论述道："水流未远而浊，是水出泉即遇易亏之土，水全无与也，水亦无如何也。人之自幼而恶，是本身气质偏驳，易于引蔽习染，人与有责也，人可自力也。如何可伦！人家墙卑，易于招盗，墙诚有咎也，但责墙曰'汝即盗也'，受乎哉？"① 颜元认为，水流到海边还保持着清澈，是因为其本性就是清澈的。这就如同人自幼具有善良的本性一样。如果水经过长时间的流淌，渐渐变得浑浊，就如同一个人在成长的过程中受到环境影响变成坏人。人的善恶行为同其本来的人性没有关系，这就如同水的浑浊程度取决于受到土壤污染的情况，同水自身没有关系。

批驳程朱理学人性论的错误之后，颜元进一步界定了引蔽习染的过程，分析了引蔽习染的危害，并提出了解决方法，由此完善了颜李学派的人性论。颜元认为"然其贪溺昧罔，亦必有外物引之，遂为所蔽而僻焉，久之相习而成"②。也就是说，人先天没有恶习，现实生活中人的恶劣品行是由于受到外界环境的引诱。人在受到外物引诱后，没有发现其危害性，为之所蔽。这种隐蔽的危害长期被忽视，没有得到改变，恶就积习而成。虽然这种恶并非天生，但是人为外物引诱所蔽的时间越久，恶习就越深。鉴于"引蔽习染"的负面作用，颜元进一步从范围以及程度上作了深度分析。他认为只有圣人能够避免"引蔽习染"，而其他世人则难以避免：

> 及世味纷乘，贞邪不一，惟圣人禀有全德，大中至正，顺应而不失其则。下此者，财色诱于外，引而之左，则蔽其当爱而不见，爱其所不当爱，而贪营之刚恶出焉；私小据于己，引而之右，则蔽其当爱而不见，爱其所不当爱，而鄙吝之柔恶出焉；以至羞恶被引而为侮夺、残忍，辞让被引而为伪饰、谄媚，是非被引而为奸雄、小巧，种种之恶所从来也。然种种之恶，非其不学之能、不虑之知，必且进退龃龉，本体时见，不纯为贪营、鄙吝诸恶也，犹未与财色等相习而染也。斯时也，惟贤士豪杰，禀有大力，或自性觉悟，或师友提撕，知过而善反其天。又下此者，赋禀偏驳，引之既易而反之甚难，引愈频而蔽愈远，习渐久而染渐深，以至染成贪营、鄙吝之性之情，而本来之仁不

---

① （清）颜元著，王星贤、张芥尘、郭征点校：《颜元集》，11 页。
② 同上书，9 页。

可知矣，染成侮夺、残忍之性之情，而本来之义不可知矣，染成伪饰、
谄媚之性之情与奸雄、小巧之性之情，而本来之礼、智俱不可知矣。①

由此可见"引蔽习染"危害性之大，只有圣人可以"禀有全德"，免受其
害。颜元再次用衣物受染的比喻，对圣人以外的"个体"之引蔽习染的程
度进行了分析："有成衣即被污者，有久而后污者，有染一二分污者，有
三四分以至什百全污不可知其本色者；仅只须烦摒涤浣以去其染着之尘污
已耳，而乃谓洗去其襟裾也，岂理也哉！是则不特成衣不可谓之污，虽极
垢敝亦不可谓衣本有污。但外染有浅深，则摒浣有难易，若百倍其功，纵
积秽可以复洁，如莫为之力，即蝇点不能复素。"② 在这个论断中，颜元认
为，虽然凡人都可能受到外物引诱而习染，但是其程度不一，深浅有别。
由于人具有主观能动性，因此恶劣的品行可以得到纠正。同时他也指出
"外染有浅深，则摒浣有难易"，如果习染过重，则不容易返还善的本性：
"币帛既染，虽故质尚在而骤不能复素；人则极凶大憝，本体自在，止视反
不反、力不力之间耳。尝言盗跖，天下之极恶矣，年至八十，染之至深矣，
倪乍见孺子入井，亦必有怵惕恻隐之心，但习染重者不易反也。"③

举例到此，颜元提出了解决方法。他主张："然则气质偏驳者，欲
使私欲不能引染，如之何？惟在明明德而已。存养省察，磨励乎《诗》、
《书》之中，涵濡乎礼乐之场，周、孔教人之成法固在也。自治以此，
治人即以此。使天下相习于善，而预远其引蔽习染，所谓'以人治人'
也。"④在这个祛除"引蔽习染"的过程中，颜元仍旧站在反对程朱理学
的立场上。他批驳道："程、朱，志为学者也；即所见异于孟子，亦当
虚心以思：何为孟子之见如彼？或者我未之至乎？更研求告子、荀、扬
之所以非与孟子之所以是，自当得之。乃竟取诸说统之为气质之性，别
孟子为本来之性，自以为新发之秘，兼全之识，反视孟子为偏而未备，
是何也？去圣远而六艺之学不明也。"⑤正是因为程朱理学没有倡导孔孟
之六艺，造成了不良后果，"后世诵读、训诂、主静、致良知之学，极易
于身在家庭，目遍天下，想像之久，以虚为实，遂侈然成一家言而不知其

① （清）颜元著，王星贤、张芥尘、郭征点校：《颜元集》，28～29 页。
② 同上书，3～4 页。
③ 同上书，29 页。
④ 同上书，30 页。
⑤ 同上书，16 页。

误也"①。所以，颜元极力反对程朱理学，认为程朱理学之修养方式不妥，"若静坐阖眼，但可供精神短浅者一时之葆摄；训诂著述，亦止许承接秦火者一时之补苴。如谓此为主敬，此为致知，此为有功民物，仆则不敢为诸先正党也。故曰'欲粗之于周、孔之道者，大管小管也；欲精之于周、孔之道者，大佛小佛也'"②。

显然，颜元反对程朱理学的修养方式，崇实反虚。其弟子李塨也赞同这一主张。冯辰、刘调赞编撰的《李塨年谱》第四卷中记载了李塨的话，表明了这个观点："圣学践形以尽性。耳聪目明，践耳目之形也；手恭足重，践手足之形也；身修心睿，践身心之形也。形践而仁义礼智之性尽矣。"可见，在李塨看来，人由各个器官组成，只有在实践中使用这些器官并发挥它们的机能，重视道德践履，才能提高道德修养。这种人性论秉承了颜李学派重实践的学风，显示了颜李学派的实学特点。

在颜李学派内部，颜元"恶由引蔽习染"的观点一直受到弟子们的推崇。颜元的弟子李塨对其师人性论的评价颇高，认为："晏子曰'汩俗移质，习染移性'，即鲁论之'习相远'也，言恶所由起也。后儒不解，忽曰气质有恶，而性乱矣，圣贤之言背矣。先生辞而辩之，功岂在禹下哉？"③虽然李塨对颜元人性论的评价颇高，但也需注意到该学派的人性论有其局限之处。该学派虽然重视实践，但其人性论鲜有涉及人的社会属性，削弱了人性论的实践特色。

第三节　颜李学派人性论价值评价

人性论是儒家学说的重点，几乎每一位思想家都要涉及这个问题。在中国传统道德文化中，人性论是伦理学说的重要理论基础，同时也是为政施教的依据。颜李学派的人性论主张人性一元，改正了程朱理学人性论二分的错误，使人性理论回归到正确的出发点。他们论证人性的善恶本质以及恶之由来等问题，都具有一定的合理性。然而，颜李学派的人性论虽然更正了程朱理学人性论中的不妥之处，但其理论本身尚有不足之处。

---

① （清）颜元著，王星贤、张芥尘、郭征点校：《颜元集》，16 页。
② 同上书，31 页。
③ 同上书，35 页。

一、颜李学派人性论的合理性

颜李学派的人性论虽然没有达到科学完备的程度，但是在明末清初时期，敢于直言理学弊端，独树一帜的精神很值得推崇，其理论本身也具有极大的可取之处。

一方面，颜李学派对人性二元论的批判，具有重视人性，注重人之主观能动作用的意义。颜李学派的人性论站在反对张载和程朱理学人性二分的立场上，批驳佛学人性理论。颜李学派认为二程和朱熹是受到佛学思想的影响，才提出将人性二分的。颜元感叹："可惜二先生之高明，隐为佛氏六贼之说浸乱，一口两舌而不自觉！"① 二程和朱熹虽然都高举辟佛的旗帜，但是他们的人性论实质上则是佛学思想在哲学上的反映。颜李学派反对程朱理学，实则是反对佛教人性论的影响，以达到重视人性的目的。恩格斯认为，当宗教观点影响人类时，人类必然不可能正确认识人性；而只有当人类完全抛弃宗教的观点，从神的世界回复到人类本身，才能够正确认识人性。因此，"人性的根源并不存在于虚幻的彼岸世界，而是存在于现实的人的实际活动之中。研究人性，就必须摆脱和克服宗教观念，去认识现实活动着的人的本身"②。颜李学派的人性一元论，否认人性源自天理，带有反宗教的唯物主义意味。从这个意义上说，其朴实的哲学形态比程朱理学幺虚的"天地之性"更为贴近真理，更能够摆脱宗教的束缚，探索人性的真面目。因此，颜李学派能够看到人性可教化的特点，重视人的主观能动作用，以达到完善人性的目的。可惜的是，颜李学派对宗教的反对并不彻底，下文将展开论述。

另一方面，颜李学派坚持"恶由引蔽习染"的观点为世人弃恶从善提供了可能。罗国杰先生认为："人的道德属性既然是由后天的社会关系和道德实践活动决定的，那么也就是相应地承认道德属性必然是可以改变的道德品性，可以由恶变善，也可以由善变恶，还可以由恶变得更恶，由善变得更善。人性的这种可变性，也就是教育学上所说的可塑性……它说明了进行道德教育和道德修养是可能的，又是必要的。"③颜李学派的人性论，将人的本性定义为善，坚持"理气合一"，将恶的来源归结为外界环境的影

---

① （清）颜元著，王星贤、张芥尘、郭征点校：《颜元集》，1页。
② 罗国杰主编：《伦理学》，440页。
③ 同上书，443页。

响，提出"恶由引蔽习染"。这样，要使人性回复到善的本质，就必须祛除人性中受到外界引诱习染的部分。在这个逻辑中，该学派以人的可塑性为前提，强调发挥人的主观能动性，认为只要发挥人的能动性，采取合理的修养方式，就能够祛除人之恶行。这点比起程朱理学认定只有通过"静心玄谈"、"灭绝人欲"的修养方式才能祛除人性之恶，无疑要进步得多。

二、颜李学派人性论的弊端

虽然颜李学派的人性论较程朱理学的人性思想更为合理，但不可否认的是，颜李学派的人性论还存在一些不足，例如对人性之社会属性的问题以及性恶来源等问题的分析，囿于自身局限，没有找到问题的本质所在。

第一，颜李学派的人性一元论缺乏对人性社会属性的探讨。"人性作为人的本质规定性或根本特点，主要有三个方面的内容：一是人所具有的所谓饮食男女等自然属性，二是人所具有的能够认识和改造客观世界的自觉能动性，三是人在后天实践活动中所形成的社会属性。人性的这三个重要方面不是平行的，其中以人的社会性最为重要，乃是人的最根本的属性。"[①] 在这三个方面中，颜李学派的人性论继承了孟子的性善论，将人的"气质之性"界定为"善"，看到了人的自然属性，并区分了人与其他生物的差异，论述了人性论的第一个方面；同时他们也发掘了"恶"的来源，因而要求发挥人的主观能动性，倡导"习行"修身，部分地论及了人性论的第二个方面；对于人性论最重要的第三个方面，即人的社会属性方面，颜李学派却没有涉及。

因此，由于颜李学派忽视了人的社会属性，其人性论就无法反映真正的人性。"道德总是与人们的社会关系尤其是利益关系紧密相联系的。只有生活在一定的社会关系之中，和他人发生利益等方面的社会交往，品行上也才可能有善恶之分。人之初，尽管不同的个体在生理、心理和智能上有一定的差别，但其道德品质和向善向恶的能力、倾向并无差别，既无所谓善，也无所谓恶，犹如一块白板。离开了后天的社会关系，也就无所谓道德的善恶。"[②] 可以说，人性的本质在于其社会属性，社会属性受限于社会关系，它使人从根本上区别于动物。颜李学派的人性论思想，将人性规定为"气质之性"，注重人的自然本性，忽视了人在社会关系中的存在

---

① 罗国杰主编：《伦理学》，441～442页。
② 同上书，441页。

性。他们没有看到人在社会关系中才能具有善恶性质，反将人的天性认定为善，并称之为人的本性。这也是中国传统伦理思想体系中，众多思想家的人性论的缺陷。

第二，颜李学派没有对人性中的善与恶进行深度分析，没有看到人性之善恶在人类历史中的作用。虽然颜李学派能够正确认识到人性为"气质之性"，并且在继承孟子性善论的基础上，分析出人之恶行的根源，这在当时具有革新性的理论意义。但是对于人性善、恶的分析，颜李学派停滞于此，没有看到人性中善与恶的社会历史作用。这种仅就人性进行的分析，缺乏相应的社会历史眼光，使其人性论缺乏科学的社会基础。

第三，虽然颜李学派反对张载和程朱理学人性二分的观点，批驳佛学人性理论，但最终还是没有摆脱宗教人性观点的影响。颜元认为人性是从宇宙间的物质转化而来，但由于无法解释如何转换，最终在源头上不得不追溯到了"上帝"的概念。对这一问题的最清晰说明体现在《存性编》中，颜元描绘其人性观时画了一幅图，并配了文字进行解说，认为人性是"大圈，天道统体也。上帝主宰其中，不可以图也"①。这样，颜李学派的人性论虽然体系完备，论证得力，但是由于设置了一个不可知、"不可图"的"上帝"主宰，因此不可避免地带有了神秘性，与其反对宗教观点的初衷相违背。

第四，该学派认识到人性之恶是由"引蔽习染"造成的，但是分析得比较肤浅。颜李学派认识到恶行的产生是因为受到了环境的影响，就如同水流的污浊是被泥土污染一样。这种比喻虽然形象，但是人类社会环境中引发恶劣品行的因素很复杂，不是泥土流水这样的比喻所能解释的。颜李学派没有探究恶行之产生的根源，仅仅简单地将原因归结为外部环境影响。由于缺乏对恶的根源的分析，颜李学派无法认识到种种丑恶现象形成的原因。这必然导致两大不良后果：其一，其伦理体系的核心"经世致用"无法得以真正实现。颜李学派的人性论为其伦理体系提供了哲学基础。这一基础中没有给出现世恶行的原因，因此就无法在其"经世致用"的具体政策中提供合理对策，使得"经世致用"只能流于表面，无法从根本上经邦济世。其二，颜李学派的道德教化忽视动机问题，割裂了动机和效果。颜李学派认为现实社会中的"恶"来自"引蔽习染"，但他们没有找到具体诱因，因此无法深入阐述个体受到"习染"时的状态，对于个体

① （清）颜元著，王星贤、张芥尘、郭征点校：《颜元集》，20 页。

行恶的动机也就无法掌握。颜李学派对于人类行为的分析流于简单化，认为凡人经过"习染"之后，行为必定为"恶"。因此，该学派在道德教化上所提出的"习行"修养方式，必将具有一定的空洞性和不可操作性。虽然这个学派强调实践，反对死读书，但是由于缺乏对"习染"诱因的分析，就不可能针对动机提出"祛恶"的良策，也使得"习行"的修养方式难以实践，这不得不说是颜李学派人性论中的一大缺憾。

　　虽然颜李学派的人性论没有达到科学完备的程度，但是其在明末清初敢于直言理学弊端的精神值得推崇。颜李学派的人性论，其意义不仅在于理论内容本身，更重要的是它成为"正谊谋利，明道计功"的义利观之理论基础，肯定了人性本善、人欲合理，更为"习行实践"的修养论提供了理论支持。

第三章 "正谊谋利，明道计功"——颜李学派伦理思想的价值取向

义利观一直是中国传统伦理学体系的核心问题。它之所以受到统治者和思想家们的重视，是因为它关乎国家的政治、经济和文化等方面的发展。在中国数千年的传统文化历史中，义利观的内容和形式不断变化。在不同的历史时期，不同的阶层群体，其义利观也不尽相同。

在中国古代伦理思想中，儒家思想作为主流，其义利观也在不断演化。先秦时期，孔子主张"以义制利"，孟子强调"贵义贱利"。到了汉代，董仲舒提出"正其谊不谋其利，明其道不计其功"的道义论。这一理论发展至宋明时期，演变成"利不可言"、"存天理、灭人欲"的偏激结论，并逐渐成为中国封建社会末期传统价值观的主流。然而，到了明末清初时期，资本主义经济开始在封建社会萌芽，程朱理学的义利观，由于过分强调泯灭人欲，开始阻碍经济的发展和社会的进步，思想家们也开始对主流的程朱理学义利观进行反思。

正是在这种情况下，作为反对程朱理学义利观的先锋，颜李学派明确提出"正谊谋利，明道计功"的义利观。这一义利观是对孔孟义利观的进一步发展，也是颜李学派最为突出的学术成就。

第一节 "义利"问题的产生与演变

颜李学派的义利观，打破了程朱理学长期耻于言利的传统。但其观点的形成并非在朝夕之间，而是在承袭了先贤的部分观点，并对世事进行观察反思后形成的。可以说，自孔孟直至程朱，义利观的产生与演变，对颜李学派义利观的形成产生了重要影响。

要了解义利观的产生与演变，先得明晰这一概念的含义。在中国古

代，"义"字的繁体为"義"，从我从羊。可以看出，"义"关乎自我这个主体，同时也涉及"羊"所表达的含义。"羊"在中国古代传统文化中有很多蕴意，其中最重要的是作为辨明善恶、判断是非的标准。因此，从词源上可以了解，"义"的含义涉及自我判断善恶是非的问题。

后来，义利观中的"义"主要指正义，关注的是个体之明辨善恶、判断是非的道德行为。中国古代儒家所谓的"义"，则包括了两部分内容：其一，指个体行为符合的原则；其二，指集体的整体利益。其中，第一个方面指个体在处理个人与他人的关系时所需要遵循的规则。第二个方面，表示个体在处理与集体、国家、社会的关系时所需要遵循的原则，即个人利益应服从于集体、国家、社会的整体利益，特别是以国家整体利益为名义的统治阶级的利益。由此看来，"义"的具体的行为或多或少将会和利益相联系。

再来看看"利"字。"利"是个会意字，左边为"禾"右边为"刀"。按其字体的组成来看，是指用刀收割农作物，有个体获取基本生活资料的含义。之后，随着社会生产力的不断发展，"利"的内涵不断扩大，泛指一切利益。按照不同的主体分类，"利"可以分为个人利益、他人利益、集体利益、国家利益等等。"从最一般的意义上说，所谓个人利益，指的是个人一切需求的总和。这些需求首先是个人经济上的需求，因而往往又指个人的经济利益；其次还包括个人在政治、文化、精神诸方面的需求，因而往往又指个人的政治利益、文化利益及精神利益等等。"① 因此，按照利益的内容来看，"利"又可以分为政治利益、文化利益、精神利益、经济利益等等。"个人利益在任何时候都是存在的，然而个人利益在任何时候又都有正当与不正当之分。在伦理学领域，存在的不仅仅是一般的个人利益，更重要的，是要区分并追求正当的个人利益，区分并排斥不正当的个人利益。"② 这里所说的"追求正当的个人利益，区分并排斥不正当的个人利益"就是特指一种能够辨别善恶是非的道德行为，就是"义"的行为。

可以看出，"义"和"利"的关系十分微妙，它们既相互依存，又彼此冲突。义利问题包含了复杂的内容，"包括个人利益与国家利益、阶级利益与民族利益的关系，道德理想与物质利益的关系，精神生活与物质生

---

① 罗国杰主编：《伦理学》，155 页。
② 同上书，156 页。

活的关系，以及人生价值等等问题"①。

　　由于"义"与"利"的关系包含了复杂的方方面面，自义利观问题产生起，各家各派就争论不休。在儒家的思想体系当中，"义"与"利"的关系经历了"以义制利"、"贵义贱利"、"义利对立"、"舍义取利"的发展过程。孔子并不否认利益，提出"以义制利"的观点。孟子继承了孔子论述义利关系的主要内容，并形成了"贵义贱利"的思想，对"利"的态度比较偏激。至汉代，董仲舒明确区分了"公利"和"私利"，宣扬"正其谊不谋其利，明其道不计其功"的观点，开始出现反对言利的端倪。这一思想趋势发展到宋明时期，为程朱理学所采纳，认为义利不相容，走向了"灭人欲"的极端。但在宋明时期，也有李觏、陈亮等人反对贵义贱利的思想，认为"人非利而不生"。在这一发展过程中，儒家逐渐重视道德之义，轻视经济之利，割裂了"义"与"利"之间的内在联系。到了明末清初，在程朱理学义利观为主流的时代背景下，颜李学派重倡了孔子对利益的肯定态度，极力批驳程朱理学的义利观，倡导"正谊谋利，明道计功"。这一功利性质的义利观纠正了理学末流的偏激理论，使儒家义利观回复到先秦孔子正确对待利益的道路上。

　　颜李学派的义利观，完全是对程朱理学"存天理、灭人欲"的革命。然而，任何社会的思想变革都是由经济变革导致的，同时也能够对当世的社会生产力起到推动作用。可以说，颜李学派的义利观，是在继承孔子义利观以及批驳程朱理学义利观的基础上产生的，是"复古"外衣下资本主义萌芽在明清之际思想领域的显著体现，顺应了当时社会经济发展的趋势。这一理论的形成过程中，孔子、荀子、孟子、董仲舒、二程、朱熹、李觏、陈亮的思想都对该学派产生过重要影响，是其义利观的理论渊源。

　　下面就义利观所涉及的主要内容，追溯颜李学派义利观的理论渊源，以更好地了解该学派义利观的宗旨。

一、孔荀之"以义制利"

　　在中国伦理思想史上，孔子和荀子最为推崇"以义制利"的义利观。孔子生活在礼崩乐坏、战乱频发的春秋时期，正值我国由奴隶社会向封建社会过渡。这个时期，周王室开始衰微，各诸侯国之间攻伐不断。面对这种社会环境，孔子提出了"以义制利"的义利观，他"以求道、行道、传

---

① 张岱年：《中国伦理思想研究》，91 页。

道为己任，以平治天下为其奋斗之理想，所以，他是站在治理整个社会、垂法后世的高度提出其伦理思想的"①。

在孔子的义利观中，"义"与"利"是对立的，"他所谓义指行为必须遵循的原则；他所谓利指个人的私利"②。在此，孔子想要表达两个方面的内涵：其一，以君子、小人之位辨义利；第二，以义制利。从第一个方面而言，义利对立在于行为的主体。不同的主体，由于其地位对立，因此义利问题的关注点不同。从第二个方面而言，义利对立在于行为的标准。由于个人私利必定存在，因此需要通过道义来约束。孔子的标准是以义制利，但他并不完全排斥利。在《论语·尧曰》中有这样的表述："因民之所利而利之。"可以看出，孔子的义利观虽然温和，但却是对理想社会秩序的智慧表达。

"君子喻于义，小人喻于利。"（《论语·里仁》）是孔子关于义利问题最著名的表述。这句话代表着孔子义利观的出发点。首先需要明辨此句中"君子"与"小人"的含义。在这句话中，君子并不是指道德高尚之人，小人也并非指道德沦丧之人。这两者并不以道德水平为划分标准，而是以政治地位为划分标准。换句话说，君子是指有政治地位的人，即有皇位、爵位、官位的人；小人是指从事普通生产劳动的人，即没有政治地位的平民百姓。孔子在阐述其义利观时，以政治地位为标准将主体分为统治阶级和被统治阶级。对于统治阶级来说，首要任务是治理国家，因此他们必须通晓道义，善于明辨是非善恶；而对于被统治阶级而言，日常生活中要做的事情就是养家糊口，因此他们必须知晓如何获得利益，为家人获取生活资料。形成这种差别的原因，仅仅一个字——"位"。孔子以这个标准将人群一分为二，个体的地位不同，其义利问题的关注点则不同。如果一位"君子"没有关注治理国家事务中的善恶是非问题，反而去追求个人的物质利益，那么国家就会杂乱无序；反之，如果一位平民百姓没有积极追求物质利益，辛勤劳作，那么家人就会挨饿受冻。这两种状况都是一个有序的社会所不允许存在的。可见，孔子的义利观是建立在森严的等级制度之上的，在这个制度之中，最重要的是不同阶层的人各守其位，各尽其职。从这个意义上说，孔子的义利观直接为其政治理想服务。这是孔子提出这样的义利观的最主要原因之一。

---

① 焦国成：《中国伦理学通论》，上册，153 页，太原，山西教育出版社，1997。
② 张岱年：《中国伦理思想研究》，91 页。

此外，值得注意的是，在孔子所生活的农业时代，小人所求之利多指保障家人生活的基本资料，并不完全指个人利益所包括的全部内容。个人利益包含了政治利益、文化利益、精神利益和经济利益，在这些类别中，除了最后一个经济利益之外，其他三类都很难在中国传统的封建农业社会通过求富的行为获得，而即便是经济利益，也不能够完全通过求富获得。所以，"君子喻于义，小人喻于利"是要说明在义利观中，个体需要自我定位，知晓自己的责任，并按照原则行事。

"见利思义"（《论语·宪问》）是孔子义利观的原则。孔子虽然强调"义"，但是他也不拒绝"利"，只是这个"利"需要受到"义"的限制。从国家层面上看，如果每个阶层不讲"义"，即统治阶级不能正确地治理好国家，提供清明的社会环境，被统治阶级不能安分守己地耕种好田地，提供丰足的生活资料，那么整个社会就会处于混乱状态，更无法实现"利"。因此，无论哪个阶级，都要以"义"为"利"的准绳。从个人层面看，如果一个人不讲"义"，即不择手段地获取个人私利，这是极不可取的行为。孔子特别强调说："富与贵是人之所欲也，不以其道得之，不处也；贫与贱是人之所恶也，不以其道得之，不去也。"（《论语·里仁》）孔子还举例说道："富而可求也，虽执鞭之士，吾亦为之。如不可求，从吾所好。"（《论语·述而》）这里孔子想要表达的意思是：如果所求的利益符合道义，那么即使是给人执鞭这样下等的差事，我也愿意去做；如果所求的利益不符合道义，那么我就不应该去做，而应该按照道义去做该做的事情。可以看出，孔子不反对追求个人利益，但是必须以道义为准绳。因此，孔子崇尚的境界是："饭疏食饮水，曲肱而枕之，乐亦在其中矣。不义而富且贵，于我如浮云。"（《论语·述而》）

孔子之所以反对"不义而富且贵"，是因为"见小利，则大事不成"（《论语·子路》）。他认为对于"利"而言，只有用"义"作为取舍的标准，才能获得真正没有危害的利益，否则就会危及"大事"。也就是说，如果在无义的利益面前，不能够拒绝诱惑，则这种眼前利益将会带来无穷后患；而如果能够以"义"为标准，虽然舍弃了当下的利益，但从长远来看，没有无穷的后患，反而是在一定程度上获得了利益。可见，孔子并非不言利，而是推崇通过"义"来获得"利"。颜李学派创始人颜元曾经对孔子关于义利关系的思想很是赞叹，认为孔子"先难后获"、"先事后得"、"敬事后食"的主张是一种"无弊"的思想，反映了孔子主张通过合理的劳动获得物质利益的观点。这也是颜李学派坚决反对理学避而不谈任何利益，而肯定个人利益存在合理性的理论源泉。

同孔子一样持有"以义制利"观点的还有荀子。在荀子的义利观体系中，"义"指合乎道德标准，"利"指物质利益。荀子认为"义"和"利"皆为生活中不可缺少的东西："义与利者，人之所两有也，虽尧、舜不能去民之欲利，然而能使其欲利不克其好义也。虽桀、纣亦不能去民之好义，然而能使其好义不胜其欲利也。"（《荀子·大略》）荀子看到个体追求利益的天性，认为即使在政治清明的尧舜时代，也不可能阻止人们对于利益的渴望，但是能够使人们的好利之心不阻碍好义之心；而纵然在桀纣统治的暴政时期，也不能磨灭人们对于义的追寻，但是却不能够使人们的好义之心强于好利之心。因此荀子将前者称为治世，后者称为乱世。

和孔子一样，荀子也主张"义"重于"利"，他也是从国家治理的角度来谈论义利的原则问题的。"人之生，不能无群，群而无分则争，争则乱，乱则穷矣。故无分者，人之大害也；有分者，天下之本利也；而人君者，所以管分之枢要也。"（《荀子·富国》）荀子在这里提出的"分"，和孔子的"位"是一个道理，是"义重于利"的原因。"分"的实质是社会各阶层各司其职，这样社会才能繁荣稳定，各阶层才能从中获得利益。所以荀子推崇"先义而后利"，提出："先义而后利者荣，先利而后义者辱。"（《荀子·荣辱》）荀子继承了孔子的义利观，相比较而言，在对待利的态度上，孟子的义利观有所不同。孟子"贵义贱利"的义利观，虽然吸取了孔子义利观的主要内容，但是却将其绝对化了，这影响了汉代董仲舒以及宋明理学的义利观。比起先秦时期思想家们的观点，他们在义利观的道路上越走越偏。

二、孟子之"贵义贱利"

孟子提出"贵义贱利"的义利观，较之孔子与荀子的观点，他具有排斥"利"的特点，这同当时的政治状况不无相关。在孟子所处的战国时期，诸侯国之间的纷争加剧，传统的礼制遭到了更为严重的破坏。面对这种情况，孟子认为只有反对涉及利益，才能救世人于水火。从这种意义上说，孟子的义利观同孔子、荀子的义利观一样，仍然是从治理国家的角度提出来的。因此，当梁惠王问孟子"亦将有以利吾国"时，孟子回答：

王何必曰利？亦有仁义而已矣。王曰"何以利吾国"？大夫曰

"何以利吾家"？士庶人曰"何以利吾身"？上下交征利而国危矣。万
乘之国弑其君者，必千乘之家；千乘之国弑其君者，必百乘之家。万
取千焉，千取百焉，不为不多矣。苟为后义而先利，不夺不餍。未有
仁而遗其亲者也，未有义而后其君者也。王亦曰仁义而已矣，何必曰
利？（《孟子·梁惠王上》）

孟子认为一旦讲求利益，国君、士大夫、庶人之间就会有矛盾，就会有篡
弑的危险，从而危及社会的稳定。从这个意义上说，孟子将孔子的"利"
扩大化了。孔子谈及"利"，所指的是个人的私利；而孟子所谈到的利，
不仅仅指单个个体的私利，同时也指以君主为代表的诸侯国的利益。

　　从这里还可以看到孟子之"利"的具体含义：其一，个体民众的私
利。孟子继承并发展了孔子的观点，开始反对追求个人私利。这一主张被
后世董仲舒发展，经由宋明理学的推崇，以至到了"灭人欲"的极致。其
二，诸侯国家的利益。这种"利"实质上是以诸侯国的形式出现的个体利
益。在孟子生活的年代，诸侯林立，纷争不断。诸侯国之间的矛盾，虽然
是以国家形式出现的，但在很大程度上仍然属于国君的个体利益。这是因
为，在阶级对立的社会中，虽然各诸侯国的利益包含了其属地之中民众的
个体利益，但是它无法代表民众全部真实的个体利益。由于阶级对立的存
在，统治阶级在获取利益的同时，必然以牺牲被统治阶级的利益为代价。
"从利来讲，国君之利与大夫之利、士庶人之利，是彼此相互矛盾的。"①
因此，诸侯国的国家利益，大体上仍然是国君的个体利益。当国君
的个体利益受到影响时，就会形成天下征伐的乱世局面，从而违背
了孟子的政治理想愿景。这也是孟子游说梁惠王时，反对言利的主
要原因。

　　总体来看，孟子的义利观仍然以"道"为标准。所以，如果利益合于
"道"，则可以成为"义"。当孟子率弟子周游众国，"传食于诸侯"的时候，
说道："非其道，则一箪食不可受于人；如其道，则舜受尧之天下，不以为
泰，子以为泰乎？"（《孟子·滕文公下》）孟子认为，如果行为不合乎道，
即使是一篮子饭，也不可接受，如果合乎道，即使像舜那样获得尧的天下，
得到了巨大的利益，也是理所当然，必将被看作"义"。这表明孟子区分
"义"与"利"，是以能否合乎"道"作为标准的，而这个"道"则是指能

---

① 张岱年：《中国伦理思想研究》，92 页。

够维护国家的强盛和社会的稳定。所以，对于诸侯士大夫来说，"义"就是要治理国家并维护社会安定，而对于百姓来说，"义"则是"把劳动的果实按一定的规矩，不带勉强地奉献给统治阶级，剩下的养家糊口"①。只要大家各司其职，社会就稳定了，"义"所要求的境界也就实现了。

孟子的这一原则，和孔子之"君子喻于义，小人喻于利"颇为相似。然而在处理方法上，孟子比孔子更加抵触利益。孔子处理利益的方法是"以义制利"，而孟子处理利益的方法是不触碰利益。虽然孟子以社会和国家利益为出发点的原则是正确的，其以义为先，坚持道义的精神也极其可贵；但是，孟子的观点仍然存在弊端：在森严的等级制度下，孟子的义利观过于绝对化。这种绝对化不仅禁锢了统治阶级，同时也僵化了庶民百姓的思想。对于梁惠王希望壮大国力的问题，孟子严肃地斥责其不该言利，并告诫梁惠王一旦言利，必将形成民不民、国不国的大乱局面。对于百姓庶民，孟子也训诫道："鸡鸣而起，孳孳为善者，舜之徒也。鸡鸣而起，孳孳为利者，跖之徒也。"（《孟子·尽心上》）虽然孟子的义利观存在合理的因素，但在颜李学派看来，孟子的弊端在于不愿涉及"利"的偏激态度。这一态度影响了汉代董仲舒及宋明理学义利观的形成与发展。在颜李学派思想形成的时期，社会主流思想仍然坚持不言利，严重地阻碍并桎梏了社会思想与经济的发展，而颜李学派的义利观正是建立在批驳不言利观点的基础上的。

三、董仲舒、程朱之"义利对立"

"义利对立"的观点，在孟子的义利观中就已经初见端倪。孟子较之孔子更为明确地反对追逐利益。孟子之后，中国进入封建社会时期，这种端倪逐渐成为主导思想。这一状态的形成，同当时的社会政治环境和经济环境有密切的关系。在社会政治方面，进入汉代之后，中国的封建社会处于上升时期，基于巩固封建大一统的需要，汉武帝接受董仲舒"独尊儒术"的建议，儒家反对利益的思想开始居统治地位。在社会经济方面，此时小农经济的生活方式不断成熟，作为一种自然经济形态，这一经济模式分散、自给自足的特点使得农产品以及其他手工业产品多用于自我消费，而不是进行商品交换。因此，客观的生活条件抑制了个体追求经济利益的需要，反映在思想界，则形成了耻于言利、不敢言利的氛围。

---

① 焦国成：《中国伦理学通论》，上册，179 页。

　　此时，董仲舒提出"正其谊不谋其利，明其道不计其功"的义利思想。他的义利观在理论上同孟子的义利观一脉相承，却又进一步将"义"、"利"对立起来。这一义利观在此后相当长一段时期内主导着整个思想界对于义利关系的看法。董仲舒主要讨论道德原则同个人私利之间的关系。在他看来，"义"是人的精神性的需要，而"利"是人的物质性需要，两者都不可或缺，因此倡导义利两养，不予偏废。但是这并不是他的义利观的本质，其主要观点仍然认为在义利之辨中，"以义为重"，兼顾利益。董仲舒在《春秋繁露·身之养重于义》中论证道："天之生人也，使之生义与利。利以养其体，义以养其心。心不得义不能乐，体不得利不能安。义者，心之养也；利者，体之养也。体莫贵于心，故养莫重于义，义之养生人大于利。"也就是说，心没有义则不能快乐，肉体没有利则不能安生。虽然"义"与"利"两者都很重要，然而，在"养心"和"养体"二者之间，应该更加重视义，主张以养心为重。董仲舒提出了"养莫重于义"的观点，虽然他也看到了物质需要，即"利"对于个人的重要性，但是"当涉及道德实践领域，就暴露了重义轻利、贵义贱利的立场"①。他认为人之所以区别于鸟兽，就是因为人知道羞耻，懂得行仁义。按照董仲舒的逻辑，如果个体将谋利作为行为的指南，那么这个人就如同禽兽，即使成为大富大贵之人也是可耻的；如果个体将行仁义作为行为的指南，那么即使处于贫困低贱的社会阶层，也仍然是光荣的。所以，他在《春秋繁露·身之养重于义》中说道："夫人有义者，虽贫能自乐也；而大无义者，虽富莫能自存。吾以此实义之养生人，大于利而厚于财也。民不能知而常反之，皆忘义而殉利，去理而走邪，以贼其身而祸其家。此非其自为计不忠也，则其知之所不能明也。"

　　董仲舒将"义"与"利"对立，认为人要活得有尊严、有价值，就需要行仁义而弃谋利。他在《春秋繁露·玉英》中提出："凡人之性，莫不善义。然而不能义者，利败之也，故君子终日言不及利，欲以勿言愧之而已，愧之以塞其源也。"并且，他还在《春秋繁露·身之养重于义》中阐述了圣人的榜样，认为："圣人天地动、四时化者，非有他也，其见义大故能动，动故能化，化故能大行，化大行故法不犯，法不犯故刑不用，刑不用则尧舜之功德，此大治之道也。"董仲舒希望圣人能够发挥其人性的光辉，让其义举带动众人。这样，董仲舒在道德实践中将"义"、"利"对

---

　　①　朱贻庭主编：《中国传统伦理思想史》，219 页。

立，归结出"正其谊不谋其利，明其道不计其功"的义利观，并将能够达到此标准的人称为"圣人"。董仲舒的义利观虽然否定谋利的道德价值，但也并非禁欲主义。然而，其"正其谊不谋其利，明其道不计其功"的观点深深影响了程朱理学，反对求利的观点被进一步偏激化。从而，在小农经济时代，程朱理学开启了禁欲主义义利观。

程朱理学的代表人物二程和朱熹，发挥了董仲舒的义利观，提出"义利难一"的观点，将儒家义利观引入了禁欲主义道路。二程从人性二元的基础出发，将人视为理与气的合体，认为"论性不论气"与"论气不论性"的理论都是不对的。同时，二程认为性即是"理"，但是如果只有"理"，人还不能够形成具体的形体，所以人还禀有气。二程认为人之所以有善恶贤愚之分，是因为他们的禀气不同。也就是说，如果能够禀得气之清，则人可以成为圣贤；如果禀得气之浊，则人就成了愚者。但是人的性，即"理"则是纯粹善的。所以，他们认为人应该养气，以改变禀气不同而导致的愚恶。

由此，他们将人性划分为"天命之性"和"气禀之性"，认为天命之性来自天道，是义的象征；而气禀之性是人欲，是利的根源。至此，二程就将"义"、"利"对立起来了，认为人心受到欲望的引蔽，就忘了来自上天的道德了。他们认为只要有人，就有人欲，就难以将人欲同天道统一。这样，天道和人欲是完全对立的两个方面，"义"、"利"从人性的角度上便有了水火不容的关系，不可并存。所以二程认为世间不是天理存在，就是被私欲占据。他们将天理和私欲对立化，主张只有灭绝了人欲才可以明天理。

此外，二程的义利观，反对的不仅是过度的欲望，还包括基本的生存权利。程颐曾就寡妇再嫁问题说过，宁可放弃生存权，也要维护名节。这个论断明显暴露了二程义利观的禁欲主义本质，完全忽视了人之为人的根本需要。二程将"义"、"利"的关系发展到了水火不容的地步，使得"义利对立"的思想完全确立。

二程"理欲难一"的观点是朱熹义利观的直接思想来源。朱熹生活在南宋社会矛盾不断激化的时期，此时农民起义不断爆发，"等贵贱、均贫富"的口号反映了农民深切的政治、经济平等的愿望，显露了阶级间的深刻矛盾。同时，由于民族矛盾激化，国家存亡问题威胁着南宋社会的安宁。面对这样严重的社会危机，朱熹将国家利益以及封建统治阶级的利益放在了首位，这直接反映在其学术思想中。在朱熹的义利观体系里，他秉承了二程的人性二元论，将"义"作为价值的最高原则，上升到宇宙本体的高度，成为"天理"；而"利"则成为人性恶的源泉。于是，朱熹同二程一样，将"义"、"利"完全对立起来，同时又将"义利"和"理欲"并举，最终提出了"存天理、灭人欲"的观点。

虽然宋明理学的义利观肯定了道德理性在修身养性方面的作用，但是它将人的生存本能、先秦儒家倡导的合义之"利"完全泯灭了。可以说，它在祛除一切不符合封建秩序的欲望时，否认了"利"存在的必然性和合理性。这正是颜李学派反对程朱理学义利观的主要原因，也是颜李学派义利观讲述的主要内容。

四、李觏、陈亮之"人非利不生"

虽然宋明理学作为主流思想一直被封为官学，但是在北宋和南宋时期，也不乏注重功利的思想。李觏、陈亮等人就是杰出的代表，他们曾经提出"人非利不生"的观点，主张重视人的欲望和利益，反对贵义贱利的思想。

李觏是北宋人，一生以教书为生。在义利观的问题上，李觏吸收了韩愈之"性三品"学说，坚决反对程朱理学的义利观，认为人的欲望自然合理，并且应该给予其合理地位。可以说，李觏完整地建立了与理学禁欲主义相对立的功利理论。李觏在《原文》中提出："利可言乎？曰：人非利不生，曷为不可欲者人之情，曷为不可言！言而不以礼，是贪与淫，罪矣。不贪不淫而曰不可言，无乃贼人之生，反人之情，世俗之不喜儒以此。"这里，李觏明确指出了个体的欲望和利益的合理性，明确反对"存天理、灭人欲"的义利观。同时，李觏也强调，虽然个人的欲望、利益具有合理性，个人也应该追求欲望、利益，但是仍然应该杜绝唯利是图、损公利己的行为。可见，李觏的义利观虽然肯定了功利，但是仍然将道义放在了首位，这点也深深地影响了颜李学派义利观的形成与发展。

和李觏一样，颜李学派也注重个人的合理利益，提出"正谊谋利，明道计功"的说法，但是他们将道义放在了更重要的位置。这种道义就是积极维护国家利益，将个人利益同国家利益紧密联系并保持两者的一致性。从这点来看，李觏义利观中"道义为首"的思想对颜李学派产生了重要影响。此外，李觏还认识到在治理国家的过程中，仍然存在很多具体的问题，其中最重要的就是土地问题和宗教问题。因此，他提出"立法制，均田地"的主张，以解决土地兼并问题。同时他也看到了佛教对于国家的危害，认为大力发展农业才是立国的根本。这两点也在颜李学派的伦理思想中得以体现和发展。

李觏之后，南宋事功之学的代表人物陈亮，也反对程朱理学灭绝人欲的思想。陈亮生活的时代，虽然藩镇割据有所减弱，但国境边疆战事不断，民族矛盾激化，宋王朝内部出现了严重的腐败问题。面对南宋内忧外患的局面，陈亮提出了厚民利生，保国安邦的事功思想。

陈亮认为儒学应该关注当世实务，建立了与程朱理学相对立的永康学派，他与朱熹的义利之辨也极为精彩。《朱子语类》第 123 卷曾提及陈亮思想在南宋受到学人认可的情况，连朱熹本人也觉得敬畏。与朱熹相反，陈亮事功思想的立足点是关注具体民生，关心生活实践。这也对颜李学派义利观的形成产生了积极的影响。

陈亮事功思想的独到之处影响了颜李学派，具体表现在三个方面。其一，陈亮认为欲望具有合理性。他反对"存天理、灭人欲"，认为天理和人欲并不对立，提出真正的人道应该满足合理的物质欲求和利益，他在《陈亮集·问答下》中明确指出："万物皆备于我，而一人之身，百工之所为具。天下岂有身外之事而性外之物哉！百骸九窍具而为人，然而不可以赤立也。必有衣焉以衣之，则衣非外物也；必有食焉以食之，则食非外物也。衣食足矣，然而不可以露处也，必有室庐以居之，则室庐非外物也；必有门户藩篱以卫之，则门户藩篱非外物也。至是宜可已矣。然而非高明爽垲之地，则不可以久也；非弓矢刀刃之防，则不可以安也。若是者，皆非外物也。有一不具，则人有阙，是举吾身而弃之也。"在这一段中，陈亮针对理学灭绝人欲的思想，从实际的生活入手，分析了人如若要生存，就必定离不开衣食住行等外物。这样，陈亮肯定了人的合理物质利益，对颜李学派"正谊谋利，明道计功"的义利观具有一定的启发作用。颜李学派在论述其义利观的时候，也是从人的实际生活入手，分析个人合理利益的无处不在。

其二，陈亮的义利观关注实际事物。一方面，他认为道德的本源存在于实际的事物之中，因此，他曾在《勉强行道大有功论》中说道："夫道岂有他物哉？喜怒哀乐爱恶得其正而已。行道岂有他事哉？审喜怒哀乐爱恶之端而已。"其中的"道"，不再是高高在上不可捉摸的理论，而是日常生活中由看得见摸得着的具体事物所提炼总结出来的规律。陈亮的这一思想极大地颠覆了程朱理学的思想，丰富了中国传统伦理思想体系，也为颜李学派实学思想提供了理论来源。另一方面，陈亮认为国家培养的人才应该掌握实际的知识，这和他所生活的时代政治危机不断息息相关。陈亮在状元及第答谢皇恩时，也不忘赋诗言志，表达其抗金的决心。可以说，陈亮的义利观有很强的实干精神，认为人才所学习的知识，应该来自实际生活，并能够在实际生活中发挥作用。虽然按照他的提法，不免会抵制书本知识，但是其培养人才的理念颇具实用价值。他于《上孝宗皇帝第一书》里提出，人才应该"以用而见其能否，安坐而能者，不足恃也"。这一实干精神对颜李学派的思想产生了影响，颜元也极其反对安坐读死书，希望能够培养圣贤以强国力。

其三，陈亮虽然重视事功和实利，但是在义利关系上，并没有偏废任何一方。陈亮将儒家道德规范具体表述为"五典"（即父义、母慈、兄友、弟恭、子孝）和"五礼"（即吉礼、凶礼、军礼、宾礼、嘉礼），强调要结合这些典、礼来治理天下。陈亮的事功思想是对北宋李觏思想的发扬，无论是其与理学争辩的勇气还是其理论的内容都为明末清初颜李学派的形成奠定了坚实的基础。

可以看到，从先秦直至宋明，义利观的发展以孔荀"以义制利"，但不排斥利益为开端，通过孟子"贵义贱利"的传承，形成了否认"利"、批判"利"的萌芽，董仲舒明确提出"不谋其利"的主张后开始进入"义利对立"的发展期，程朱理学吸收以往学说，最终形成了"义利对立"的禁欲主义义利观。在程朱理学所倡导的宗法等级制度的道德原则体系中，"义利对立"是其义利观的重要组成部分。受其影响，封建士大夫阶层形成了非常稳定的封建尊卑等级秩序和耻于言利的道德心理。在这种义利观的影响下，人的正常物质需求和独立的精神人格、锐意进取的精神被束缚，形成了因循守旧、安分守己的道德心理状态。这种状态一直延续，虽然其间也不乏李觏、陈亮等注重功利的新锐思想家，但他们仍然没有成为主流。到明末清初之时，程朱理学灭绝利益的思想发展到了无以复加的地步，沉重的精神枷锁已经严重阻碍了社会经济的发展，这成为颜李学派义利观形成与发展的时代契机。

第二节　"正谊谋利，明道计功"的义利观

在中国传统伦理思想史的义利之辨中，颜李学派的义利观更新了由汉代董仲舒和程朱理学所提倡的道义论，在义利之辨的历史上享有重要的学

术地位。这一理论的提出，有其"天崩地解"的时代契机和深刻的人性论基础。从当时的历史条件看，明末清初的民族矛盾和阶级矛盾已经严重激化，改朝换代的混乱政治局面为颜李学派义利观的形成提供了时代契机。然而，此时还有一个矛盾是这一时期独有的，即封建地主经济同资本主义萌芽之间的矛盾。资本主义萌芽在中国比较早熟，但是很难成熟。它从封建社会母体内部滋生，备受封建地主经济的压制。这一矛盾反映在思想领域中，则是程朱理学所提倡的"革尽人欲、复尽天理"的观点成为当时资本主义萌芽发展的最大阻碍。于是，一场反对程朱理学道义论的论争由此开始。

"正其谊以谋其利，明其道而计其功"的论断是颜李学派在人性无恶的基础上提出的观点，他们认可了利益存在的合理性，在理论上以社会功利主义的价值尺度为资本主义萌芽的发展开辟了道路。

一、肯定利益的必然性

颜李学派义利观的主要论断为颜元所提出，即"正其谊以谋其利，明其道而计其功"①。颜元在谈到义利问题的时候说："后儒乃云'正其谊，不谋其利'，过矣！宋人喜道之，以文其空疏无用之学。予常矫其偏，改云'正其谊以谋其利，明其道而计其功'。"②颜元所希望予以矫正的是汉儒董仲舒的义利观，这一义利观在当时颇受程朱理学的推崇，朱熹甚至曾将其"正其谊不谋其利，明其道不计其功"的论述作为白鹿洞书院的学旨。在朱熹看来，人性理应二分，一为"气质之性"，一为"天地之性"，他主张革除人性中"气质之性"的恶，回复到"天地之性"的至善。由于罪恶的"气质之性"完全由人之欲望引起，因此，人的欲望成为应该祛除的对象。程朱理学将这一目标绝对化，导致义利完全对立，由此彻底否定了"利"的必然性，形成了"革尽人欲"、不可言利的绝对主义义利观。

颜李学派的义利观以批驳程朱理学、肯定个人利益为出发点，结合世人日常生活论证利益存在的必然性。针对宋明理学偏颇的理论，颜元从日常生活中举例说明理学的错误，提出应该追求"利"。颜元论述说："世有耕种，而不谋收获者乎？世有荷网持钩，而不计得鱼者乎？抑将恭而不望其不侮，宽而不计其得众乎？这'不谋、不计'两'不'字，便是老无、

---

① ② （清）颜元著，王星贤、张芥尘、郭征点校：《颜元集》，163 页。

释空之根；惟吾夫子'先难后获'、'先事后得'、'敬事后食'三'后'字无弊。盖'正谊'便谋利，'明道'便计功，是欲速，是助长；全不谋利计功，是空寂，是腐儒。"① 颜元从人们的日常生活出发，提出连最平常的耕种者、捕鱼者都要计算自己行为的利益，在天底下没有不谋利、不计利的行为。追求利益的行为存在于生活的方方面面，没有利益的生活是无法进行的。

同时，颜元还进一步论证道，不仅平凡的劳动人民追求利益，连圣贤也追求利益：

> 赵太若居家富有，事烦劳攘，问曰："古云：'浊富不如清贫'何如？"先生曰："不然。'广土众民，君子欲之'，圣贤之欲富贵，与凡民同。古人之言，病在一浊耳，人但恐不能善用富也。大舜富有天下，周公富有一国，富何累人？今使路旁忽遇无衣贫老，吾但存不忍人之心耳，兄则能有不忍人之政矣，富何负人？要贵善施，不为守钱虏可乎！"②

颜元在这段论述中明确提出了"圣贤之欲富贵，与凡民同"的观点。这个观点的提出，打破了以往认为"利益"同"圣贤"没有关系的看法。舜和周公都富有天下，但是他们却成为圣贤的代表，即便是程朱理学也不可否认他们的道德境界。这无疑得出了一个结论：如果圣贤都不必忌讳言及利益，那么，世间平常的劳动者更无须忌讳，也可以言及利益，这并不能阻碍世人提升道德境界。更重要的是，这句话不仅强调了人人都可以拥有利益，还说明了人人都可以拥有追求利益的欲望。这种欲望，正是程朱理学"存天理、灭人欲"观点深恶痛绝之对象。颜元针对欲望的问题曾说："禽有雌雄，兽有牝牡，昆虫蝇蜢亦有阴阳，岂人为万物之灵而独无情乎？故男女者，人之大欲也，亦人之真情至性也。"③ 这种观点对于道德教化而言具有积极作用。相比程朱理学，李塨、王源等也坚持重视利益的观点，如王源就曾提倡发展商业经济。颜李学派的这个理论在当时具有一定的突破性和可行性，因为他们能够正确看待物质财富的价值，敢于提出人欲的

---

① （清）颜元著，王星贤、张芥尘、郭征点校：《颜元集》，671 页。
② 同上书，639～640 页。
③ 同上书，124 页。

合理性，有助于民众打开理性的天窗。

颜元对于利益的肯定，不仅是当时社会生产力发展、封建社会资本主义萌芽的时代形势所造就，也不仅是当时反对理学的实学学风所推助，同时也和他自身的生活经历相关。在这一点上，他同孔子有着极大的相似之处，即"孔子自称'吾少也贱'，因此他深知劳动人民的苦处……他后来虽然跨入士大夫的行列，不必亲自耕稼，但还在一定程度上保持着少年时代形成的道德观念"①。孔子这样的经历，使他在提倡义的时候，"是通向利的义，而非隔绝了利的义"②。颜元也经历过家道中落、为生计劳作的生活，因此，他能够深深体会劳动人民的疾苦，看到物质财富的价值，敢于在程朱理学主导的时代提倡追求个人的合理利益。

二、明确利益的合理性

颜李学派认为个体利益不仅具有必然性，同时也具有合理性。颜元首先反驳了程朱理学的观点，接着借助孔子的言论提出了自己的观点，在程朱理学为官学的时代，为利益正言。

颜元通过"耕种求利"、"荷网计鱼"的平实例子，证明了利益存在具有必然性，并且认为无论圣贤君子、平常百姓都会有求利的行为。他认为宋明理学忽视利益，否定物质利益存在的合理性是荒唐可笑的："故耕者犹有馁，学也必无饥，夫子申结不忧贫，以道信之也。若宋儒之学不谋食，能无饥乎？"③ 一句"能无饥乎"的反诘，实在是一语中的，道出了如果利益不存在，人就无法生存的平实道理。针对程朱理学"存天理、灭人欲"的观点，颜元认为这日常的人欲生活就是"理"之所在。

同样，颜李学派的另一代表人物李塨也赞同这一观点，提出程朱理学所说的"理"，不过是物质生活中的道理，而"道德是适应人类的物质生活的需要而产生的。由于人类的物质生活的需要，才形成了夫妇、父子、兄弟、朋友、君臣等人伦关系，礼乐射御书数等实际事务，因而产生了在这些实际人伦庶务中'人所共由'的道德准则和规范"④。如果人没有了基本的物质利益的欲求，任何道德规范也就不可能存在。也就是说，颜李学派认为道德规范同人的物质利益紧密相连，说明了利益存在的合理性。

---

① ② 焦国成：《中国伦理学通论》，上册，159页。

③ （清）颜元著，王星贤、张芥尘、郭征点校：《颜元集》，671页。

④ 罗国杰主编：《中国伦理思想史》，下卷，716页，北京，中国人民大学出版社，2008。

更进一步，他们将利益上升到国家、社会的范畴，使利益的合理性更有说服力。

　　长期以来，宋明理学极力反对追求利益的导向，使人们不得不以追求利益为耻，而以乐善好施为荣。但是，颜元发现，宋明理学的这个导向其实是同孔子的观点相违背的。由于颜元的义利观在很大程度上受到孔子的影响，他常借助孔子的例子阐述自己的观点。他举例子路拒绝馈赠的故事，提出"君子贵可常，不贵矫廉邀誉"的著名论断。《颜习斋先生年谱》中记录了孔子的一则故事："昔子路拯溺人，劳之以牛而不受，孔子责之曰：'自此鲁无拯溺者矣。'"① 子路从水中救起溺水者，对方为表达感谢之情而赠其一头牛。一头牛在当时对于一个家庭而言，是非常重要的财产，直接决定了一个家庭收入的高低，所以子路没有接受。子路的行为体现了极高的道德境界，也是程朱理学所倡导的。但是因为人们的道德境界参差不齐以及人性本身对于利益的合理需求，子路的行为就具有一定的负面社会影响：世人认为做好事不会、也不应该有好报。因此孔子责备子路："自此鲁无拯溺者矣。"如果人们不能从个体道德行为中获得利益，那么这样做的人肯定会越来越少。因此，就整个社会而言，受益的人变少了，受损的人变多了，不仅如此，道德境界高的人也变少了。所以，虽然个人拒绝了利益馈赠，看似达到了圣贤的道德境界，但是社会的整体利益却遭受了损失，这不是圣贤应该有的行为。在此，他说明了一个很简单的道理，即有付出就应该得到利益，如果得不到利益，或者拒绝得到利益，不仅不能够在道德上有所精进，还可能产生负面的社会影响。

　　颜元以其敏锐的学术眼光，看到了君子"矫廉邀誉"的社会危害，这个危害就体现在道德教化中个体境界的差异性上。道德教化的目的就是将合理的道德原则和规范内化为人们的道德品质，但道德品质的形成受到很多因素的影响。如社会政治经济制度、社会风气、风俗习惯、人的先天资质及主观能动性等。这些因素导致个体形成了层次各异的道德境界，大体上可以归为三类：追求个人所有利益的境界、追求个人合理利益的境界和追求个人无私的境界。虽然道德的境界可以经过人们的努力而改变，但能够达到"无私境界"的人应该是圣贤，是少数人，这是人类道德境界最光辉的层面，也是先秦儒家所追求的圣人境界。处于"追求个人所有利益的境界"的人不占多数，他们常常会为了谋利而行失德之举。能够达到"追

_____
① （清）颜元著，王星贤、张芥尘、郭征点校：《颜元集》，745 页。

求个人合理利益的境界"的人应该是大多数，古往今来，他们成为伦理思想家道德教化的主要对象。

在上面的例子中，子路乐于助人并且不求回报，其行为接近圣人的境界。虽然他完美的道德形象具有道德教化的作用，但是要求全体民众都放弃合理的利益而空谈道德境界，是不合理的，也是不现实的。若强行为之，则会导致社会良行无人践行的结果。孔子对子路的训责正是因为子路混淆了道德教化的对象，造成了负面的影响。颜元举此例是为了说明程朱理学的弊端。他认为程朱理学要求个人放弃合理欲望，甚至生存欲望是错误的。其错误在于忽视了道德境界的层次性，抹杀了道德教化中个体的差异性，使道德标准脱离了实际。

三、突显国家利益的重要性

颜李学派的义利观肯定了个人利益的合理性，然而，他们并没有就此停止在个人领域之内，而是转向关注、突显国家利益。该学派这种君子"不贵矫廉邀誉"的论断，突出了个人合理利益的必要性。这种必要性实质上是将个人利益同国家利益相联系。国家由个体组成，脱离了个体的存在，国家也就成为空壳。因此，国家的利益必然包含着个人利益，个人利益的保存也必将有利于国家利益的增长。个人在追求合理利益的同时，必将对国家利益起到正面的影响。这种影响不仅包括物质层面的影响，还包括精神层面的影响：个人获得合理的物质利益，对社会财富的积累和经济发展必将起到推动作用，同时也会具有正确的道德导向作用。如果个人的合理利益完全被抑制，那么个人在正常逐利行为中有利于社会整体利益的行为将随之消失，这在一定程度上是不利于社会总体利益的。颜李学派认识到了个体与社会的内在密切关联，从而进一步关注国家、社会的利益。这是该学派义利观的社会功利性质的突显，体现了服务封建王朝的最终目的。

颜李学派着眼于国家社会的发展，认为程朱理学拒绝言利，最终致使明王朝积弱亡国。因此，颜李学派也以国家利益为准绳，由肯定个体利益发展到推崇国家利益。在这个方面，他们极力反驳程朱理学和董仲舒的义利观，认为其根本的危害在于不能务实，于经纶天下、济国救民无用。因此，颜元批驳宋儒"讲说多而践履少，经济事业则更少"①。事实上，明末程朱理学倡导的"义利对立"观点，造成了在位者空谈玄理、不理正务

---

① （清）颜元著，王星贤、张芥尘、郭征点校：《颜元集》，72页。

的局面，国家社会的利益极少得到真正的增进。颜元指出"宋人但见料理边疆，便指为多事；见理财，便指为聚敛；见心计材武，便憎恶斥为小人，此风不变，乾坤无宁日也"①！宋明理学的义利观过于偏激地压抑了"利"的合理性，使得国力积弱，导致了乾坤无宁日的局面，造成了"误人才、破国家"的后果。颜元描述这种后果为："而乃前有数圣贤，上不见一扶危济难之功，下不见一可相可将之材，两手以二帝畀金，以汴京与豫矣！后有数十圣贤，上不见一扶危济难之功，下不见一可相可将之材，两手以少帝付海，以玉玺与元矣！多圣多贤之世，而乃如此乎？"②

可以说，在这个问题上，颜李学派不仅反对程朱理学，同时也反对陆王心学。颜元在《习斋记余》卷六之《阅张氏王氏质疑评》中感叹道："果息王学而朱学独行，不杀人耶！果息朱学而独行王学，不杀人耶！今天下百里无一士，千里无一贤，朝无政事，野无善俗，生民沦丧，谁执其咎耶！"所以针对现实，颜元将"富天下"、"强天下"、"安天下"作为其思想学说的目的。

颜元的这一目的，同其亲历家国之变有关。他经历了因为理学蔑视利益而造成的人才空虚、国力衰弱、社会秩序混乱、经济滞后、民不聊生的局面。鉴于此，他深感国家利益的重要性，本着拯世救民的爱国精神，表达了重视国家利益的思想，这在他提出的政治制度的具体改革措施中得到明确的体现："如天不废予，将以七字富天下：垦荒，均田，兴水利；以六字强天下：人皆兵，官皆将；以九字安天下：举人材，正大经，兴礼乐。"③

基于重视国家利益的视角，颜元对王安石大加推崇，认为王安石能够干实事，注重国家利益。在与友人的辩论中，颜元甚至自比王安石，以明其经世致用的志向。同王安石一样，颜元力主培养实用的人才，主张通过"习行"的方式，为国家造就"君相"与"百职"，维护国家利益。颜元的这些主张实质上反映了明末清初时期社会各阶层的共同利益。张岱年先生认为，在阶级社会中，"也还存在一些公共利益，例如抵抗外来侵略，开发自然资源。为了维持社会的继续存在不致在各阶级的相互斗争中同归于尽，确实存在着一些共同的利益"④。颜李学派"正谊谋利，明

① （清）颜元著，王星贤、张芥尘、郭征点校：《颜元集》，781 页。
② 同上书，67～68 页。
③ 同上书，763 页。
④ 张岱年：《中国伦理思想研究》，95～96 页。

道计功"、注重实际利益的价值取向,是其对民族、社会、国家高度负责的精神的体现,反映出其理论"经世致用"的根本目的。不同于宋明儒者,他们认识到国家利益存在于实际生活中,并且同民众的个体利益相关联。因此,颜李学派的义利观也必然包含了调和个人利益与国家利益之关系的问题。

四、承袭发展孔子的"尚义"性

孔子的义利观肯定了合理的利益,但主张以义制利,并且"义"的所指范围为个人私利。在"义"与"利"的关系问题上,孟子继承了孔子对道义的重视,并高度评价了精神需要的价值,提出:"生,亦我所欲也;义,亦我所欲也。二者不可得兼,舍生而取义者也。"(《孟子·告子上》)董仲舒在《春秋繁露·身之养重于义》中也提出"心不得义不能乐,体不得利不能安"的观点。较之孟子和董仲舒,颜李学派虽然更加强调利益的重要性,认可利益存在的合理性,但也重视"义"。他们认为利益不仅包括了个人利益,同时也包括国家和社会的利益,而维护这一利益就是道义。他们厘清了道德理想同物质利益之间的关系,即道德理想之"义"高于物质利益之"利",这也是先秦儒家义利观的再次体现。所以说,颜李学派承袭了孔子的义利观,认可个人合理的利益需要,同时也强调道义,将国家社会的利益放在首位。

颜李学派"正谊谋利,明道计功"的义利观肯定了利益的必然性与合理性,同时也看到了个人利益同社会整体利益的互生关系,认可了个人的合理物质欲求与精神需要同等重要。然而,"义"与"利"毕竟是一个矛盾体系中两个对立的方面,因此如何正确辨析两者的关系,就显得尤为重要,这也是千百年来中国传统伦理思想中的焦点问题。对此,颜李学派承袭了孔子。

颜李学派承袭孔子的义利观,提倡"以义制利"、"非力不食"等观点,采纳了孔子处理义利关系的观点。在论及汉儒董仲舒之"正其谊不谋其利,明其道不计其功"的观点时,颜元评价说:

> 这"不谋、不计"两"不"字,便是老无、释空之根;惟吾夫子"先难后获"、"先事后得"、"敬事后食"三"后"字无弊。盖"正谊"便谋利,"明道"便计功,是欲速,是助长;全不谋利计功,是空寂,

是腐儒。①

　　对于"义"和"利"的关系，颜李学派赞同"先难后获"、"先事后得"、"敬事后食"的观点，意在强调个人应该通过自己合理的劳动来获得物质满足。颜李学派强调劳动的目的，是为了强调"动"，这与他们反对程朱理学"主静"的思想有关。颜李学派列举了程朱理学"主静"思想的弊端，认为："天下皆读、作、著述、静坐，则使人减弃士、农、工、商之业，天下之德不惟不正，且将无德；天下之用不惟不利，且将不用；天下之生不惟不厚，且将无生。"② 在此，"动"具有一定的道义性。颜李学派认为程朱理学"主静"的观念让世人静坐读书、不求利益，从而忽视了兴办实业、振兴经济，由此导致社会发展失常。所以，颜元赞同孔子的三"后"字，实质上反映了"谋利"、"计功"这些行为的"尚义"性。这个"义"指的便是国家利益。也就是说，世人"主动"运用合理的"谋利"、"计功"方式，将不仅为自身谋取利益，同时更会促进国家社会的发展，维护国家利益，由此使得"谋利"、"计功"具有了道义性。

　　颜李学派沿用"以义求利"、"以义用利"的原则，调和个人利益和国家利益、物质需要和精神需要之间的关系。首先，颜李学派遵循孔子"取之有道"的观点，认为对于合理的利益，应该用合理的手段去获得。其次，该学派认为要学会用"利"，做到达济天下。他们重利却不轻义，反对没有章法的功利，认为这会破坏社会价值体系。颜李学派认为正常的逐利行为具有加快社会经济进步和增强国力的作用，对他们来说，求利是一种手段，但如果和救世的目的相冲突，就要反对。在追求经济进步和道德发展的过程中，颜李学派力图寻求到一个点，这个点是一个合理的度，以最终促进社会前进为标准。

　　颜李学派不仅在理论上秉持"以义制利"的观点，也在实际生活中践行这一原则。《颜习斋先生年谱》中"三十八岁"条记载："先生平日非力不食，用识人纸半张，留钱三文。吴氏强食片瓜，曰：'数载犹在胸中未化。'至是曰：'近思吾与斯人为徒，若贻我以情，款我以礼，不宜过峻以绝物也。'八月，哭奠彭朝彦，朝彦，刘村佣者也。狷介勤力，少有余即施人，力为善，先生敬而筵之。朝彦曰：'生平非力不食人一盂。'先生

---

① （清）颜元著，王星贤、张芥尘、郭征点校：《颜元集》，671 页。
② 同上书，565 页。

曰：翁守高矣，然请大之，为述如其道舜受尧天下事，朝彦犹辞；又述徐稚食茅季伟事，乃食。"① 颜元在生活中"非力不食"的举动，同孔子"先事后得"的理论颇为一致。

然而，颜李学派调节"义"、"利"关系的方式，特别是在处理个人利益与国家利益的关系方面，存在需要考量的地方。该学派将个人利益和国家利益紧密地统一起来，使得剥削者的利益实际上被掩盖在国家公共利益的光环之下，为进一步巩固统治阶级的利益开辟了名正言顺的道路，这也是该学派义利观的时代局限。

第三节　颜李学派义利观的价值

颜李学派的义利观，继承了孔子对于利益问题的基本态度，在理论上更正了汉代董仲舒以来不计利益的言论，肯定了个体利益的必然性和合理性。同时，值得注意的是，颜李学派还把个体利益同维护国家利益有机结合了起来，打破了宋明理学禁锢人性的枷锁，为追求利益开辟了空间。延续了先秦孔子对于利益问题的处理方式，重申了"以义制利"的观点。

颜李学派的这种义利观，是对先秦儒家的回复，使得利益问题重新走上了正轨，同时也为我国在当今的经济建设中，如何处理个人利益与国家利益的关系提供了理论参考。因此，无论是从理论价值还是现实意义上，颜李学派的义利观都发人深省。其价值存在于两个方面：其一，从理论内容上看，颜李学派的义利观从正视个人利益转向倡导发展民生经济；其二，从实践运用上看，颜李学派的义利观从质疑理学权威转向改变国家现实。可以说，颜李学派的义利观既是对传统思想的批判继承，也是对社会现实的反映和对时代精神的总结，达到了传统义利观所能达到的最高成就。

一、从正视个人利益转向发展民生经济

颜李学派"正其谊以谋其利，明其道而计其功"的义利观能够反映广大人民的需求，同其人性无恶的人性一元论密切相关。颜李学派的人性一元论，将人之本性回归到"气质之性"，从本源上肯定了人性之善。这为

---

① （清）颜元著，王星贤、张芥尘、郭征点校：《颜元集》，737 页。

其义利观思想中求利无恶的行为提供了理论支持，引导了义利价值观的直接变化。明末清初思想家们掀起实学思潮后，义利、理欲之辨中强调二者统一的思想开始复苏。颜李学派肯定了个体利益的合理性和必然性。在程朱理学长期压制民众人性欲求的时期，颜李学派能够大胆提出肯定利益正当性的学说，是对人性的重新衡定，也是对民生利益的极大关注和解放。

颜李学派的义利观，体现了他们的博学智慧与豪情胆略，从肯定个人利益转向倡导发展民生经济，实现了义利观在理论内容上的突破。自董仲舒提出"正其谊不谋其利，明其道不计其功"的义利观之后，宋明儒者将"义"、"利"关系发展到了对立的顶峰。这种具有道义性质的义利观同陈亮、叶適的功利主义义利观长期交战，直至颜李学派实现总结。颜李学派的总结同时也是对孔子"以义制利"思想的深刻回应。作为儒家学说的鼻祖，孔子虽然更加重视"义"的道德价值，但他没有否认"利"的合理性，主张通过"义"的手段来获取合理的利益。然而经过孟子"贱利"思想之后，虽至董仲舒时代也尚未明确反对合理的利，但是董仲舒"不谋利"的思想却为程朱理学所夸大，"义"、"利"关系尖锐对立，更是形成了"存天理、灭人欲"的极端道德教条。明末清初，程朱理学的主张已经严重阻碍了经济的发展，背离了孔子儒学的初衷。然而在清初，要否定程朱理学的观点仍然需要极大的学术勇气和智慧。颜李学派继承发扬儒家学说合理的方面，肯定利益合理、"以义制利"的观点，为儒家义利观回复原位，扭转后世儒家在义利观方面的偏颇起到了重要作用。

然而，颜李学派的义利观并没有停留在对个人利益的肯定上，而是将个人利益同国家利益紧密相连，关注民生经济。经过明末的历史震荡，清初开始出现立足现实、经世实干的学术风气，大有回归孔子义利观的趋势。这一理论思潮的正确转向，颜李学派的历史功绩不可小觑。颜李学派的义利观在内容上从关注个人利益转向发展民生经济，提高了经济在国家治理过程中的地位。

颜李学派的这一转向，以"经世致用"思想为桥梁，以当时的社会背景为基础。在明末清初，资本主义的生产方式业已开始在封建母体中萌芽，但仍受到封建母体的束缚，特别是理学末流倡导"存天理、灭人欲"，蔑视经济利益，成为新兴市民阶层发展的最大理论障碍。颜元注意到宋明理学空谈心性、反对利益的危害，他认为个人利益同国家利益紧密相连：个人利益，如果通过符合"义"的手段获得，必将达到增进国家综合实力的目标。为达到"经世致用"的伦理归旨，颜元进一步说明了经济的重要性。他曾提出"论语，孔子之经济谱也"①，认为"宋儒之误也，故讲说多而践履少，经济事业则更少。若宗孔子'下学而上达'，则反是矣"②，而在当世，"即有谈经济者，亦不过空文著述"③。

这一转向，从颜李学派内部来看，颜元主要是从维护封建纲常礼制出发的，其弟子王源的观点则更前进了一步。王源明确针对当时的封建土地所有制关系，主张发展工商业，改变封建土地制度和商业税收制度。他的思想进一步拓展了其师颜元关注利益、发展经济的理论。针对土地兼并问题，王源主张"惟农有田"，提出实现均田的思想，希望能够废除封建土地所有制。这一理论锋芒直指封建土地制度，为资本主义萌芽在封建母体内的顺利发展提供了理论支持。除了封建土地兼并问题，在明末清初时期还有一些制度及传统阻碍了资本主义工商业的发展，即重农抑商的传统和相应的税收制度。对于这个问题，可以在《平书订》之《财用第七下》中看到颜李学派的态度。在此篇中王源认为："本宜重，末亦不可轻，假令天下有农而无商，尚可以为国乎？"这样的观点一反重农抑商的传统，提出给予商人一定的社会地位，鼓励商人缴纳赋税，发展国家经济。为了解决商业税收问题，王源提出了一种类似于近代所得税的制度，将商人分为坐商和行商两类，分别按照不同的方式收取商税。这种鼓励发展工商业的观点，在一定程度上反映了市民阶层争取社会地位、反对封建土地制度的愿望，从历史发展的角度看，无疑适应了当时社会的经济发展状况。

二、从质疑理学权威转向改变国家现实

自宋代以来，程朱理学就在思想界占据着统治地位，其官学位置一直到明朝灭亡才遭到些微的质疑。正如张岱年先生评价的那样："宋代理学为当时社会等级秩序提供理论根据，是和当时现存的生产关系相适应的。当时还没有出现新的生产关系的萌芽……到明代后期，资本主义生产关系开始出现，社会中酝酿着变革的契机，于是理学就逐渐变成反动的了。"④

颜李学派对于程朱理学的质疑有着两大方面的缘由：自身体验及社会状况。该学派对于宋明理学的质疑，首先源自颜李学派创始人颜元的亲身

---

① （清）颜元著，王星贤、张芥尘、郭征点校：《颜元集》，785页。
② 同上书，72页。
③ 同上书，702页。
④ 张岱年：《中国伦理思想研究》，8页。

经历。据《颜习斋先生年谱》记载，颜元三十四岁为其养祖母守孝之时，
按照程朱理学的规定，"三日不食，朝夕奠，午上食，必哭尽哀，余哭无
时，不从俗用鼓吹，恸甚，鼻血与泪俱下，不令僧道来吊者焚疏。四日
敛，入棺，易古《礼》'朝一溢米、夕一溢米'，为三日一溢米，荐新如朝
奠"①。然而，当时作为程朱理学忠实信徒的颜元，在亲身践行过程朱理
学的主张后，认为程朱理学"有违性情者，校以古《礼》，非是，著《居
丧别记》。兹哀杀，思学，因悟周公之六德、六行、六艺，孔子之四教，
正学也；静坐读书，乃程、朱、陆、王为禅学、俗学所浸淫，非正务
也"②。颜元体会到程朱理学思想违背人性的一面，由此对其理论产生了
怀疑。

　　同时，当时的社会状况也是颜元质疑程朱理学的重要原因。封建社会
经过兴盛时期后，各种阶级矛盾开始显露，国家内部的农民起义和边疆的
民族纷争使得明朝不堪重负而亡国。颜元敏感于亡国教训，认为理学末流
的空疏和虚静是导致国力衰微的根源。他分析道："汉、唐训诂，魏、晋清
谈，虚浮日盛，而尧、舜、周、孔之学所以实位天地育万物者，不见于天
下，以致佛、老猖炽，大道沦亡，宋儒之兴善矣，乃修辑注解，犹训诂也，
高坐讲论，犹清谈也。"③ 农民起义、王朝更替、豪强圈地、民生凋敝的社
会乱象，使颜元开始质疑宋明理学的义利观，反对避谈利益的做法。

　　颜李学派带着对理学的质疑，本着对民众的深切关注和对国家的强烈
责任感，逐渐转向了改变现实的实践活动。可以说，颜李学派的义利观，
不是仅就义利之辨所做的纸上功夫，而是具有了强烈的实践性。颜元曾经
说过："若聪明人也，则以天地粹气所钟，宜学为公卿百执事，以勤民生，
以佐王治，以辅扶天地，不宜退而寂灭，以负天地笃生之心。"④ 在颜元
看来，保护国家利益，就是要达到政治清明、经济发展、国力强盛的状
态，只有在这样的情况下，个人利益才能得到保障。因此，他们为了改变
现状，增强国家实力，主张通过"习行"的修养方式培养圣贤，并且颜元
亲自主持了漳南书院，在实践中改变现实。同时，他们还将"富天下"、
"强天下"、"安天下"作为自己的责任，本着"经世致用"的归旨，在
《存治编》中列举了关于"王道"、"井田"、"治赋"、"学校"、"封建"、

---

① （清）颜元著，王星贤、张芥尘、郭征点校：《颜元集》，725 页。
② 同上书，726 页。
③ 同上书，702 页。
④ 同上书，126 页。

"宫刑"、"济时"、"重征举"、"靖异端"等九个方面的改革举措，希望在实践中从根本上改变现实。

颜李学派的义利观不仅在理论上对程朱理学有极大的突破，在数百年之后，其理论依旧具有现实的指导意义。颜李学派重视个人合理利益的观点，无疑对我国的社会主义市场经济建设具有启示作用；其对国家利益的重视，表现出的爱国热情和民族责任感仍然是当代所大力提倡的道德精神；其敢于质疑权威、寻求真理的豪情胆略也是当代学术思想领域不可多得的。

但是，对中国传统文化的分析是一项复杂的工作，不能用简单的思维方式来评判其优劣。"无论是片面夸大中国传统道德文化中的消极因素、腐败成分，还是片面夸大中国传统道德文化中的积极因素、合理成分，都无助于我们对过去传统道德文化的批判继承，也无助于我们在新的历史条件下，发挥道德的特殊作用。……唯有实践，唯有中国社会主义建设的实践，才是我们承接什么道德文化，剔除什么道德文化的真正标准。"① 因此，仍然存在需要注意的方面：虽然颜李学派的义利观重视国家利益，并且在统一个人利益和国家利益方面论述言之有理；但是在阶级社会中，国家利益并不完全同个人利益相一致，二者只在少数领域具有统一性。在封建社会的体系中，封建地主阶级同劳动人民的利益必然相互对立。因此，在颜李学派诞生时期，个人利益同国家利益合理统一还只是个理想。即使在明末清初国家利益受到极大威胁的时候，劳动人民的个人利益也仍然严重受到封建地主阶级的侵害。从这个方面看，我们不能照搬颜李学派的义利观。颜李学派走在了那个时代的前列，但最终还是无法跳出那个时代！

三、颜李学派义利观之现实启发

随着中国社会主义市场经济的建立与发展，政治、经济、文化等领域正经历着观念的转型。新的经济体制的建立必然会引起人们道德观念的变化。在市场经济条件下，商品交换法则可能会侵蚀社会政治生活和人们的精神领域，引发见利忘义、权钱交易现象，导致人们国家意识、集体意识和奉献精神的淡弱，其结果必然会影响社会主义市场经济的健康发展与社会的繁荣稳定。对此，建立和完善具有中国特色的社会主义市场经济，除了需要市场经济法制建设的保障与约束外，还要依靠与之相适应的市场经

---

① 罗国杰主编：《伦理学》，133 页。

济道德规范，要树立正确的义利观。颜李学派的义利观对当今现实颇有启发作用。

　　义利观是中国优秀传统文化的精髓之一，也是中华民族道德传承至今的伦理准则。传统文化在最基础的层面上，就是中国人的文化心理结构。时至今日，中国人的伦理观念依然刻有传统文化的烙印，但由于"日用而不知"，容易受到时代环境变化的影响，受到不良社会风气的侵袭。对此需要厘清传统儒家文化中的义利观，确立道德价值，奠定伦理秩序，增强国家的凝聚力。

　　"义"涉及自我判断，是明辨善恶的道德标准。这种价值标准涵盖了个体行为遵循的原则、精神价值的需要以及社会整体利益等内容。从本质上看，义利观体现了追逐物质利益背后人与人之间的伦理原则，也规范了个人利益与国家利益的关系。"义"和"利"的关系十分微妙，它们看似彼此冲突，实则相互依存。

　　在中国传统儒家文化中，存在见利思义、义然后取、先义后利、重义轻利和以义制利等略有差异的各类表述。这些观点最终都着眼于"公利"与"私利"的关系，视"公利"为大义，在重视利益的同时，以"义"为前提和原则。也就是说，没有"利"的"义"不符合人性，无法用于教化民众；没有"义"的"利"为君子所不齿，是造成社会混乱的根源。可见，义利观实则含有多维度的规范意义：一方面是对国家治理者的道德要求，另一方面也是对个体民众的道德约束。从国家的角度看，如果舍弃了"义"，公正廉明的社会政治环境遭到破坏，社会必将陷入混乱无序的状态，"利"则无从谈起。因此，对治理者而言，应以"义"为"利"的准绳，合乎则取，不合则去。从个人的角度看，追求利益是人之本性，但应取之有道，推崇追求合理利益。如果通过不道德的手段获利，所获之利就为不义之利。在这里，合乎道德原则的获利行为就具备了"义"的内涵，"义"与"利"在此层面实现了相互依存：获利并非不义之举，关键不在于利本身，而在于获利之道。

　　合理的获利之道是连接"义"与"利"的桥梁。传统文化中所谓的"义然后取"提炼了私利的获取之道，强调通过辛勤劳动、诚信守法所获之利才是合义之利、长久之利。事实上，颜李学派的义利观还涵盖了以爱国主义为核心的民族精神，明确了国家、集体与个人的关系，认为利己、利民、利国在本质上是一致的，尤其强调国家与民族的整体利益即为个人大义。对于利，只有将"义"作为取舍标准，才能获取无害之利，否则就将伤及民族国家之大义。也就是说，如果在不义之利面前，无法拒绝诱惑，将会带来无穷后患；若能以"义"为准绳，虽然舍弃了部分小利，却可避免更大的利益损失。

当然，颜李学派的义利观是建立在农业经济基础上的道德规范，而社会主义市场经济则以商品经济为基础，重视经济建设。在此背景下，如果只讲义不求利，就会成为空洞的道德说教；如果只求利不讲义，则会产生利己主义、享乐主义、拜金主义等一系列社会问题。可以说，现在中国社会所存在的诚信缺失、道德滑坡等不良社会现象，都是缺乏正确的社会主义义利观所导致的恶果。因此，在建立社会主义市场经济的过程中，需要把"义"与"利"有机结合起来，培育中国特色社会主义市场经济的义利观。

中国特色社会主义市场经济的义利观实际上包含两个方面的内容：从市场经济的角度而言，就是指在合理逐利的前提下，维护正常的市场秩序，发挥"看不见的手"的引导作用以及法律法规的约束作用；从社会主义的角度而言，道德建设还需要"以为人民服务为核心，以集体主义为原则"。为人民服务强调在治理国家的过程中，应以人民利益为先，保障人民合理的利益诉求；集体主义原则倡导个人与集体的辩证关系，蕴含了解决市场经济公平与效率问题的理论前提。从"效率优先，兼顾公平"到"重视效率，维护公平"，再到突出"公平正义"，是对社会主义市场经济实践道路的道德反思与探索。总而言之，社会主义市场经济的义利观应该肯定合理的利益诉求，树立正确的价值标准，确保正常的市场秩序，维护国家集体的利益。

在中华民族伟大复兴的背景下，中国优秀传统文化也迎来了发展的历史契机。只有自觉参与中华民族伟大复兴历程，同民族国家发展的时代使命相结合，同社会文化发展的需要相适应，在经济、社会、文化领域发挥批判与引导的作用，才能获得广阔的发展空间。在这个时代背景下，颜李学派的义利观也被赋予了新的内涵与意义，在激发良好社会风气、保证社会主义市场经济的健康发展、促进整个民族素质的提高等方面发挥了积极作用，成为中国特色社会主义市场经济价值观与道德规范的基石。

第四章 "习行"——颜李学派伦理思想的修养方式

　　"道德教育和道德修养，是社会道德活动现象的两种重要形式。……由于这两种道德活动形式是人类自己改造自己、自己完善自己的关键环节，是一定社会伦理道德体系实现其社会作用的重要桥梁，因此受到历代伦理学家的注重。"① 中国传统儒家文化中，思想家们注重道德教化，颜李学派也不例外。他们以"经世致用"为最终目标，以国家利益为最终导向，希望能够提升世人的道德境界，培养圣贤人才。颜李学派这一目标的确立，针对程朱理学"玄谈顿悟"的方式，提出与之相对立的"习行"方式，主张通过"习行"培养能够干实事的人才，具有强烈的实践性和实用色彩。因此，在颜李学派的伦理思想体系中，"圣贤"的理想人格及"习行"的培养方式成为道德教育与道德修养的重要内容，而理想人格的实现，有赖于"习行"的方式。

第一节 理想人格的由来及界定

　　人类同时具备自然属性和社会属性，但总是力图通过各种方式，减少受自然属性影响的动物性状态，使自身的社会属性能够散发出文明的光彩。这种追求，无论在何种历史时期、社会形态以及阶级地位，都未曾改变。其间的差异，仅仅在于对理想人格内涵的界定以及所运用的方式方法。在中国社会中，自先秦孔子至颜李学派，理想人格的界定及其实现方式经历了历史的变迁，其中对颜李学派理想人格影响最大的莫过于孔子和

---

　　① 罗国杰主编：《伦理学》，437 页。

程朱理学的思想。

一、理想人格的理论内涵

要厘清颜李学派理想人格的历史渊源，首先需要对"理想人格"进行伦理学的概念梳理。"所谓人格，就是指人与其他动物相区别的内在规定性，是个人做人的尊严、价值和品质的总和，也是个人在一定社会中的地位和作用的统一。"① 伦理学所研究的理想人格，是狭义上的人格，它"从善和恶、高尚和卑下的分别上看待个人人格之间的差别，因而其人格概念也就是道德人格的同义语"②。可见，个体进入社会环境中，借由复杂的社会关系，品质和价值得以显现，由此获得相应的个人尊严及社会地位，而这种地位将再次影响个人品质的形成。在此过程中，"多种特质和因素结合在一起，形成一种比较稳定的内在的精神结构，并由此产生出比较稳定的行为倾向和生活态度。人们正是根据个人的比较稳定或比较一贯的行为倾向和生活态度确认其人格的"③。在伦理学中，对于人格的评判是从道德善恶的角度来评价社会中的个人。其评判标准涉及个人的尊严、价值和品性，受到不同历史时期和不同社会环境的影响。而评判之结果，往往以一个社会的理想人格为参照。

从评判的结果可以看到，由于个体先天条件的区别，后天所受教育水平的高低，以及社会环境的差异，个人的内在品质呈现出不同层次的道德境界。"在伦理学上，所谓道德境界，就是指人们接受道德教育、进行道德修养所达到的程度。更确切地说，道德境界是一种复杂的道德意识现象，是指人们通过接受道德教育和进行道德修养，所达到的道德觉悟程度以及所形成的道德品质状况和精神情操水平。"④ 在中国传统伦理思想史上，思想家们根据个体道德境界的差异，将个人人格分为不同的层次，其中最高层次为理想人格。而在儒家伦理思想体系中，理想人格的界定往往同治国齐家的愿景相结合，是个体同社会的关系的显现。

孔子所处的时代为新旧制度交替的时期，此时新旧贵族之间的矛盾颇为尖锐，并伴随着春秋末期诸侯国之间的斗争。这种斗争显见于政治、经济、文化各领域，促使各诸侯国展开人才的争夺。在这样的背景

---

① ②　罗国杰主编：《伦理学》，438 页。
③　同上书，439 页。
④　同上书，465 页。

下，所谓的理想人格，实际上就是能够治国辅政之人的人格。没有这样的人才，就无法实现治国平天下的愿景。为此，孔子道出了人才匮乏的忧虑，认为"德之不修，学之不讲，闻义不能徙，不善不能改，是吾忧也"（《论语·述而》）。他还举了昏君、贤臣与治世之关系的例子，表达了对于理想人才的重视。在《为政》篇中他说："举直错诸枉，则民服；举枉错诸直，则民不服。"这句话是孔子有关社会治理的意见，希望培养提拔真正的人才，协助治理国家。他认为理想中的君子，应该在行事为人的时候，做到"其行己也恭，其事上也敬，其养民也惠，其使民也义"（《论语·公冶长》）。他提出，这样的君子应该具有三种品格，即仁、智、勇，他们能够达到"知者不惑，仁者不忧，勇者不惧"（《论语·子罕》）的境界。

从上述三个方面可以看到，首先，孔子的理想人格以"仁"为核心。孔子举例认为，甚至在极端的情况下，君子也不可以放弃"仁"。所以他说道："君子去仁，恶乎成名？君子无终食之间违仁，造次必于是，颠沛必于是。"（《论语·里仁》）可见孔子的理想人格能够时时刻刻秉持仁德原则。其次，孔子的理想人格具有"智"的品格。孔子所谓的"智"，不仅包括了天生的智力，同时更指对于人际关系的伦理性认识。理想人格能够具有足够的智慧，辨别善恶是非，知晓合理处理人际关系的方式。最后，理想人格还需要具有"勇"的品格。虽然之后的儒家思想家，关注孔子"仁"与"智"的概念更多，但是"勇"仍然是理想人格不可或缺的品格。不过，"勇"也需要符合"仁"的标准，不可是莽夫之勇。所以，孔子所谓的"勇"，包含了勇于分别善恶、遵从仁德的含义。总体来看，孔子的理想人格并非单纯对个人品性的要求，更是因由社会环境，站在国家治理的角度上提出的要求。这一提出理想人格的立场，亦为其后历代思想家所秉持。

孔子的理想人格对颜李学派产生了深远的影响。这不仅表现在提出理想人格的立场上，更表现在培养理想人格的内容上。颜李学派继承了孔子的诸多思想，例如，孔子主张培养人才需要学习"六艺"，颜李学派沿袭了孔子的"六艺"，认为人才培养应该文武兼备，不可偏废。并且，颜李学派也赞同孔子因材施教的理念，主张将理想人才分为"通才"和"专才"，以适应国家和社会的需要。

当然，受到社会历史条件的影响，不同社会的理想人格的内涵各不相同。颜李学派的理想人格虽然承袭了孔子的思想，但其受战乱的影响甚深，因此显现出反思理学、安邦定国的倾向。出于国家安治的目的，颜李学派认为理想人格就是辅政治国的圣贤人格，这同程朱理学所要求的人格完全不同。颜李学派认为，由于受到程朱理学的制约，读书人"自八九岁便咿唔，十余岁便习训诂，套袭构篇，终身不晓习行礼、义之事，至老不讲致君、泽民之道，且无一人不弱不病"①。可以看出，由于程朱理学对于增强国家实力没有丝毫的裨益，并且其培养的读书人"有三弊：溺于文辞，牵于训诂，惑于异端。苟无此三者，则必求归于圣人之道矣"②。因此，颜李学派提出培养"圣贤"应该做到"经世致用"，为达到这一目标，颜李学派反对程朱理学主静的修养方式，将"习行"作为道德教化和道德修养的方法，希望通过实践来培养对国家有用的人才。这反映出颜李学派要求理想人格将国家的利益放在第一位，其理想人格的设定是为了维护封建国家的最高利益。

二、理想人格的设立依据

颜李学派的理想人格是明末清初资本主义萌芽发展受到限制的反映，也是先秦孔子理想人格随着历史条件和社会关系变化的结果。它体现了明末清初实学思潮的社会政治理想。围绕这个社会政治理想，颜李学派将理想人才分为两类：通才和专才。从最高的境界来看，颜李学派希望能够培养出通才，但是由于个人禀赋有异，且受到道德教化和自身道德修养程度不同的限制，要求所有人都达到通才的境界是不可能的。因此，颜李学派认为，为了国家的发展，应该在培养通才之余，注重专才的培养。可以说，通才和专才就是圣贤，通才和专才的人格就是理想人格。

从理论上来看，这种理想人格的设立，有两方面的理论依据，即人性论方面和义利观方面。从实践上看，一般而言，"任何性质的道德理想人格总有一定的社会基础，总要体现一定的阶级意志和时代精神"③。颜李学派的理想人格立足于服务国家利益，反对程朱理学的主张，体现了一定的阶级意志。其时代精神，或者说有别于孔子理想人格思想的地方，就是人才必须符合"经世致用"的标准，这是当时社会实学思潮的反映。如果说孔子的理想人格带有道德模范的意味，那么颜李学派的理想人格则几乎

---

① （清）颜元著，王星贤、张芥尘、郭征点校：《颜元集》，678 页。
② 同上书，95 页。
③ 罗国杰主编：《伦理学》，447 页。

完全投入现实的社会治理和建设中去。因此，在颜李学派理想人格的设立依据中，理论与实践相互关联。从人性论依据上看，其理论体现了平民阶层的意愿和实干的时代精神；从义利观依据上看，其理论体现了封建统治阶级的意志和振兴国力的时代精神。

"人性理论，从来就是道德人格培育理论的一般理论基础。"① 颜李学派的人性论也为其理想人格的塑造奠定了理论基础。颜李学派对于人性的定义，就突显了打破理学桎梏、坚持实干精神的特色，这种实践性直接渗透到人性修养的"习行"方式之中。颜元在对人性进行解说时论证道："夫'性'字从'生心'，正指人生以后而言。"② 从这里可以看出，颜元认为人性并非一成不变，而是个体在社会中受到道德教化、经历道德修养而逐步形成的，这为道德教化和道德修养提供了理论可能性。从颜李学派论证人性思想的过程看，该学派的人性论立足于批驳程朱理学思想，从而反思自我，提升境界。这不仅是颜元摆脱程朱理学束缚的过程，也是当时民众渴望认清人性的意愿体现。颜元对于程朱理学的质疑，始于其 34 岁为其养祖母守孝之时。据《颜习斋先生年谱》记载：

> 先生居丧，一遵朱子《家礼》，觉有违性情者，校以古《礼》，非是，著《居丧别记》。兹哀杀，思学，因悟周公之六德、六行、六艺，孔子之四教，正学也；静坐读书，乃程、朱、陆、王为禅学、俗学所浸淫，非正务也。③

经过亲身实践，颜元体会到程朱理学思想违背人性之处，进而对其人性论的正确性产生了怀疑。"某思宋儒发明气质之性，似不及孟子之言性善最真。将天生作圣全体，因习染而恶者，反归之气质，不使人去其本无，而使人憎其本有，晦圣贤践形、尽性之旨。"④ 由此，颜元开始反对程朱理学将人性二分为"天地之性"和"气质之性"的做法，认为人性就是"气质之性"，并将此"气质之性"界定为善的性质。这一界定消除了压抑人性的负担，使程朱理学"灭人欲"的思想受到质疑。

颜李学派对于人性善的界定，显示出一种"人皆可以为尧舜"的平等

---

① 罗国杰主编：《伦理学》，440 页。
② （清）颜元著，王星贤、张芥尘、郭征点校：《颜元集》，6 页。
③ 同上书，726 页。
④ 同上书，731 页。

观。这种平等思想建立在个人本性的平等基础上，而非强调个人先天条件的相同性。这种平等性消除了阶层之间的地位差异，提升了民众修身养德的意愿。并且，颜李学派提出由于人所禀之气的差异，个体"气质"也有所差等。由于这种差等具有可变性，所以为常人拥有理想人格提供了变化的空间。颜元鼓励世人道："人须知圣人是我做得。不能作圣，不敢作圣，皆无志也。"①

　　颜李学派也进一步分析认为如果具有善良的人性，却做出邪恶的行为，完全是因为受到邪恶事物的引诱而隐蔽了本性所致。因此颜元借棉桃制衣和水之清浊来分析人性受到邪恶隐蔽的过程，认为人性之善就如同棉桃与清流，原本干净，但是由于受到外物引蔽，久而久之就形成了恶行。然而，即便有了恶行，人性仍然可以回复到善的天性。这就如同用棉花制衣一般，原本干净的棉花制成线，织成衣物，衣物受染后，只需认真洗涤就可恢复洁净。但是，颜李学派认为如果世人积习太深，则会增加"复洁"的难度。在这个过程中，颜李学派反对程朱理学主静顿悟的方法，更反对简单地"灭人欲"的主张，而是提倡通过实际行动来祛除恶习、回复本善。这种"动"与"静"的对比，正是当时社会实行实干态度的体现。所以说，颜李学派的人性观点为"习行"的修养方式提供了理论支持。

　　颜李学派的理想人格不仅以人性论为理论依据，也以其义利观为有力的理论支持。从人性论的理论依据方面看，颜李学派的人性一元论以人性无恶为前提，提出恶的行为皆由"引蔽习染"所致，要祛除后天所沾染的恶行，就必须通过实际行动来改变，而非程朱理学静思顿悟的方法所能达到。这一观点顺应了当时平民阶层的意愿，为他们冲破理学束缚，正确认识人性指明了方向。同时，强调实行实用正是当时实学思潮下实用主义时代精神的体现。对此，颜李学派提出了"习行"的修养方式，并在实际道德教化中践行其理论。从义利观的理论依据方面看，颜李学派主张利益的存在具有必然性和合理性，因此肯定了个体的合理私利，并进一步将个体利益和国家利益密切关联，主张培养实用的人才，推行"正谊谋利，明道计功"的思想。这种义利观作为理想人格的理论基础，主要体现在两个方面：其一，颜李学派的义利观重视国家利益，体现了统治阶层的意志；其二，颜李学派的义利观重视实践活动，为理想人格的实现指明了方向，体现了振兴国力的时代精神。而这两个方面，均建立在批判程朱理学静思顿

------

① （清）颜元著，王星贤、张芥尘、郭征点校：《颜元集》，668 页。

悟、玄谈误国弊端的基础之上。

　　一方面，颜李学派的义利观重视国家利益，同时也未忽视个人利益，而是在成就国家利益的过程中，实现个人利益与国家利益的联盟。其思想实质是让理想人才肩负国家的前途命运。这一点，正是程朱理学最大的不足。颜元认为程朱理学"专肆力于讲读，发明性命，闲心静敬，著述书史"①。正是这"主静主敬"的治学和修养方式，容易导致"空静之理，愈谈愈惑，空静之功，愈妙愈妄"②的结果。这一感受，出自颜元的亲身体验："予戊申前，亦尝从宋儒用静坐功，颇尝此味，故身历而知其为妄，不足据也。天地间岂有不流动之水，天地间岂有不着地、不见沙泥、不见风石之水！一动一着，仍是一物不照矣……今玩镜里花，水里月，信足以娱人心目，若去镜水，则花月无有矣。即对镜水一生，徒自欺一生而已矣。若指水月以照临，取镜花以折佩，此必不可得之数也。"③颜元还认为，程朱理学虽然反对佛教，但是也在不自觉中沾染了宗教的气息，不仅不能算是承袭孔孟之道，反而越走越远。由此他感慨说："宋儒之学，平心论之，支离章句，染痼释、老，而自居于直接孔、孟，不近于伪乎！"④因此，颜李学派所提出的理想人格理念，最反对静坐冥想的功夫，转而要求投入到运动变化的现实生活中。而理想人才也只有深入到现实实践之中，才能够理解程朱理学对国家、社会利益的延误之大、贻害之深。所以颜李学派力证程朱理学思想不仅不能够培养人才，反而会误人才、毁国家，并用"上不见一扶危济难之功，下不见一可相可将之材"⑤来形容其祸害之大。

　　可见，颜李学派的义利观虽然很是赞同追求合理的个人利益，但仍然承袭了孔子"以义制利"的思想。颜李学派将个人利益在精神层面的追求上升为道义，即维护国家利益。这样，颜李学派的义利观形成了严密的逻辑：在肯定个人私利的基础上，将个人利益同国家利益紧密相连，使得维护国家利益成为个人实现精神利益与进行道德修养的最佳途径。可以看出，他们之所以重视利益，并非因为关注利益本身的重要性，而是因为该学派最终要将利益同道义归一。他们将个人的精神利益附着在理想人格之上，在个人利益与国家利益统一的基础上，达到"义利统一"、

---

① （清）颜元著，王星贤、张芥尘、郭征点校：《颜元集》，62 页。
②③　同上书，129 页。
④　同上书，781 页。
⑤　同上书，67 页。

"以义制利"的目的。同时，由于这种个人修养的结果牵连了国家的命运，使道德教化和道德修养同政治目的相结合，体现了封建统治阶层的意志。

另一方面，颜李学派的义利观重视实践活动，为理想人格的实现指明了方向，体现了振兴国力的时代精神。为此，颜元提出"富天下"、"强天下"、"安天下"的政治目的。颜李学派的义利观表现出重视实践的思想，赋予理想人格以强烈的爱国情怀。可以看出，该学派"富天下"、"强天下"、"安天下"具有逻辑的延续性：国家富裕了才能够强大，强大了才能够安定，而这些与实践皆不可脱离。结合现实，颜元看到明朝之所以经历战乱而亡，主要源于程朱理学脱离实践的弊端，因此他认为程朱理学"灭儒道，坏人才，厄世运，害殆不可胜言也"①，"自宋儒起，而天下有不达之德"②。为此颜元提出理想人格要"率皆实文、实行、实体、实用，卒为天地造实绩"③，这五个"实"字反映了颜元主张"习行"、振兴国力的迫切心情。在此，颜元又一次沿用了孔子的观点，认为："惟吾夫子'先难后获'、'先事后得'、'敬事后食'三'后'字无弊。"④ 这三组词反映了颜李学派获取利益的方式，即习行实践。所以，颜元教育门人弟子："吾辈只向习行上做工夫，不可向言语、文字上着力。孔子之书名《论语》矣，试观门人所记，却句句是行。'学而时习之'，'有朋自远方来'，'人不知而不愠'，'其为人也孝弟'，'节用爱人'等，言乎？行乎？"⑤ 从中可以看出，孔子理想人格的培育方式皆通过"行"来确立。颜李学派继承了孔子的这个理念，最终提出"习行"作为该学派理想人格之道德教化和道德修养的途径。

由此观之，颜李学派"恶由引蔽习染"的人性论和重视国家利益、重视实践的义利观，为实现其理想人格的道德教化与道德修养活动提供了有力的理论依据。但是，"就个人而言，理想人格的达到并不是轻而易举的，历史上体现理想人格的伟大人物之所以伟大，正是由于他比一般人能够更深刻地认识社会道德关系和历史发展方向，及时把握历史进程和人民的要求，更完全地把握进步道德的要求，还具有比别人更炽烈、更高尚的道德

① （清）颜元著，王星贤、张芥尘、郭征点校：《颜元集》，678页。
② 同上书，778页。
③ 同上书，47页。
④ 同上书，671页。
⑤ 同上书，663页。

情感、更坚定的道德意志和信念，并能在行为实践中给予他那个时代和阶级的道德以最好的表现。然而，这并不是说道德上的后进永远不可企及理想人格。每一个普通人，从可能性上来说，都可以成为现实的理想人格。然而，这需要优良的道德教育和刻苦不懈的自我修养才能达到。道德教育是理想人格培育的外在因素，自我道德修养是理想人格培育的内在因素，两者的完美结合，就可以变庸人为圣人，化腐朽为神奇"①。因此，颜李学派理想人格的最终实现，还是要借助"习行"的方式，从道德教化及道德修养两个方面来实现。

第二节　"习行"：理想人格的培养方式

"道德教育和道德修养的目的，在于在整个社会范围内形成普遍的、完美的道德人格"②。颜李学派的道德教化和道德修养的目的，在于培养"圣贤"人才。这一目标在《存学编》开篇就已表达："圣人学、教、治，皆一致也。"③ 这其中，"一致"二字表示人才所受道德教化和自我修养的内容需要同治理国家的要求相统一，能够学以致用。为达到这个目的，颜李学派推崇"习行"的修养之道，即通过"习行"的方式，在道德教化和道德修养方面为国家培养人才。

所谓"习行"，即指在实践中进行道德教化和道德修养。这一观点的形成，源自颜李学派推崇孔子"学而时习之"的观点，同时也源自颜李学派反对程朱理学主静顿悟的弊端。"习行"中的"习"字，便有一种学习、修养的意思，"行"字表示道德教化和道德修养需要在实践中展开，要求个体事必躬行。在《颜习斋先生言行录》中记有颜元的观点，表明颜李学派"习行"之目的是使读书人能够"身实学之，身实习之，终身不懈"④，继而做到"使天下相习于善，而预远其引蔽习染"⑤，最终达到"人才王道为相生"⑥ 的目标。

---

① 罗国杰主编：《伦理学》，448～449 页。
② 同上书，437 页。
③ （清）颜元著，王星贤、张芥尘、郭征点校：《颜元集》，39 页。
④ 同上书，48 页。
⑤ 同上书，31 页。
⑥ 同上书，109 页。

一、"习行"之实践目标：理想人格

颜李学派的"习行"理论，以其人性论和义利观为理论基础，以培养理想人格为实践目标。这种理想人格的设立主要是针对当时陷入迷途的世人。这个问题的答案可以从《存人编》中探寻。颜元撰写《存人编》，开篇有"唤迷途"三个字，之后又有"五唤"的具体内容。

颜元认为有五类人已经走入了迷途，而这五类人，皆不具有理想人格。其中，第一、二、三、五唤的内容同属于反对宗教迷信方面，第四唤的内容属于反对程朱理学的方面。

在反对宗教迷信、建立理想人格方面，颜元针对每一类人都有具体的规劝话语。第一唤"为不识字与住持云游等僧道立说"①，他们"受惑未深，只为衣食二字"②，所以他劝说道："有产业的僧人，早早积攒些财物，出了寺，娶个妻，成家生子；无产业的僧人，早早抛了僧帽，做生意工匠，无能者与人佣工，挣个妻子，成个人家。"③ 第二唤是"为参禅悟道、登高座发偈律的僧人与谈清静、炼丹火、希飞升的道士立说"④。但"不独可唤僧道，即吾儒皆当各置一通于座右"⑤，因为他们"迷渐远，唤回颇难"⑥，所以他劝说道："欲求道，当求我尧、舜、周、孔之道，尧、舜、周、孔之道是我们生下来现成的道。"⑦ 第三唤是"唤醒西域真番僧者"⑧，希望他们"力不能回家的，便在天朝娶妻，学天朝人手艺，做个过活，成个人家，生下子女，万万世是你们后代了。力能回家的，将这《唤迷途》带去，讲解于你国人听，教他人人知释迦是邪教，也学我天朝圣人的道理，孝弟忠信"⑨。第五唤为唤回那些聚众邪教之人，奉劝他们"各人散去，务农，做生意，莫聚会胡说，便是好人"⑩。这四唤是建立在反对佛、道迷惑民众的现实基础上的，表达了颜李学派驳斥宗教危害的观点。

---

① ② （清）颜元著，王星贤、张芥尘、郭征点校：《颜元集》，121页。
③ 同上书，122页。
④ 同上书，125页。
⑤ 同上书，129页。
⑥ 同上书，125页。
⑦ 同上书，126页。
⑧ ⑨ 同上书，130页。
⑩ 同上书，146页。

在反对程朱理学方面，颜元花费的力度最大。第四唤最为重要，它"专为名儒而心佛者立说"①，即程朱理学所培养的读书人。在第四唤中，颜元分析道："宋之程、朱……皆称吾儒大君子，然皆有与贼通气处，有被贼瞒过处，有夷、跖结社处，有逗遛玩寇处，今略摘一二，与天下共商之；非过刻也，恐佛氏借口，与儒之佞佛者倚以自解也"②，且"程、朱一派好谈性道，置起圣门时习事功不做，盖亦隐为禅惑，不觉其非"③，所以这些读书人"自幼惟从事做破题，捭八股，父兄师友之期许者，入学、中举、会试、做官而已，自心之悦父兄师友以矢志成人者，亦惟入学、中举、会试、做官而已。万卷诗书，只作名利引子，谁曾知道为何物"④！颜元认为这些人虽然表面上是个读书人，但是仅受信于名利，所以并不知晓书中的道理，因此他们听了村俗僧人的邪说就信以为真，从而成了面儒而心佛者。因此，这些人虽然通过八股取士为官，但是他们不能成为有益于国家社会的圣贤人才。

颜元的这五唤，表达了对世人的急切呼喊，希望他们能够觉醒。虽然这五类人是反面素材，但从中仍可以看出颜李学派所期待的理想人格，它应该具有真正独立的人性，不沉溺于虚妄之说，能够干实事，即具有所谓"圣人"或是"圣贤"的人格。更重要的是，这样的圣人，并不是少数人才能达到的境界，而是凡人都可以达到之状态。颜李学派认为："父母生成我此身，原与圣人之体同；天地赋与我此心，原与圣人之性同；若以小人自甘，便辜负天地之心，父母之心矣。"⑤ 所以，颜元鼓励世人：圣人是每个人都可以达到的境界，如果不愿意做圣人，不敢去做圣人，就是无志之人。

所以说，颜李学派的理想人格，应该直面现实并保有理想，德识兼备并专注实践。然而"人必能斡旋乾坤，利济苍生，方是圣贤；不然，虽矫语性天，真见定静，终是释迦、庄周也"⑥，也就是说，个体需要通过"习行"才能够成为圣贤，成就理想人格。而这个"习行"的过程，离不开社会和个人的实践努力。"习行"的社会实践，是道德教化的过程；"习

---

① （清）颜元著，王星贤、张芥尘、郭征点校：《颜元集》，133 页。
② 同上书，136 页。
③ 同上书，134 页。
④ 同上书，138 页。
⑤ 同上书，668 页。
⑥ 同上书，673 页。

行"的个人实践，是道德修养的过程。

二、"习行"之社会实践：道德教化

道德教化是中国传统伦理思想中培养理想人格、造就良好道德品质和形成良好社会风尚的重要手段，"是指生活于现实各种社会关系中的有道德知识和道德经验的人们（亦可称道德上的先觉者），依据一定的道德准则和要求，对其他人有组织有计划地施加系统影响的一种活动"①。所以，道德教化的过程涉及三个主要因素，即道德教化者、道德教化的原则以及道德教化的具体内容。

颜李学派所倡导的道德教化思想，主要针对的是程朱理学静思顿悟、玄谈误国的现状，其实践性在实质上适应了当时封建社会母体内资本主义经济萌芽的发展趋势。可以说，"习行"作为一种道德教化方式，要求受教育者学习有用的东西，并能够在实践中应用，其最显著的特点就是实践性。这一特点在三个因素中均得到体现：一是从道德教化者来说，颜李学派的创始人颜元及其他代表人物，作为道德教化的引导者，自身具有极高的道德修养，能够实际践行道德规范并引导他人践行道德规范；二是从道德教化的原则来说，颜李学派的"习行"方式是为了适应社会现状，符合国家利益，顺应了历史发展的客观要求；三是从道德教化的具体内容来说，"习行"反对程朱理学的主静顿悟，强调实用精神。

首先，颜李学派的代表人物作为道德教化者，具有高风亮节的道德风范。《习斋先生叙略》中记录：颜元"二十九岁不得于朱翁，尽以田让晁，意谓仿伯、札故事耳，不知己非朱氏子也"②，"三十四岁遭恩祖母大故，遵文公《家礼》居丧，尺寸不敢违，毁几殆，朱氏一老翁怜而语之，乃知己非朱姓。朱翁卒，乃归颜"③。颜元在家境由富转贫后，仍能够在朱晁谋其田产时，将田产让给朱晁。在其养祖母去世后，颜元也按照礼节为其守丧。从这短短的几行文字即可看出，颜元在行动上不仅坚守了道德的底线，还以超出常人的要求约束着自我，表现出孝悌的道德原则，体现了极高的道德境界。《颜习斋先生言行录》的《常仪功第一》中也记载了颜元严格自律的态度和行为，说颜元："每日清晨，必躬扫祠堂、宅院。神、亲前各一揖，出告、反面同。经宿再拜，旬日以后四拜，朔望、节令

① 罗国杰主编：《伦理学》，469页。
②③ （清）颜元著，王星贤、张芥尘、郭征点校：《颜元集》，619页。

四拜。昏定、晨省，为亲取送溺器，捧盥、授巾、进膳必亲必敬，应对、承使必柔声下气。（此在蛊事恩祖父母仪也。归博无亲，去此仪矣。）写字、看书，随时闲忙，不使一刻暇逸，以负光阴。操存、省察、涵养、克治，务相济如环。改过、迁善，欲刚而速，不片刻踌躇。处处箴铭，见之即拱手起敬，如承师训。非衣冠端坐不看书，非农事不去礼衣。出外过墓则式，（骑则两手据鞍而拱，乘则凭箱而立。）恶墓不式；过祠则下，淫祠不下，不知者式之；见所恻、所敬皆式。（所恻如见瞽者、残疾、丧家齐衰之类，所敬如见耄耋及老而劳力、城仓圮、河决、忠臣、孝子、节妇遗迹，圣贤人庐里类。）非正勿言，非正勿行，非正勿思；有过，即于圣位前自罚跪伏罪。"

颜元不仅遵循、敬畏道德规范的条文，更注重在行为举止上的修养，说道："读书无他道，只须在'行'字着力。如读'学而时习'便要勉力时习，读'其为人孝弟'便要勉力孝弟，如此而已。"① 受其影响，颜元的弟子李塨、王源、钟錂等也以身作则，推崇"习行"，认为"凡书不可徒读，必一一在自己身心上体认。如书言善，必审自己有是善否，必求有是善乃已；书言不善，必审自己有是不善否，必求无是不善乃已。果能如此，不惟学问进益，且不患不到圣贤地位也"②，并主张"口头说出，笔下写出，不如身上做出，乃是不自欺，乃为实有得"③。

此外，皇子权臣曾极力邀约李塨，希望能够凭借重金将其招致麾下。但是李塨一直保守着圣贤应有的风骨，屡次婉拒，而以一个幕僚的身份协助地方官员治理桐乡政务，以实现其习行致用的思想理念。在李塨前往桐乡佐政之前，颜元曾经赠言，希望李塨能够"矫世儒所以卫圣道"④。正是因为颜李学派的代表人物以自身的榜样力量影响了世人，做到了先正己后教人，其习行实践才能够在道德教化的原则和内容上完整地体现实践精神，展示了清初实学思潮的精髓。

其次，从道德教化的原则来说，颜李学派的"习行"方式是为了适应社会现状，符合国家利益，顺应了历史发展的客观要求。颜元认为："孔、孟以前，天地所生以主此气机者，率皆实文、实行、实体、实用，卒为天地造实绩，而民以安，物以阜。"⑤ 然而，"自汉、晋泛滥于章句，不知章

---

① ② （清）颜元著，王星贤、张芥尘、郭征点校：《颜元集》，623 页。

③ 同上书，624 页。

④ 同上书，668 页。

⑤ 同上书，47 页。

句所以传圣贤之道而非圣贤之道也；竞尚乎清谈，不知清谈所以阐圣贤之学而非圣贤之学也。因之虚浮日盛，而尧、舜三事、六府之道，周公、孔子六德、六行、六艺之学，所以实位天地，实育万物者，几不见于乾坤中矣"①。颜李学派提出，这个时候圣贤之学已经被清谈的学习方式所湮灭，实践习行的方式已经不复存在了。正是由于这种道德教化原则的偏离，才造成明末清初人才匮乏，以至于国力积弱。因此，颜李学派一再强调要"申明尧、舜、周、孔三事、六府、六德、六行、六艺之道，大旨明道不在《诗》、《书》章句，学不在颖悟诵读，而期如孔门博文、约礼，身实学之，身实习之，终身不懈者"②。

　　他们之所以如此强调尧、舜、周、孔时代的"三事"、"三物"、"六府"，是因为"三事、六府，尧、舜之道也；六德、六行、六艺，周、孔之学也。古者师以是教，弟子以是学；居以养德，出以辅政，朝廷以取士，百官以举职"③。这里，他们所谓的"养德"即强调了个体之道德修养的实际行为，而"辅政"则进一步体现了道德教化的实践性特征。所以，颜元提出道德教化需要在实践行为上下功夫，认为"开聪明，长才见，固资读书；若化质养性，必在行上得之。不然，虽读书万卷，所知似几于贤圣，其性情气量仍毫无异于乡人也"④。

　　最后，从道德教化的内容上说，"习行"理论强调实用精神，以"六艺"为主，以批驳程朱理学主静顿悟的观点为立场。颜李学派认为程朱理学的道德教化方式，"洞照万象，昔人形容其妙曰'镜花水月'，宋、明儒者所谓悟道，亦大率类此"⑤。但是，颜元通过亲身尝试，认为这一方法不可取，他说道："予戊申前，亦尝从宋儒用静坐功，颇尝此味，故身历而知其为妄，不足据也。"⑥ 所以他主张要做有用之功，即"儒者得君为治，不待修学校，兴礼乐，只先去其无用，如帖括诗赋之事，世间才人自做有用功夫"⑦。颜元所说的无用之功，就是读书，而有用之功，就是为学。所以，在道德教化的内容上，颜李学派提出"夫读书，非学也"⑧ 的观点，将自己道德教化的内容同程朱理学相区别。郭金城在撰写《存学

---

① （清）颜元著，王星贤、张芥尘、郭征点校：《颜元集》，47～48 页。
② 同上书，48 页。
③ 同上书，401 页。
④ 同上书，625 页。
⑤⑥　同上书，129 页。
⑦ 同上书，667 页。
⑧ 同上书，37 页。

编》序言的时候记录："今之读书者，止以明虚理、记空言为尚，精神因之而亏耗，岁月因之以消磨，至持身涉世则盲然。曾古圣之学而若此！古人之学，礼、乐、兵、农，可以修身，可以致用，经世济民，皆在于斯，是所谓学也。……此学乃尧、舜、周、孔正传，至后而晦。今倡而明之者，始自习斋颜先生。……以举世之沉溺诵读而不知返，而予得以屏去浮文而不坠迷途，其得力于习斋先生，岂浅鲜哉！"①

进一步，在《颜习斋先生言行录》中，颜李学派整理了关于道德教化的内容，记录道："因悟尧、舜、周、孔之道，在六府、三事、三物、四教。……奋志习行，改其斋曰习斋，著《存性》、《存学》、《存治》、《存人》四编，率门弟子力行孝弟，存忠信，分日习礼、习乐、习射、习书数，迸去浮文，专务实行。"② 这里的"六府"是指金、木、水、火、土、谷，"三事"是指正德、利用、厚生，"三物"是指六行、六艺和六德。其中"六德：知、仁、圣、义、忠、和，六行：孝、友、睦、姻、任、恤，六艺：礼、乐、射、御、书、数"③。这一思想，李塨在其《瘳忘编》中进一步分门别类地阐述："六府三事，此万事亲民之至道也。言水，则凡沟洫、漕挽、治河、防海、水战、藏冰、嵯榷诸事统之矣；言火，则凡焚山、烧荒、火器、大战，与夫禁火、改火诸燮理之法统之矣；言金，则凡冶铸、泉货、修兵、讲武、大司马之法统之矣；言木，则凡冬官所职，虞人所掌，若后世茶榷，抽分统之矣；言土，则凡体国经野，辨五土之性，治九州之宜，井田、封建、山河、城池诸地理之学统之矣；言谷，则凡后稷之所经营，田千秋、赵过之所补救，晁错、刘晏之所谋为，屯田、贵粟、实边、足饷诸农政统之矣。正德，正此金木水火土谷之德；利用，利此金木水火土谷之用；厚生，厚此金木水火土谷之生也。"这一解说，契合了颜元所主张六府虽是三事之目，但其实就是三事本身的观点。

颜李学派的道德教化，最重要的任务就是尽力恢复周孔所倡导的六德、六行、六艺。颜元提出，六艺是道德修行的关键，因此道德教化要以六艺为重，并在《存学编》中表达了此目的。他认为"周、孔似逆知后世有离事物以为道，舍事物以为学者，故德、行、艺总名曰物；明乎六艺固事物之功，即德行亦在事物内"④。所以，他强调"废失六艺，无以习熟

① （清）颜元著，王星贤、张芥尘、郭征点校：《颜元集》，37 页。
② 同上书，619 页。
③ 同上书，730 页。
④ 同上书，753 页。

义理"①。同时，颜元还在《四书正误》中论述了"六艺"同道德的关系，认为只有精通了六艺，才能够踏踏实实地行事，而只有踏实实践，才能够真正提高自身的道德修为。因此，"六艺"当仁不让地成为了颜李学派道德教化的主要内容。然而在清初时期，能够进入私塾书院学习的人并不多，更谈不上精通六艺。所以颜元告诫世人，虽然通学六艺比较困难，但仍然可以专攻其中的某些部分，并深入研究。这样，就算没有著书立说通六艺，也能够成为真正的儒者，泽被苍生。他倡导说："人于六艺，但能究心一二端，深之以讨论，重之以体验，使可见之施行，则如禹终身司空，弃终身教稼，皋终身专刑，契终身专教，而已皆成其圣矣。如仲之专治赋，冉之专足民，公西之专礼乐，而已各成其贤矣。不必更读一书，著一说，斯为儒者之真，而泽及苍生矣。"②

可以看出，颜李学派道德教化的内容，是延续了孔子的观点，并将孔子与程朱对立起来。颜元说道："孔门教人，以礼、乐、兵、农，心意身世，一致加功，是为正学，不当徒讲；讲亦学习道艺，有疑乃讲之，不专讲书。盖读书乃致知中一事，专为之则浮学，静坐则禅学。"③ 这里的"浮学"、"静坐"指的就是程朱理学的教化方法。颜元指出这种"浮学"、"静坐"在当世的毒害，认为"今朱子出，而气质之性参杂于荀、扬，静坐之学出入于佛、老，训诂繁于西汉，标榜溢于东京，礼乐之不明自若也，王道之不举自若也，人材之不兴自若也，佛之日昌而日炽自若也。……若问自周以来圣贤相传之道，则绝传久矣"④。很显然，颜李学派道德教化的内容是对孔子的一种"复古"，也是对程朱理学的更新替代。

然而，颜李学派的复古，实是以复古的名义阐述了时代的特色。说其复古，是因为该学派明确地以尧、舜、周、孔的理念为先导，特别是颜元着力推崇了孔子"六艺"的思想。该学派之所以打出尧、舜、周、孔的旗帜，是因为在明末清初时期，程朱理学作为钦定官学，其地位之高，影响之大，无出其右。因此，颜李学派追根溯源，推出了一个地位更高的权威来证明程朱理学的谬误，力证自身理论的正确性。说其具有时代特色，是因为颜李学派的复古，并非真正意义上的完全回复到尧、舜、周、孔，而是反映了当时资本主义萌芽的经济要求。这种要求，使得颜李学派对当时

① （清）颜元著，王星贤、张芥尘、郭征点校：《颜元集》，98 页。
② 同上书，670 页。
③ 同上书，730 页。
④ 同上书，76 页。

的程朱理学思想进行了更新替代，同时接受了西学中的实用科学，将"经世致用"的思想贯穿于该学派的道德教化内容之中。颜李学派的这一思想切实地反映在颜元的论述中，他提出"师古之意，不必袭古之迹"①，认为"夫'文'不独《诗》、《书》、六艺，凡威仪、辞说、兵、农、水、火、钱、谷、工、虞，可以藻彩吾身，黼黻乾坤者，皆文也"②。其弟子李塨也赞同，《李塨年谱》卷三中记载："吾人行习六艺，必考古准今。礼残乐阙，当考古而准以今者也。射御书有其仿佛，宜准今而稽之古者也。数本于古，而可参以近日西洋诸法者也。"

由此可见，颜李学派的道德教化内容，远远超出了传统理学、经学，特别是程朱理学的范围，逐渐显现出近代科学的端倪，迈向了一个新的层面，是明末清初实学思潮的一个反映。可以说，颜李学派从"经世致用"出发，对尧、舜、周、孔的思想进行了革新性的复古，注入了当时的实学理念，体现了对自然界探索的热情和改革现实的勇敢。这样的远见卓识，是程朱理学所不能企及的，无怪乎颜元在《存治编》中断言："倘仍旧习，将朴钝者终归无用，精力困于纸笔；聪明者逞其才华，《诗》、《书》反资寇粮。无惑乎家读尧、舜、孔、孟之书，而风俗愈坏；代有崇儒重道之名，而真才不出也。"③

为了推广思想，实现圣贤救世的目标，颜元曾亲自主持书院，在实践中推广道德教育的内容。颜元主持的漳南书院，同当时的其他书院大有不同。他注意到当时书院只重视读经书、习八股文，感叹道："学校之废久矣！……古之小学教以洒扫应对进退之节，大学教以格致诚正之功，修齐治平之务，民舍是无以学，师舍是无以教，君相舍是无以治也。"④他在漳南书院做了改革，在书院分设文事斋、武备斋、经史斋、艺能斋、理学斋以及帖括斋等六斋，授课内容涵盖天文地理、军事理工、六艺以及理学等方面。这是以往的传统书院所不具备的，在《习斋记余》中有详细的记录：

　　　　今元与吾子力抵狂澜，宁粗而实，勿妄而虚。请建正庭四楹，曰"习讲堂"。东第一斋西向，榜曰"文事"，课礼、乐、书、数、天文、

---

① （清）颜元著，王星贤、张芥尘、郭征点校：《颜元集》，111 页。
② 同上书，190 页。
③④　同上书，109 页。

地理等科。西第一斋东向，榜曰"武备"，课黄帝、太公以及孙、吴
五子兵法，并攻守、营阵、陆水诸战法，射御、技击等科。东第二斋
西向，曰"经史"，课《十三经》、历代史、诰制、奏章、诗文等科。
西第二斋东向，曰"艺能"，课水学、火学、工学、象数等科。其南
相距三五丈为院门，悬许公漳南书院匾，不轻改旧称也。门内直东曰
"理学斋"，课静坐、编著、程、朱、陆、王之学；直西曰"帖括斋"，
课八股举业，皆北向。以上六斋，斋有长，科有领，而统贯以智、
仁、圣、义、忠、和之德，孝、友、睦、姻、任、恤之行。①

可以看出，漳南书院文武并重，学科博杂，但所教授皆为实用之学。梁启
超在《颜李学派与现代教育思潮》中称赞颜元的新突破，认为"中国二千
年来，提倡体育教育，除颜习斋外，只怕没有第二个人"。该学派的书院
教育同程朱理学的教化主张有天壤之别，包含了众多门类的知识，冲破了
长期以来封建教化的桎梏，无愧于中国近代教育的先声，其书院的设立方
式也成为近代教育的雏形。

颜李学派的道德教化，是其"习行"的伦理思想在社会实践领域的体
现，饱含其培养理想人才、经世致用的苦心。然而，道德规范要真正落实
于维护国家利益，必须从道德的他律转向自律，需要将道德教化和道德修
养结合起来。

三、"习行"之个人实践：道德修养

颜李学派的"习行"理念，落实在个人实践环节，就是个人的道德修
养行为。这包含了深刻的实践意义，是个体自我改造的过程。一般而言，
道德修养可以指道德修行的行为本身，也可以指道德修行所能够达到的境
界，本书在此主要论述道德修行的行为本身。

颜李学派的道德修养所追求的理想人格，就是直面现实并保有理想，
德识兼备并专注实践。从"习行"的理论上看，为达到这个目标，颜李学
派认为个人首先应该辨清知行关系。在道德修养的过程中，道德认识是最
为关键和基础的因素。因此，从理论上颜李学派发展更新了知行关系的内
容。颜李学派提倡将实践作为道德认知的来源，以"习行"作为认知的方
式。他们批判了宋明理学缺乏实践、空疏玄谈的弊病，提出了道德认识上

---

① （清）颜元著，王星贤、张芥尘、郭征点校：《颜元集》，412 页。

的知行问题，接着赋予"习行"这一道德修养方式两个方面的内涵——检验和改造，为个体道德修养提供了新理论。从"习行"的具体行为上看，颜李学派具有两个非常有争议的特点，即少读书和记日谱。

先从"习行"的理论上看，颜李学派的道德修养思想重申了知行的关系，力主"体用兼备"、"知行并全"。也就是说，"知"是"体"，"行"是"用"，但是体用不可分离，知行不可分殊。所以颜元在《朱子语类评》中提出，天下从来就没有无体之用，也没有无用之体。因为"盖无用之体，不惟无真用，并非真体也"①。这一思想的阐述仍然从驳斥程朱理学开始，他认为程朱理学之所以培养了无用的人才，就是因为其道德知行观的错误，"若以孔门相较，朱子知行竟判为两途，知似过，行似不及，其实行不及，知亦不及"②。所以，颜李学派提倡"习行"，强调要将知识与实际相联系，在实际中学习知识，在实际中运用知识，这体现了颜李学派"经世致用"思想中的"致用"精神。

"习行"思想中包含了实践与认识的来源和认识的作用之间的关系。关于习行实践与认识来源的关系，颜李学派强调两点：第一，勇于实践。第二，指导实践。

在勇于实践的问题上，颜李学派指出这正是程朱理学的弊端所在：程朱理学无论从认识对象还是认识方法上都远离实践，都以沾惹实际事务为恶。所以颜元举例说："思宋人但见料理边疆，便指为多事；见理财，便指为聚敛；见心计材武，便憎恶斥为小人。"③ 程朱理学对实际事物避而不谈，谈利色变的态度，造成"学者终日袖手诵读，临事一切懵懵"④ 的结果。故而颜李学派认为千百年来，世人都将精力投入到故纸堆中，耗尽了身心和气力，最终变成了无用之人。所以，他们鼓励读书人要戒除这种"萎惰"的状态，做到用所学知识来"正心"、"修身"、"齐家"、"治平"。颜元就主张："学者须振萎惰，破因循，每日有过可改，有善可迁，即成汤'日新'之学也。迁心之善，改心之过，谓之'正心'；改身之过，迁身之善，谓之'修身'；改家之过，迁家之善，谓之'齐家'；改国与天下之过，迁国与天下之善，谓之'治平'。学者但不见今日有过可改，有善可迁，便是昏惰了一日；人君但不见天下今日有过可改，有善可迁，便是

---

① （清）颜元著，王星贤、张芥尘、郭征点校：《颜元集》，70 页。
② 同上书，86 页。
③ 同上书，781 页。
④ 同上书，632 页。

苟且了一日。"①

　　在指导实践的问题上，颜李学派提出"理在事中"，认为必须结合具体事物，才能使知识得以运用。他们"反对离开具体事物，空谈道理，而主张见理于事，寓知于行"②。因此，在教导门人子弟时，颜元要求他们："天下事尚可为，汝等当积学待用。"③ "待用"二字，便明确地表现出颜元学以致用的实践思想。颜元认为，如果不能做到有用，甚至是"待用"，那么便算不得是个真正的儒者，更遑论能够修养身心。所以他发出感慨，认为读书人不务实事，便不是真儒："读尽天下书而不习行六府、六艺，文人也，非儒也，尚不如行一节、精一艺者之为儒也。"④ 因此，在涉及儒者的个人修养时，他辨析了德之真假以及儒之真假，认为："世宁无德，不可有假德。无德犹可望人之有德，有假德则世不复有德矣，此孔、孟所以恶乡原也。世宁无儒，不可有伪儒。无儒犹可望世之有儒，有伪儒则世不复有儒矣，此君子所以恶夫文人、书生也。"⑤

　　此外，颜元也指出程朱理学在知行观上，"知"的范围过于狭窄。导致所培养的读书人虽然学到了某些知识，但是仅将这些知识用作获取功名富贵的工具，不仅不能够在实际中运用知识，反而本人会受到佛、道的迷惑，成为面儒心佛之人。所以，他针对这类人提出："以天地粹气所钟，宜学为公卿百执事，以勤民生，以佐王治，以辅扶天地，不宜退而寂灭，以负天地笃生之心"⑥。他还强调，做个聪明人，仅靠获取知识还不够，更应该使用知识，即"聪明不足贵，只用工夫人可敬；善言不足凭，只能办事人可用"⑦。总而言之，颜李学派认为获得知识，是为解决问题；如果学而不用，则如同虚设。因此他们提倡学习有用的知识以修炼理想人格，同时也重视知识在实践中的运用。

　　在道明了知行之间的辩证关系之后，颜李学派赋予了"习行"方式以具体的内涵，即"习行"不但具有检验的功效，还具有改造的意义。

　　一方面，"习行"在实际生活中具有检验的功效。以下列举颜元的两段文字来说明这个问题。

---

① （清）颜元著，王星贤、张芥尘、郭征点校：《颜元集》，669页。
② 姜广辉：《颜李学派》，72页。
③ （清）颜元著，王星贤、张芥尘、郭征点校：《颜元集》，794页。
④ 同上书，50页。
⑤ 同上书，686页。
⑥ 同上书，126页。
⑦ 同上书，665页。

第一段:

　　然但以读经史、订群书为穷理处事以求道之功，则相隔千里；以读经史、订群书为即穷理处事，曰道在是焉，则相隔万里矣。兹李氏以先生解书得圣人之本旨，遂谓示斯道之标的，以先生使学者读书有序，遂谓将无理不可精，无事不可处。噫！宋、元来效先生之汇别区分，妙得圣人之本旨者，不已十余人乎？遵先生读书之序，先《大学》，次《语》、《孟》，次《中庸》，次穷诸经，订群史以及百氏，不已家家吾伊，户户讲究乎？而果无理不可精，无事不可处否也？譬之学琴然：诗书犹琴谱也。烂熟琴谱，讲解分明，可谓学琴乎？故曰以讲读为求道之功，相隔千里也。更有一妄人指琴谱曰，是即琴也，辨音律，协声韵，理性情，通神明，此物此事也。谱果琴乎？故曰以书为道，相隔万里也。千里万里，何言之远也！亦譬之学琴然：歌得其调，抚娴其指，弦求中音，徽求中节，声求协律，是谓之学琴矣，未为习琴也。手随心，音随手，清浊、疾徐有常规，鼓有常功，奏有常乐，是之谓习琴矣，未为能琴也。弦器可手制也，音律可耳审也，诗歌惟其所欲也，心与手忘，手与弦忘，私欲不作于心，太和常在于室，感应阴阳，化物达天，于是乎命之曰能琴。今手不弹，心不会，但以讲读琴谱为学琴，是渡河而望江也，故曰千里也。今目不睹，耳不闻，但以谱为琴，是指蓟北而谈云南也，故曰万里也。①

第二段:

　　辟之于医，《黄帝·素问》、《金匮》、《玉函》，所以明医理也，而疗疾救世，则必诊脉、制药、针灸、摩砭为之力也。今有妄人者，止务览医书千百卷，熟读详说，以为予国手矣，视诊脉、制药、针灸、摩砭以为术家之粗，不足学也。书日博，识日精，一人倡之，举世效之，岐、黄盈天下，而天下之人病相枕、死相接也，可谓明医乎？愚以为从事方脉、药饵、针灸、摩砭，疗疾救世者，所以为医也，读书取以明此也。若读尽医书而鄙视方脉、药饵、针灸、摩砭，妄人也，不惟非岐、黄，并非医也，尚不如习一科、验一方者之为医也。读尽

———————————

① （清）颜元著，王星贤、张芥尘、郭征点校：《颜元集》，78~79 页。

天下书而不习行六府、六艺，文人也，非儒也，尚不如行一节、精一艺者之为儒也。①

这两段文字反映出，颜元认为"读经史、订群书"同"穷理处事以求道"有着巨大的差异。他认为，在心里思考过，在嘴上说过，在书上学过都不够，到了面临实际事情时，仍然需要实践才能够检验是否获取了真正的"道"。因此，颜元认为通过读经史来认识事物、学习处理关系的方法是不行的，因为书上的经验和实际处事方法相去甚远。只有实际处理事务，才能通过实践检验而学到正确的处事方法。颜元还通过学琴的比喻来说明这个道理，认为书中的知识犹如琴谱一样，即使将琴谱读得烂熟，也不能说是会弹琴了。如果不用手亲自弹，仅仅以熟读琴谱作为学会弹琴的标准，显然是荒谬的。在第二段中，颜元以中医为例，认为即使熟读了中医有关方脉、药饵、针灸、摩砭等方面的书籍，但只是止于阅览千百卷书，却没有在实践中救治过病人，检验过医书中的医理，则不算是真正掌握了行医之道。这也如同读书人，就算读尽了天下书，却没有躬行六府、六艺，则仍旧只是读书，而非治学，更无法达到圣人致用的境界。

根据上述理由，颜李学派认为，程朱理学以为读圣贤之书就可以成圣贤，这就如同以为熟读琴谱就会弹琴、熟读医书就会诊病一样，都是错误的。因此，颜元发出"以书为道，相隔万里"的感叹，提倡在实际生活中检验知识。而这个检验的过程，就是务实事，就是"习行"。这种观点实际上说明了只有在实践中才能进一步验证书本上的知识。毛泽东对于颜李学派的这个理论也甚为赞同，其"社会实践是检验真理的唯一标准"的著名论断也可以在颜李学派的"习行"观中找到渊源。

另一方面，"习行"还具有改造的意义。颜李学派提倡"习行"的修养方式，具有很强的实践性，与其倡导的"经世致用"思想相一致。他们希望通过亲自实践来改变社会现状，对国家有所裨益。

颜李学派认为，博学的人应六艺、经书、兵法、农业、水火、工虞、天文、地理等方面无所不学，无所不通。明末清初国力积弱，最重要的原因就是读书人渐渐偏离了孔子重习行的圣人之学。为了消除程朱理学的贻害和负面影响，就必须复兴圣人之学，通过"习行"成为具有真才实学的

---

① （清）颜元著，王星贤、张芥尘、郭征点校：《颜元集》，50页。

圣贤。所以颜元提出"明道不在《诗》、《书》章句，学不在颖悟诵读"①。进一步，他提出"格物"的要求，认为个人的道德修养不能悬空在虚名之上，而应该在具体事物上修行，即在实际生活中习行、变革现状以达到修养身心的目的。所以他说道："德行亦在事物上修德制行，悬空当不得他，名目混不得。《大学》'三纲领'、'八条目'何等大？何等繁？而总归下手处，乃曰'在格物'。谓之'物'，则空寂光莹固混不得，即书本、经文亦当不得；谓之'格'，则必犯手搏弄，不惟静、敬、顿悟等混不得，即读、作、讲解都当不得。"② 最后颜元总结说道："心上思过，口上讲过，书上见过，都不得力，临事时依旧是所习者出，正此意也。"③

总而言之，在个人实践环节，"习行"以修身养性、志平天下为目的。这一目的的实现，有赖于个体反复地习行实践，因为"习三两次，终不与我为一，总不如时习方能有得。'习与性成'，方是'乾乾不息'"④。

从"习行"的具体行为上讲，颜李学派不仅提倡世人在实践中修身养性，还提出了少读书和记日谱的观点。

与中国传统伦理思想史上的其他学派相比，颜李学派有个与众不同的地方，即提倡少读书。当然，很多后学对这个提法有些误解，认为颜李学派只会干事，不愿读书。事实上，应该从两个方面来理解颜李学派的这个主张。

其一，从其立场上看，颜李学派提出少读书，是为了反对程朱理学"半日静坐、半日读书"的修身方式。对此，颜元批判程朱理学道："静坐，禅宗也，训诂语录，空言也。"⑤ 因此，即使"心上思过，口上讲过，书上见过，都不得力"⑥。颜李学派所谓的少读书，实际上是希望能够祛除程朱理学主静而带来的毫无生机的状态。他们的观点同程朱理学对立，颜元认为由于读书人精力有限，如果"诵说中度一日，便习行中错一日"⑦，因此他反对读书，认为读得越多，实事干得少了，疑惑也就越多。颜元甚至也反对著述，他自己的著述就非常少。同样，李塨也批驳过"主静"的方式，并在《论宋人白昼静坐之非经》中提出宋明理学这种"主

---

① （清）颜元著，王星贤、张芥尘、郭征点校：《颜元集》，48 页。
② 同上书，652 页。
③ 同上书，54 页。
④ 同上书，668 页。
⑤ 同上书，619 页。
⑥ 同上书，54 页。
⑦ 同上书，42 页。

静"的修养方式，实际上是受染于佛、道，必将形成"中于心则害心，中于身则害身，中于家国则害家国"①的恶果。所以李塨将明亡的责任部分地归咎于程朱理学，认为程朱理学花费在笔墨上的精力太多，而花费在经济实事上的精力太少。但是李塨并没有同颜元那般绝对地反对著述，相较而言，李塨的著述要丰富许多。

其二，从读书的内容来看，颜李学派反对读书，并不是反对治学。所谓的读书，就是诵读记忆八股取士所考的书目，而治学则是运用所学知识达到经世致用的目的，所学的知识范围，也必然不限于八股取士所考的内容。

一方面，颜李学派批判了八股取士的方式，认为诵读经书绝不是真知灼见的来源，这样即使学到知识，也于国于己没有丝毫的实际作用，不过是文人附庸风雅的手段而已，在乱世还会给国家带来祸害。因此，颜元断言说："书，取以考究乎此而已，专以诵读为务者，非学也，且以害学。"②由此，该学派认为要达到"经世致用"的目的，培养理想人格，必须要通过实践的方式加以修炼，否则就会导致读书人越来越多，而能做实事的读书人越来越少。这种观点，体现了实践的可贵，说明了只有"行"才能获得"知"的道理。因此，颜元提出："开聪明，长才见，固资读书；若化质养性，必在行上得之。不然，虽读书万卷，所知似几于贤圣，其性情气量仍毫无异于乡人也。"③

另一方面，颜李学派认为读书是纸上谈兵，若不"习行"，即使学到了少量知识，也无法真正在实践中施展才华。颜元的弟子钟錂在整理颜元著述的时候也曾说："斋以习名者何？药世也。药世者何？世儒口头见道，笔头见道，颜子矫枉救失，遵《论语》开章之义，尚习行也。"④可见，颜李学派反对在口头和笔头上谈论治国之道，认为只有"习行"才是真正可行的做法。他们反对程朱理学从书本中寻找治国之道的做法，认为"若只在书本上觅义理，虽亦羁縻此心，不思别事，但放却书本，即无理会。若直静坐，劲使此心熟于义理，又是甚难，况亦依旧无用也"⑤。他们还以孔子之道为例，对程朱理学的"读、讲、著述"方式加以批驳："孔子

---

① （清）颜元著，王星贤、张芥尘、郭征点校：《颜元集》，766 页。
② 同上书，37 页。
③ 同上书，625 页。
④ 同上书，393 页。
⑤ 同上书，98 页。

之道，如宗庙、朝廷，宫殿巍峨，百庑千廊，礼容、乐器，官寮政绩，荡荡济济，贤其座庑，三千人其各得闲舍也，最下亦垣门、沼榭、花柳之属。故吾尝云得其徒众之末，亦师事之，为其实也。后儒之学，则如心中结一宗庙朝廷景况，纸上绘一宗庙、朝廷，图画方寸操存，尽足自娱；读、讲、著述，尽足快口舌，悦耳目；故每自状如镜花、水月，惜无实也。"① 可以说，在历经了长期魏晋时期空谈玄理，宋明时期静修心性的过程后，颜李学派无疑在道德认识方面倡导了具有鼎新意义的实践观点。

虽然颜李学派反对纸上功夫，但是该学派还有一个特色，就是记日谱。也就是将自己每日的行为记录下来，并借此反省修身。颜元曾经指导李塨记录日谱："评塨日谱，戒以用实功，惜精力，勿为文字耗损。"② 颜元要求李塨不要在文字上耗费精力，要多做实功，这是对程朱理学只专注于文字功夫的批判。当然，记录日谱也体现了颜李学派道德修养的"习行"特色。

颜李学派的个体道德修养方式以"经世致用"为目的，针对程朱理学的困境对症下药，具有实践性和改革性，适应了当时社会培养理想人才的需要。

第三节　"习行"之意义

颜李学派提出的"习行"概念，不仅在当时顺应了社会思潮的发展，为世人所称颂，而且在 20 世纪初得到了国外学术界的认可。美国学者曼斯菲尔德·弗里曼对颜李学派的"习行"思想评价颇为中肯，认为："习斋对于当时儒家学者的批评是正确的，习斋强调行动和劳作是纠正明代学者将其主要精力集中于诵读、撰著和论辩的一剂良药。毫无疑问，他具有了现代科学精神的一些特质。他认识到了试验的价值，看到了尚未经实践加以检验过的理论的危险。像实用主义者一样，在现实世界中，他力求将结果作为验证行动的最终依据。他关于'实践'的学说把中国思想引入了科学时代。"③

---

① （清）颜元著，王星贤、张芥尘、郭征点校：《颜元集》，665 页。
② 同上书，787 页。
③ ［美］曼斯菲尔德·弗里曼：《颜习斋：17 世纪的哲学家》，载《河北师范大学学报》（教育科学版），2009 (7)。

弗里曼的评语站在实用主义的立场上,赞扬了颜李学派"习行"理念中的实践精神。这正是颜元批评的"当时儒家学者"所缺乏的态度,这些"当时儒家学者"就是笃信程朱理学之人。颜李学派阐述"习行"思想的过程,伴随着对程朱理学弊端的批判。颜元曾犀利地指出,程朱理学无力培养合格的人才。李塨也赞同这一看法,他在《平书订》之《分土第二》中记录读书人虽然"万卷经史,满腹文词,不能发一策,弯一矢,甘心败北,肝脑涂地,而宗社墟生民燔"。所以颜元提出用"习行"之实来替代"主静"之虚。同时,颜李学派具有实践性的"习行"理论在现实教育中发挥了积极作用,漳南书院的育人形式、内容和理念也为现代教育提供了历史参考。可以说,颜李学派的"习行"思想在理论上具有突破性,突破了程朱理学主静的藩篱,避免了人才与国家之间割裂的状态,使道德修养同国家利益相结合,具有先难后获、先事后得的实践精神,以及黜玄崇实、由悟转修的理论贡献。

一、先事后得的实践精神

道德作为一种特殊的社会意识,不仅规范个人的行为,更是人类把握世界、完善自我的依据。究其本质,是一种实践精神。颜李学派的道德修养方式以"习行"著称,其先事后得的实践精神体现了道德的实践本质,在当时的中国思想界颇具影响力。

首先,从个人层面而言,颜李学派的"习行"方式,扩充了人才所需学习的具体内容。在培养理想人格的过程中,颜李学派从两个方面,即道德教化和道德修养,促进并提升个人的道德境界。这两个方面,都包含了通过劳动、体育促进德育发展的理念。然而,颜李学派并非单纯借用劳动、体育强身强国,而是看重劳动、体育中身体力行的实践精神,希望能够借助先做事后有得的过程,锻炼个人的心性,提高其道德境界。为此,颜元不辞辛苦亲自主持漳南书院。可以说,颜李学派重视实践的做法可作为我国实行科教兴国战略的重要借鉴,为当前我国教育中的诸多问题,如基础教育过度重视分数,高等教育忽视实践能力等提供了反思依据,指出了一条可行之路。

其次,从国家层面而言,颜李学派的"习行"方式,倡导个人专注于治国平天下的具体实践。颜元曾以中医为例指出即使熟读了有关中医治疗的千百卷医书,但没有在实践中救治过病人,也算不上真正掌握了行医之道。同样,程朱理学所培养的人才,只是个读书人,却谈不上对国家和社会有用，其症结就在于没有将书本知识在实践中进行检验和运用。相对而言，颜李学派的"习行"方式，重视理论与经验的关系，最终达到了"经世致用"的目标。这是一个由经验走向理论的过程，反映了先事后得的实践精神。

所以说，颜李学派的"习行"观，是建立在实践根基上的道德教化及道德修养观。正是由于其坚定的实践理念，才能够彻底反思程朱理学的弊端。因此弗里曼评价道："在过去的七八百年，中国的哲学思想主要处于朱熹学说的影响之下。其间，偶尔会有个别具有自由精神的人物起而挑战，冲破宋代理学的束缚，建立独立的思想学派，但是这些学派的努力大都软弱无力，也很少获得当今学者的关注。但有一个例外，那就是明末清初兴起的颜李学派。"① 颜李学派以其特立独行的批判精神，先事后得的实践精神，冲破了程朱理学的束缚，由此获得后世的关注。

二、由悟转修的理论贡献

颜李学派有志于打破程朱理学主静顿悟的治学修养方式，其理论虽仅于明末清初昙花一现，思想没能得到广泛传播，但其关于理想人格的修养方式，仍然在一定程度上祛除了程朱理学的危害，具有黜玄崇实、由悟转修的理论贡献，体现了唯物主义的精神。

颜李学派基于现实问题而树立起培养经世致用之士的目标，推崇以"习行"的方式培养德才兼备之人，使他们正确锤炼自身的品质。这从两个方面突破了程朱理学虚伪的静心修养之道：一方面，在理想人格的修养目标上，不再专注玄谈顿悟，而是关注实际的道德修为；另一方面，在理想人格的具体培养内容上，突显实学色彩，扩展了程朱理学的学习内容。

一方面，在理想人格的道德修养目标上，颜李学派具有由悟转修的理论贡献，这一贡献最突出地表现为打破了程朱理学的主静顿悟之道。程朱理学将封建剥削阶级的根本利益转化成理想人格的精神目标，从而为封建统治阶级培养人才；而封建统治阶级将程朱理学之"存天理、灭人欲"的道德要求上升为道德标准，最终掩盖其非人性的本质。这种政统与道统的联盟，使得程朱理学的官学地位持续时间长久，又因其强调"心性之外无

---

① ［美］曼斯菲尔德·弗里曼：《颜习斋：17 世纪的哲学家》，载《河北师范大学学报》（教育科学版），2009（7）。

余说，静敬之外无余功"①，导致明清之际出现了一批崇尚空谈、因循守旧、无才无德的腐儒，思想界呈现出一股静谧颓废的气息。颜李学派与程朱理学截然相反，将理想人格从与世隔绝的真空放置到现实生活中。他们一改程朱理学泯灭人性的做法，从实践中肯定了人性的需求。这种以真实人性需求为基石的理想人格，更关注基本民生，关注社会的发展与国家的命运。"习行"的道德教化与修养之道，强调的是个人发挥能动性的修为行动，而非静坐下来进行顿悟的脑力活动，从这个意义上说，颜李学派的"习行"思想具有一定的突破性。

　　然而，这并不意味着颜李学派的"习行"方式能够得以迅速传扬。虽然颜李学派破除了程朱理学革尽人欲的做法，但客观而言，其对当时学者和社会的影响有限。在清朝政权稳定不久，程朱理学就再次成为官学。因为同程朱理学对立，颜李学派的习行观未能得到广泛认可，其作用受到了历史时代的限制。即便如此，颜李学派强调的理想人格仍是那个时代最为进步和高尚的人格。颜李学派不但关注实际的生活，摒除了空谈心性、静坐顿悟的弊端，能够在一定程度上推动封建经济和资本主义萌芽的发展，更重要的是启发世人意识到个人修养与社会进步和国家实力之间的关系，作用无法抹杀。

　　另一方面，在理想人格的具体培养内容上，颜李学派具有由悟转修的理论贡献。为了实现培养经世致用人才的目标，较之程朱理学，颜李学派在具体的人格修养内容上有着极大的超越。程朱理学主张静心冥想，以四书五经为主要学习内容，所培养的人才没有生气。加之当时朝廷采用科举的方式来选拔人才，更加巩固了程朱理学的权威地位。在程朱理学的影响下，人才无法在国家危难之际有所作为。与其对立，颜李学派的思想则充满着一股实用的气息，其道德修养的精神实质是培养经世致用的通才与专才。在学习修养的具体内容上，主张以"实"为宗旨来创造"民以安，物以阜"② 的理想社会，这种精神在人才培养的实践中尤为突出。

　　颜李学派的创始人颜元曾主持漳南书院，其书院的学科设置实现了文武并重，授课内容也涵盖了天文地理、军事理工、六艺以及理学等方面，讲授的皆是能够振兴国力的实用之学。所以，颜李学派的习行观始终强调要"申明尧、舜、周、孔三事、六府、六德、六行、六艺之道，大旨明道

---

① （清）颜元著，王星贤、张芥尘、郭征点校：《颜元集》，731 页。
② 同上书，47 页。

不在《诗》、《书》章句，学不在颖悟诵读，而期如孔门博文、约礼、身实学之，身实习之，终身不懈者"①。该学派在漳南书院所倡导的这些学习修养内容，突破了程朱理学长期以来的桎梏，成为中国近代教育的先声。

　　当然，也并不能因此就认定颜李学派的"习行"理论完备无缺。受其所处历史背景和自身条件的局限，颜李学派的"习行"观也具有一些缺陷。首先，颜李学派出于对程朱理学静坐顿悟方式的批判，对宋明理学持全盘否定的态度，产生了过犹不及的结果。不可否认，程朱理学思想中也有值得学习和借鉴的内容，对其彻底否定并非明智的做法。李塨虽然意识到了这一点，但就整个颜李学派而言，对"习行"的强调导致几乎忽视了书本知识的重要性，未能充分理解实践与间接经验间的辩证关系。其次，颜李学派在具体教育内容的设定上没有充分考虑当时的客观历史条件，一味强调回复"三事、六府、六德、六行、六艺"的做法显然有过于理想主义的成分，而且其教育方式过于严苛，不但难以得到广大群众的认可，也违背了教育的客观规律，在具体教育效果上与经世致用的本意有较大的差距。所以弗里曼最后评价认为，当涉及具体的实践内容时，颜李学派又变成了保守的儒家传统文化的传承者。对此，我们应当以一种客观的眼光评判颜李学派的"习行"观，不但要从中汲取有益的"养分"，也要对其历史局限性和观点、做法上的一些缺陷有清醒的认识。在现实的社会建设中，在强调实践重要性的同时，也要重视对书本中间接经验知识的学习，正确处理知与行的关系，这才是我们从事颜李学派伦理思想研究的目的所在。

---

　　①　（清）颜元著，王星贤、张芥尘、郭征点校：《颜元集》，48 页。

第五章　经世致用——颜李学派伦理思想的旨归

　　梁启超曾以"经世致用"四字总结和评价明清之际的学术思想。经世致用就是指学问不仅是学术之事，还必须有益于国事。所谓"经世"就是要求人才能够协助治理国家与社会，而"致用"则强调应为帝王与国家所用，包含着治理当世实务、积极关注世事的理念。明清之际，思想家王夫之、黄宗羲、顾炎武等人提出经世致用的观点，他们认为学习、征引古人文章和行事，应以治世、救世为急务，反对理学家不切实际的空虚之学。在这股潮流中，颜李学派以恢复孔孟之道，匡复国力为己任，以经世、生民为现实关怀，并在政治经济和文化政策上提出了具体的措施，具有独特的历史地位。梁启超曾盛赞颜李学派思想在政治、经济和文化政策上具有突出的实学、实用特色，是明清之际经世致用思想的突出代表。

第一节　经世致用思想的历史回顾与明清之际的现状

　　经世致用的思想在我国古代历史上源远流长，自秦汉以来，思想家们对经世致用的理念就没有停止过研究，其丰富的历史遗产为颜李学派的经世致用思想提供了肥沃的思想土壤。

一、历史回顾

　　"经世"一词最早见于《庄子·齐物论》中："春秋经世，先王之志。圣人论而不辩。"《辞源》中对"经世"的解释为：治理世事，用于表示关注和经营当世之务。"致用"的意思为尽其所用。传统儒学本身就是一种"入世哲学"，儒家经世致用思想的历史至少可以追溯到孔子。孔子不遗余力地宣传他的思想，就是要通过读书人的经世致用，改变社会动乱、礼崩乐坏的局面，恢复他理想中的社会秩序。由此可见，儒家思想在产生之时具有强烈的经世传统。

　　需要注意的是，中国古代知识分子的角色始终是与官员的角色联系在一起的，士大夫通常具有知识分子和官员的双重身份。这种双重身份让他们既承担着承继与发扬学术的任务，又有着利用所学知识治理国家的职责，这种双重任务是中国儒家经世致用思想产生的必然。对中国的知识分子而言，知识体系大致可以分为两类：关乎伦理纲常的修养心性之学和关注实际事务的致用知识。当知识分子关注前者时，就会加强心性修养，关注精神世界；当知识分子关注后者时，就会加强国家实力，关注国计民生。

　　至宋代，程朱理学大兴。尽管朱熹提出"存天理、灭人欲"的社会伦理准则，带有一定的改变世风、挽救国家的诉求，然而，后世的理学家却把"修身"置于最重要的位置。修身养性的"内圣"与治国平天下的"外王"并论，形成事实上的对立，从而走上"穷理"之路，僵化了"理"的思想，失去了对现实的指导意义。因而，自明中叶以后，理学就走到了末路。随着理学的没落，陆王心学逐渐代替了程朱理学。然而，心学的后人也逐渐抛弃了"经世"的精神，只致力于"心学"本身，无法解决现实社会问题，不久，"心学"即走向衰败。

二、明清之际的现状

　　明清之际，经世之实学再次兴起，其影响力曾一度超过了理学。然而，随着清王朝统治的建立，程朱理学又被统治者拾起，但其关怀世运的一面却已不在，剩下的只是空谈，由此掀起了一场实学与理学彼此攻讦的学理论战。

　　以顾炎武、黄宗羲、王夫之等为代表的实学家提出从典章制度、兵刑钱谷等方面着手解决国家事务。这些都不是理学会涉及的内容，一改理学坐而论道之风，把学习研究的知识范畴扩展到更为广泛的领域，涉及政治、经济、军事、天文、地理、法律、古制等。"明清之际的经世之学作为一种支持现实政治文化的知识体系，非常注重对历代各种制度的研究和探讨，从而摆脱了心学知识从观念形态的原则上构建体系的偏向，为实际的政治运行提供了历史经验和借鉴。"①

----

① 鱼宏亮：《知识与救世：明清之际经世之学研究》，83页，北京，北京大学出版社，2008。

在实践领域方面，针对程朱理学的弊端，在顾炎武、黄宗羲、王夫之、李颙、颜元、李塨、王源等人的推动下，形成了一股关注民生和国家命运的实学思潮。顾炎武《日知录》第七卷《夫子之言性与天道》一文曾说："昔之清谈谈老庄，今之清谈谈孔孟。未得其精而遗其粗，未究其本而先辞其末。不学六经之文，不考百王之典，不综当代之务……股肱惰而万事荒，爪牙亡而四国乱，神州荡震，而宗社丘墟。"在实学的推动下，思想家们开始关注实践研究，范围涉及自然科学和社会科学的方方面面。在政治上，黄宗羲提出了关于学校教育制度的意见，顾炎武则提出了庶民也应参与政治治理的主张；在经济上，颜元、李塨和王源在土地经济问题上颇有建树，他们反对土地兼并，主张均田以解决农民土地问题；在文化上，颜李学派提出废除程朱理学倡导的八股取士，黄宗羲则提出研究与社会问题相契合的具体知识，培养具有实际学问的人才。可以说，明清之际的经世思想主旨是解决社会的政治、经济等实际问题，其涉及范围之广，在中国历史上较为鲜见。

在学理研究方面，明清时期的实学家采用了同理学家不一样的知识体系。颜李学派的李塨在其所撰《恕谷后集》第十三卷《醒莽文集序》中说："明季盱眙冯慕冈著《经世实用编》，即重六艺；清初太仓陆桴亭……讲六艺颇悉……皆与习斋说不谋而合。"他认为经世之学自明朝冯慕冈开始，其知识体系主要以六艺为主体，中经陆桴亭，直到颜李学派倡导"习行"的经世之学，都秉持了崇尚实学的观念。可见，颜李学派不仅是要确立一套符合儒家精神的伦理纲常和规范，还要把自己的经世致用主张寄托在儒家经典之上。因此，颜李学派极其反对坐谈心性、静心读书修身，甚至认为死读书毫无用处。这种理论不仅来自其内心的忧患和爱国之情，同时也来自对程朱理学的清醒认识。颜李学派反思明亡的教训，认为明亡不仅是农民起义和满人入关所造成的，更是由于明王朝内部的积弱。在实学家们看来，明朝积弱同两个因素有着密切的关系：党争与程朱理学。明朝末期，党阀之争异常激烈，"黄宗羲形容这种行为为'上下交战于影响鬼魅之途'，对于真正存在的问题没有任何认识，而斤斤计较于平凡琐事甚至于子虚乌有的把柄"[①]。正是由于整个朝野专注于党争，没有切实关注有关国家命运的实事，导致了明清王朝更迭的悲惨结果。颜李学派鉴于明亡的经验教训，认为理学的流弊是导致明

---

① 鱼宏亮：《知识与救世：明清之际经世之学研究》，150 页。

亡的原因之一，他们对不务实事的理学展开激烈批驳，提出"以实药其空，以动济其静"① 的方法，力求改变理学的玄空静虚。

第二节　经世致用思想的主体内容

颜李学派的经世致用思想，关注了政治、经济和文化三个方面，主要研究实际的制度问题。在这三个方面，该学派提出了井田制、恢复封建、改革学校、改革商税和复古礼制的改革主张。颜李学派在其代表作《存治编》和《平书订》里集中阐述了这些改革举措。

一、经世理念中的政治制度举措

颜李学派关注的首要方面是政治改革。在《存治编》中，颜元分王道、井田、治赋、学校、封建、宫刑、济时、重征举、靖异端等九个部分论述了其经世致用思想。"王道"是整个《存治编》的核心。在此，颜元说道："昔张横渠对神宗曰：'为治不法三代，终苟道也。'然欲法三代，宜何如哉？井田、封建、学校，皆斟酌复之，则无一民一物之不得其所，是之谓王道。不然者不治。"② 这里，颜元说明了制度在治理国家过程中的重要性，认为王道的根本是用适宜的制度确保"民""物"皆得其所，这样最终才能够形成治世。颜元的这一理念建立在他本人经历家国变故的基础上。李塨回忆说："先生自幼而壮，孤苦备尝，只身几无栖泊；而心血屏营，则无一刻不流注民物，每酒阑灯灺，抵掌天下事，辄浩歌泣下。"③颜元始终以匡扶国力为己任，关心国家命运和民生，在他的《四存编》的各部著述中，《存治编》的成书时间最早。这部在其24岁时写成《王道论》，即之后改名的《存治编》，在开篇就提出井田、封建、学校等制度改革的内容。在《存治编》中，其经世致用思想在政治方面的举措体现在以下两个方面：其一是力主恢复封建制度，其二是改革人才选拔制度。

需要说明的是，颜李学派所主张恢复的"封建"制度，是一种国家政

---

① （清）颜元著，王星贤、张芥尘、郭征点校：《颜元集》，125 页。
② 同上书，103 页。
③ 同上书，101 页。

体，专指周朝时期建立的封国建藩的政体制度，而并非指生产关系中的地主阶级占有生产资料的封建生产关系所有制。周朝时期的封建制度，是依据皇室子弟及功臣们的爵位分封疆土的制度。在其封地之内，各个诸侯国保留一定的政治、经济和军事权力，爵位世代相袭，但在政治上臣服于中央政权。春秋之后，周王室衰微，出现了诸侯争霸的局面。秦以后天下统一，出现了中央集权的国家政体，皇帝成为最高权力所有者，诸侯国不复存在，取而代之的是郡县。郡县的官员仅仅是行政上的治理者，不如封地的诸侯那样拥有各类特权。其官职也可以随时改变，世袭制度被废除。

颜李学派认为中央集权具有很多弊端，如疆土无藩蔽，君主个人权力过大等。他们提出"后世人臣不敢建言封建，人主亦乐其自私天下也，又幸郡县易制也，而甘于孤立，使生民社稷交受其祸，乱亡而不悔，可谓愚矣"[①]。所以该学派主张回复周朝的封建制度，提出"非封建不能尽天下人民之治，尽天下人材之用尔"[②]。可以说，提出恢复封建的主张，在当时是言他人所不敢言的举动。但在颜李学派内部，对于如何运用封建制度，有不同的意见和观点。颜元对重建封建制度的推崇力度最大，认为应该完全更改郡县制，全面实行封建制；而李塨的观点则更温和一些，主张不完全消除郡县制。

颜元力主全面实行封建制，他总结了先秦时期的状况，认为封建制度能够在最大程度上保护国家的政治主权。他两次举证说："如六国之势，识者尝言韩、魏、赵为燕、齐、楚之藩蔽，嬴氏蚕食，楚、齐、燕绝不之救，是自坏其藩蔽也。侯国且如此，以天下共主，可无藩蔽耶！层层厚护，宁不更佳耶！"[③]，并且又比喻说道："如农家度日，其大乡多邻而我处其中之为安乎，抑吞邻灭比而孤栖一蓑之为安乎？"[④] 虽然颜元主张借助封建制度形成有诸侯藩蔽的政治地理格局，但他也考虑到这一制度可能存在的问题，如："非故惜茅土也，诚以小则不足藩维，大则适养跋扈，封建之难也。"[⑤] 也就是说他亦认识到这一主张虽然在理论上可行，但在实际执行过程中仍会遭遇困难。他分析了封建制度的利弊："凡诸大义皆不遑恤，而君不主，臣不赞，绝意封建者，不过见夏、商之亡于诸侯与汉七国、唐藩镇之祸而忌言之耳。殊不知三代以封建而亡，正以封建而久；汉、唐受分封藩镇之害，亦获分封藩镇之利。使非封建，三代亦乌能享国至二千岁耶！夏以有仍再造，商有西伯率叛服殷，周则桓、文主盟尊王，

---

①②③④⑤　（清）颜元著，王星贤、张芥尘、郭征点校：《颜元集》，111 页。

周、召共和不乱。四百也，六百也，八百也，递渐益长，是皆服卫叠叠，星环棋布，隐摄海外之觊觎，秘镇朝阙之奸回，有以辅引王家天祚也；以视后日之一败涂地，历数日短者，封建亦何负人国哉！"① 颜元认为封建制度虽会给国家造成一定的纷乱局面，如夏、商、汉、唐等朝代，但这毕竟只是少数时期，而且汉、唐时期，封建制度也保护了国家安全。从总体来看，自夏朝以来，因为有了封建制度的庇护，朝代的存续时间在递增，封建制度逐渐日趋完善，优势渐渐显露。这也是他较之李塨而更加坚决主张回复封建的原因。

在论及封建制度的优缺点时，颜元提出封建的弊病在于拥兵镇主，认为只要君主注意加以限制即可祛除封建的唯一弊端。因此，颜元论述道："侯庶不世爵禄，视其臣而以亲为差；侯臣不世邑采，取公田而以位计数；伯师不私出，列侯不私会。"②他认为在这样的状态下实行封建制度，就可以达到"尽天下人民之治，尽天下人材之用"③ 的经世致用的目的。此外，他还提议可以用礼乐纲纪等方法加以约束，即"礼乐教化自能潜消反侧，纲纪名分皆可预杜骄奢，而又经理周密。师古之意，不必袭古之迹"④。他接着说道具体的做法："使十侯而一伯。侯五十里，一卿，二大夫，三士；卿，天子命之。伯百里，一卿，三大夫，六士；卿与上大夫亦天子命之。侯畜马二十五，甲士与称；伯畜马五十，甲士亦称，有命乃起田卒焉；边侯、伯，士马皆倍其畜，有事乃起田卒焉。……如此者，有事则一伯所掌二十万之师，足以藩维，无事而所畜士马不足并犯。封建亦何患之有？况三代建侯之善，必有博古君子能传之者，用时又必有达务王佐能因而润泽者，岂余之寡陋所能悉哉！"⑤

颜李学派的封建理论，带有非常浓厚的复古主义色彩，体现了一种"君轻民贵"的传统儒家思想。就当时的社会状况而言，他们看到了人民阶层的现实疾苦，看到了天下命运系于皇帝一人的弊端，能够切身体会极端专制体制下的问题之所在，可谓具有一定的积极作用。然而要注意的是，该学派的这个观点，虽然建立在反对明末时期的混乱暴政之上，但是其封建主张却有着乌托邦的意味，缺乏对历史规律的自觉。虽然中央集权制度的确有一些弊端，但一种制度的产生必有与其相适应的历史背景。颜元过分夸大了中央政府集权的弊病，片面评价了郡县制的优劣。

---

① （清）颜元著，王星贤、张芥尘、郭征点校：《颜元集》，112 页。
②③④⑤ 同上书，111 页。

在这个问题上，李塨有着不尽相同的观点。他在编纂颜元所著的《存治编》时，撰写书后，提出七点问题质疑"封建"制度，认为不可因郡县之旧而立封建，否则会引起世事纷扰。这七个问题如下：

一。三代德教已久，胄子多贤，尚曰"世禄之家鲜克由礼"，况今时纨裤，易骄、易淫、易残忍，而使世居民上、民必殃，二。郡县即汉、唐小康之运，非数百年不乱，封建则以文、武、成、康之圣贤治之，一传而昭王南巡，遂已不返，后诸侯渐次离析，各自为君，六七百年，周制所谓削地灭国，皆付空言，未闻彼时以不朝服诛何国也。矧于晚近，虽有良法，岂能远过武、周！三。或谓明无封建，故流寇肆毒，遍地丘墟。窃以为宋、明之失在郡县权轻，若久任而重其权，亦可弭变。且唐之藩镇即诸侯也，而黄巢俨然流寇矣，岂关无封建耶！四。或又谓无封建则不能处处皆兵，天下必弱。窃谓民间出兵，处处皆兵，郡县自可行，不必封建始可行也，五。而封建之残民，则恐不下流寇。不观春秋乎！列国君卿尚修礼乐，讲信睦，然自会盟朝遇纷然烦费外，侵伐战取，一岁数见，其不通鲁告鲁者殆又倍蓰，幸时近古，多交绥而退。若至今日，杀人狼藉，盈野盈城；岂减流寇！然流寇亡蹙而诸侯亡迟，则将为数十年杀运、数百年杀运，而祸更烈矣。唐之藩镇为五季，金之河北九公，日寻干戈，人烟断绝，可寒心也，六。天子世坼，诸侯世同，卿大夫独非伯叔甥舅之裔耶，亦世采自然之势也；即立法曰"世禄不世官"，必不能久行，周之列国皆世臣巨室可见矣。夫使天下富贵，数百年皆一姓及数功臣享之，草泽贤士虽如孔、孟，无可谁何，非立贤无方之道也。不公孰甚，欲治平何由！七。戊寅，浙中得陆桴亭《封建传贤不传子论》，盖即郡县久任也，似有当。质之先生，先生曰："可，而非王道也。"商榷者数年于兹，未及合一，先生倏已作古矣。

在此"书后"中，首先，李塨总结认为封建制度建立之初的三代，由于德教久而胄子贤，适于推行此制度，但是现如今情况则不然，纨绔子弟多骄淫，如果让其统辖诸侯国，则必民不聊生。其次，他提出封建只是一种形式，如果在郡县制中长久地委任官员重权，则等同于封建制，且郡县制也可以做到处处皆兵。最后，他还认为封建制也存在不少问题，如诸侯国各自为君，干戈残民等，在历史上都没有得到良好的解决。并且李塨认为，让少数人长期享有天下的富贵而造成立贤无方的局面，显然有失公平，这将成为治世无法实现的重要原因。所以，李塨不仅在《存治编》的"书后"中表达了对于封建制度的疑虑，更在《平书订》第二卷之《分土第二》中提出"郡县而重权久任，即兼封建之利"的主张。他认为在恢复封建的问题上，虽然应该反对极端专制的集权统治，但是也应该注意到由于时势不同，不可简单因循古法。李塨的这一看法，相较颜元，更加谨慎和实际。

除了上述改革，颜李学派还主张改革人才选拔制度。受到经世致用思想的指导，颜李学派主张培养具有实际治国知识和才能的圣贤。他们将人才和王道看作相辅相成的两个部分，认为"人才王道为相生"①，最终的目的是要增强国家的实力，抵御外侮。

论及人才培养问题，颜元首先举了八股取士的弊端，指出为了学好八股文以达到及第为官、求取富贵的目的，读书人自八九岁开始便习读八股文章，十余岁开始学习训诂，之后仅专注于模仿八股文的结构篇章，结果不但自身身体病弱，而且终身不学礼义道德，不晓忠君泽民的责任。颜元认为通过八股取士制度而为官的读书人，属于"庸庸辈不足有为"②，认为即使其中有少数杰出人才，也会渐渐失去其应有的气度，而那些真正有才能有品德之人，则不会参加科举考试。因此颜元评价说："八股行而天下无学术，无学术则无政事，无政事则无治功，无治功则无升平矣。故八股之害，甚于焚坑。"③因此他希望改革人才选拔的制度，在《存治编》之"学校"中有两段内容列举了颜元所认可的人才选拔方式。

其一：

邱氏曰："成周盛时，用乡举里选之法以取士。二十五家为闾，闾有胥；闾胥则书其敬、敏、任、恤者。百家为族，族有师；族师则书其孝、弟、睦、姻、有学者。五百家为党，党有正；党正则书其德行、道艺。二千五百家为州，州有长；州长则考其德行、道艺而劝之。万二千五百家为乡，乡有大夫；则三年大比，考其果有六德、六行而为贤，通夫六艺之道而为能，则是能遵大司徒之教而成材矣。于

---

① （清）颜元著，王星贤、张芥尘、郭征点校：《颜元集》，102页。
② 同上书，115页。
③ 同上书，691页。

是乡老及乡大夫帅胥、师、正、长之属，合间、旅、州、党之人，行
乡饮之礼，用宾客之仪以兴举之，书其氏名于简册之中，献其所书于
天府之上。天子拜而受之，以贤才之生，乃上天所遗，以培植国家元
气者也。"

其二：

《王制》："命乡论秀士，升之司徒，曰选士。司徒论选士之秀者
而升之学，曰俊士。升于司徒者，不征于乡，升于学者，不征于司
徒，曰造士。……大乐正论造士之秀者，以告于王而升诸司马，曰进
士。司马辨论官材，论进士之贤者，以告于王而定其论。论定，然后
官之；任官，然后爵之；位定，然后禄之。"

由上述两段文字可见，颜李学派希望通过征举制度来消除八股取士对
人才的钳制及其对国家的危害。所以在《存治编》之"重征举"中，颜元
提出了自己的改革举措："窃尝谋所以代之，莫若古乡举里选之法。……
荐贤者受上赏，荐奸者受上罚。"颜元认为首先应该推荐一些人才，并让
其每三年接受一次考核，经过两轮推举考核后，如果此人还能够被公认为
贤良之士，则必定是真正的圣贤人才。这个征举制度是没有弊端的，所以
他敢于预测，认为如果启用征举制度，则"国家不获真才，天下不被实惠
者，未之有也"①。颜元的弟子王源也赞同这个主张，提出恢复征举。但
王源进一步发展了颜元的观点，认为需要改革的不仅是人才教育的内容
和选拔的机制，还应该包括中央教育机构。王源提出改革中央教育机
构，将原有的"吏部"改为"成均府"，使其成为最高的教育部门，承
担官员选拔的职能，取代以往的吏部。王源的主张，实际上是将培养教
育人才的职责及任免官员的权力收归教育体系中，有利于国家选择合适
的人才。

从以上两点来看，颜李学派关于改革政治制度的主张，体现了该学派
受到明亡教训的启发，反思政治体制上存在的问题，以此挽救国运危亡的
思想。这一思想也深刻地体现在该学派经济、文化方面的具体改革制度
之中。

---

① （清）颜元著，王星贤、张芥尘、郭征点校：《颜元集》，116 页。

二、经世理念中的经济建设举措

在经济方面，颜李学派亦有许多具体的改革措施，都和其所处时代的特征相契合。经历了明朝中叶商品经济的萌芽及其初步发展，资本主义生产方式已经开始在封建母体内成长。然而封建经济制度却严重阻碍着资本主义萌芽的进一步成熟，土地制度和税收制度的束缚日趋严重。颜李学派认识到利益存在的必然性与合理性，强调通过发展经济实力来增强综合国力，对商业的发展尤为重视。这也体现了该学派经世致用思想的显著特征。颜元注重实际功用，坚决反对程朱理学空谈心性的做法。他的理论在经济革新方面尚显保守，主要从维护封建纲常礼制出发关注经世之学，而其弟子王源则明确针对当时的封建地主土地所有制，主张变革封建生产关系，改革赋税制度。他的思想进一步拓展了颜元发展经济的思想，其新锐果敢为颜李学派伦理思想在经济方面的观点增添了新气息。

在土地问题方面，针对土地兼并现象，颜李学派提出实行井田制。"井田"一词最早见于《穀梁传·宣公十五年》："古者三百步为里，名曰井田。"所谓"井田"，就是按照一定尺寸划分的耕田，划分后土地呈"井"字状。长和宽每百步称为"一田"，九个方田称为"一井"。在春秋晚期，随着生产力的提高，井田制开始瓦解。

颜元重提井田制是希望通过井田制来解决土地兼并的问题。他分析了当时的田地占有状况："且古之民四，而农以一养其三；今之民十，而农以一养其九；未闻坠粟于天，食土于地，而民亦不饥死，岂尽人耕之而反不足乎！"① 颜元认为古代的人口比较少，有四分之一的人从事农业，但是现今的人口增加，却只有十分之一的人口耕种田地，所以这必然造成人多粮少的结果。因此，他主张要恢复井田制度。但是，有人质疑井田制度，认为这是夺富民之产的行为。对此，颜元批驳道："噫，此千余载民之所以不被王泽也！夫言不宜者，类谓殴夺富民田，或谓人众而地寡耳。岂不思天地间田宜天地间人共享之，若顺彼富民之心，即尽万人之产而给一人，所不厌也。王道之顺人情，固如是乎？况一人而数十百顷，或数十百人而不一顷，为父母者，使一子富而诸子贫，可乎？"② 他还提出由于

---

① （清）颜元著，王星贤、张芥尘、郭征点校：《颜元集》，103～104 页。
② 同上书，103 页。

田地"今荒废至十之二三，垦而井之，移流离无告之民，给牛种而耕焉，田自更余耳"①。从安顿流民、开垦荒地的角度看，井田制度的实施无疑能够在清初时期起到稳定社会秩序的作用。

颜元推崇井田制，在《存治编》中，他详细描述了这一制度的具体实施办法：

> 孟子云："方里而井，井九百亩。"吾所以明井制必明里制也。周制，三百步为一里，百步为一亩，六尺为一步，每步长今步一尺，则三百步为里者，即今三百六十步之数也。然考之文，问之献，又多异说，且谓周尺仅今七寸强。要之，不若即以今里、今亩、今步尺为准为甚明，且亦夫子从周之义也。以今里推之，方里之地，合该十二万九千六百步。周之九百亩，当今五百四十亩，（今二百四十步为亩。）每区六十亩，内公外私。若田饶处，除公田内六亩给八家为场圃、庐舍，田窄给三亩为窝铺，其地亦可桑。又通各井两端为田车之路，宜纵者纵，宜横者横，随邑人出入之便。十里一房，以处田畯。不云厅堂者，盖田畯宜游井以劝，此直暂息，不成其所也。②

颜元认为如此这般实行井田制，于国家内外皆有好处。于内而言，能够实现孟子所谓"百姓亲睦"的愿景。他甚至认为实行井田制能够民安物庶，教养世人，因此他评述道："游顽有归，而士爱心臧，不安本分者无之，为盗贼者无之，为乞丐者无之，以富凌贫者无之，学校未兴，已养而兼教矣。"③于外而言，颜元还提出井田制的实施，有利于兵农合一，提高国家军事力量，达到保家卫国的目的。他在《治赋篇》中提出："慨自兵农分而中国弱，虽唐有府兵，明有卫制，固欲一之。迨于其衰，顶名应双，皆乞丐、滑棍，或一人而买数粮；支点食银，人人皆兵；临阵遇敌，万人皆散。呜呼！可谓无兵矣，岂止分之云乎！即其盛时，明君贤将理之有法，亦用之一时，非久道也。况兵将不相习，威令所摄，其为忠勇几何哉！间论王道，见古圣人之精意良法，万善皆备。一学校也，教文即以教武；一井田也，治农即以治兵。"④这种"治农即以治兵"的说法正是寓兵于农的

---

① （清）颜元著，王星贤、张芥尘、郭征点校：《颜元集》，104 页。
② 同上书，105 页。
③ 同上书，104 页。
④ 同上书，106~107 页。

思想，是经世致用理论在井田制上的具体反映。颜元还在著述中提出了这种寓兵于农理论的九大益处，即"一曰素练。陇亩皆陈法，民恒习之，不待教而知矣。一曰亲卒。同乡之人，童友日处，声气相喻，情义相结，可共生死。一曰忠上。邑宰、千百长，无事则教农、教礼、教艺，为之父母；有事则执旗、执鼓、执剑，为之将帅。其孰不亲上死长！一曰无兵耗。有事则兵，无事则民，月粮不之费矣。一曰应卒难。突然有事，随地即兵，无征救求援之待。一曰安业。无逃亡反散之虞。一曰齐勇。无老弱顶替之弊。一曰靖奸。无招募异域无凭之疑。一曰辑侯。无专拥重兵要上之患。九者，治赋之便也"①。颜元提出井田制不仅能够适应当时社会朝代更迭的混乱现状，而且能够增强国家的实力，能够在最大程度上提高国家的战斗力。

李塨也极力称道井田制。在《平书订》的《武备》中他提出："今拟制田能行，必宜兵寓于农"。他的这种观点，立足于国富民强，也同当时清军入主中原有着密不可分的时代联系。在李塨看来，对土地制度的改革是维护国家安定的保障，也是实现"兵寓于农"的途径。因此，解决土地问题是关键。但是李塨并没有完全认可颜元的井田制，他认为井田制不可能完全推行，他在《平书订》卷七中提出"田制以井为主，不可井乃罿，不可罿乃奇零授之"的观点。

王源对土地兼并问题的看法更为革新。同颜元一样，王源也看到了清初土地高度集中的弊病。针对这个弊病，王源主张废除封建土地所有制，实现均田。可以说，颜元的井田制立足于维护封建社会的经济秩序，对资本主义萌芽的进一步发展没有实质的推动作用。相对而言，王源的"惟农有田"论，锋芒直指封建经济制度，试图为资本主义萌芽在封建母体中的发展开辟光明大道。在李塨著作《平书订》中可看到，王源列举了解决封建土地兼并的方法。他首先提出通过赎买的方式达到土地国有化的目的，并在此基础上由国家将土地分给农民耕种，并严格控制个体拥有土地的数量，防止土地集中化。《平书订》第七卷之《制田第五上》中有："天下之不为农而有田者，愿献于官则报以爵禄；愿卖于官则酬以资；愿卖于农者听，但农之外不得买，而农之自业一夫勿得过百亩。"王源还提出其他辅助方法，《平书订》第七卷之《制田第五上》中还有："明告天下以制民恒产之义，谓民之不得其养者，以无立锥之地。所以无立锥之地者，以豪强

---

① （清）颜元著，王星贤、张芥尘、郭征点校：《颜元集》，107～108 页。

兼并。今立之法：有田者必自耕，毋募人代耕。……不为农则无田，士商工且无田，况官乎？官无大小皆不以有田，惟农为有田耳。”

　　土地兼并问题是中国封建社会危机的根源，几千年来众多思想家都思考并试图解决这个难题，王源的“惟农有田”论达到了理论的最高点。他的理论不仅反映了当时人民均田的愿望，还进一步触及了封建土地所有制和封建生产关系。这是历代思想家、农民起义领袖和帝王所不能及的理论高度。但是由于王源将这一革命性理论的实现寄托于封建王朝的政治纲领，导致他推翻封建土地所有制的理想化为乌有。尽管如此，王源的这一思想，开启了近代耕者有其田的思想先河，对孙中山和章太炎的土地思想有着极大的影响力。孙中山曾经在 1905 年同盟会成立时提出“平均地权”的主张，最后发展成为“耕者有其田”的表述。可以说，在明末清初清王朝加紧集权统治的时期，王源能够有如此远见来看待封建土地所有制，实在是发前人所未发之言，其启蒙地位不容忽视。

　　除了封建土地兼并问题，在明末清初时期，制约资本主义萌芽发展的另一个难题就是税收问题。税收制度的不合理为资本主义工商业的发展设下了巨大的障碍。

　　在田租税收方面，颜李学派坚决反对货币租赋。明朝中叶之后，货币地租出现，非但没有为农民带来好处，反而导致了严重的社会问题：农民为了完成规定的租银，常常被迫以极低的价格卖掉粮食，他们在此过程中除了受到地主的剥削，更受到了商人、高利贷者的盘剥。因此，农民实际卖掉的粮食要比原来的实物地租所上缴的粮食更多，遭受的剥削更厉害。李塨在《瘳忘编》中对此局面评论说：“明初尚征杂色，至江陵当国，患有司分额扰民，乃尽算成折色，谓之一条鞭，而北地输粮，今时遂纯以银矣……所以凶年则枵腹待命，丰年则粮甚贱，金刀甚贵，有盈箱满簇之人而顷刻荡尽。谚云：‘凶年病商，丰年病农’，此之谓也。”对此，王源也有相似的看法，认为当时的租赋制度是国力耗损、人民贫穷的根源。他认为应当改良租赋制度，但是也不主张将货币地租完全废除。因此，颜李学派提出了折中的解决办法。李塨在《瘳忘编》中提出：“后世度支浩繁，运道维艰，故难尽如古法，今宜变通之：远京者折色，近京者本色；难运之方折色，易运之方本色；供上者折色，本处支费者本色。庶天下不忧积贮之祸，而兵民两苏矣。”这种租赋制度，能够比较切合实际地解决当时赋税缴纳的问题。

　　在商业税收方面，王源反对传统的抑商政策，提出了一种类似于近代所得税的制度，以此鼓励商人经商。他将商人分为两类，即坐商和行商，主张分别按照不同的方式收取商税。《平书订》中详细记载了这一分类。在该书第十一卷之《财用第七下》中，王源提出针对坐商，"县同给以印票，书其姓名、里籍、年貌与所业，注其本若干，但计其一分之息而取其一"，针对行商，"亦给以票如坐商，但不计其息，惟本十贯纳百钱，任所之，验其票于彼县同，注日月，而退鬻所贩，司市评之，鬻已，乃计息而纳其什之一"。王源所主张的商业税收政策，解除了封建生产关系对商业资本的束缚，是清初商品经济中市民阶层发展壮大的反映。在世界范围内，欧洲、美洲各资本主义国家的所得税制度都比王源的制度提出的晚。所以说，颜李学派敏锐地观察经济发展形势，提出新的税收制度，开创了这一制度的先河。

颜李学派对待土地和商业税收的观点以及相关的制度，体现了他们积极发展工商业、增强国力的经世思想。他们一反重农抑商的传统，提出给予商人一定的社会地位，鼓励商人缴纳赋税，达到增强国力的目的。《财用第七下》中提出："勿问其商之大小，但税满二千四百贯者，即授以登仕郎，九品冠带，以荣其身，以报其功。必按票计税方许，若竟欲捐纳不听。再满则又增一级，至五品而止。"这种鼓励发展工商业的观点，反映了市民阶层争取社会地位的愿望，从历史发展的角度看，也适应了当时的经济发展趋势。

三、经世理念中的思想文化举措

在经世致用思想的引导下，颜李学派在文化上对程朱理学流弊的批判可谓不遗余力。他们认为，正是程朱理学的影响，导致了人才败坏、国家没有可用之才的结果。颜元提出："今彼以空言乱天下，吾亦以空言与之角，又不斩其根而反授之柄，我无以深服天下之心而鼓吾党之气，是以当日一出，徒以口舌致党祸；流而后世，全以章句误乾坤。"[1]所以，颜李学派按照由上至下的顺序，希望从三个方面在思想文化上有所革新：其一，荐"九典五德"于君主；其二，荐"周孔之道"于学人；其三，荐"靖异端"于世人。

其一，该学派荐"九典五德"于君主。在《存治编》中，颜元总结了汉唐时期的济时之策，向当世君主提出"王道无小大，用之者小大之耳。

---

① （清）颜元著，王星贤、张芥尘、郭征点校：《颜元集》，40页。

为今计，莫要于九典、五德"① 的观点。他希望 "为之君者，充五德之行，为九典之施"②。接着他解释了九典为 "除制艺，重征举，均田亩，重农事，征本色，轻赋税，时工役，静异端，选师儒"③，五德为 "躬勤俭，远声色，礼相臣，慎选司，逐佞人"④。这九典、五德之中包含了不少改革的举措，但是颜元认为任何举措要得以彻底实施，最终都有赖于君主。当然，颜元也看到，要改革社会的弊政，不仅为君者应有所作为，为臣者亦有不可推卸的责任，所以他荐 "周孔之道" 于学人，荐 "靖异端" 于世人。

其二，该学派荐 "周孔之道" 于学人。之所以要荐周孔之道，是因为程朱理学思想阻碍了当时社会的发展。事实上，当封建社会在明末清初走向衰亡之时，理学末流便不再适应新生的资本主义萌芽发展的要求了。随着生产力水平的进一步提高，新兴市民阶层的出现和资本主义经济因素的发展成为推动生产关系变革的新元素。然而封建经济因素仍然顽固地扼制着资本主义萌芽的发展，这在文化领域就表现为程朱理学狭隘的教育内容以及不求实干的思想，在客观上阻碍了社会的发展。因此颜李学派从增强国力的角度出发，认为要达到经世致用的目的，就要提倡实干精神，废除程朱理学所倡导的玄谈静想的修养方式以及八股取士所涉及的学习内容。

颜李学派认为："孔、孟以前，天地所生以主此气机者，率皆实文、实行、实体、实用，卒为天地造实绩，而民以安，物以阜。"⑤但是，这种实学实用的氛围逐渐改变，"自汉、晋泛滥于章句，不知章句所以传圣贤之道而非圣贤之道也；竞尚乎清谈，不知清谈所以阐圣贤之学而非圣贤之学也。因之虚浮日盛，而尧、舜三事、六府之道，周公、孔子六德、六行、六艺之学，所以实位天地，实育万物者，几不见于乾坤中矣"⑥。颜李学派认为到了程朱理学时期，学人为了考取功名，其修养学习的方式和内容已经完全偏离了孔孟的初衷，如果不能恢复孔孟所倡导的六艺之学，国家就会失去能够干实事的人才。颜李学派的这一观点。实际上是当时资本主义萌芽在文化领域的体现，表达了其发展经济、经世致用、实干兴邦的精神态度。

由此，颜元在质疑程朱理学思想内容的同时，认为学校也负有毁坏人

---

①②③④　（清）颜元著，王星贤、张芥尘、郭征点校：《颜元集》，114 页。
⑤　同上书，47 页。
⑥　同上书，47～48 页。

才的罪责。对于当时的学校制度，颜李学派提出："学校之废久矣！考夏学曰'校'，教民之义也。今犹有教民者乎？商学曰'序'，习射之义也。今犹有习射者乎？周学曰'庠'，养老之义也。今犹有养老者乎？"①针对这一现状，他进一步分析认为当世的学校已经失去了教授知识的功用，而诗文辞藻成为学生学习的内容。在学校中，"大学教以格致诚正之功，修齐治平之务，民舍是无以学，师舍是无以教，君相舍是无以治也。迨于魏、晋，学政不修，唐、宋诗文是尚。其毒流至今日，国家之取士者，文字而已，贤宰师之劝课者，文字而已，父兄之提示，朋友之切磋，亦文字而已，不则曰'诗'，已为余事矣"②。颜元总结了当时教育方式的不良后果，认为："倘仍旧习，将朴钝者终归无用，精力困于纸笔；聪明者逞其才华，《诗》、《书》反资寇粮。无惑乎家读尧、舜、孔、孟之书，而风俗愈坏；代有崇儒重道之名，而真才不出也。"③ 因此，他提出反对程朱理学的教育内容，戒掉"浮文"，推崇"实行"，"使天下群知所问，则人才辈出，而大法行，而天下平矣"④。

　　进一步，颜李学派将学校应该教授的知识做了明确的梳理，强调学校应该做到"明道不在《诗》、《书》章句，学不在颖悟诵读"⑤。他们提出，应该"以乡三物教万民而宾兴之：一曰六德，知、仁、圣、义、忠、和。二曰六行，孝、友、睦、姻、任、恤。三曰六艺，礼、乐、射、御、书、数"⑥。李塨在其《瘳忘编》中也阐述过人才培养的学习内容。⑦ 该学派将"六艺"作为读书人学习的对象，扩宽了人才培养的知识体系。这表面上是对孔孟之学的复古，实际针对的则是八股取士制度限制读书人知识面的状况。虽然他们推行六艺，但实际上通过李塨的阐述可以发现，该学派将读书人所学内容扩展到了天文、地理、军事、农兵等方面，有利于国家挑选人才，是在复古外衣下具有时代气息的进步理论。

　　此时，随着社会生产力的发展，资本主义经济因素在封建母体中发芽，过去的部分知识内容已不再适应新的经济条件的要求，甚至极大地阻碍了社会生产力的发展。颜李学派力主改变学习的内容，适应了资本主义经济萌芽的要求。

　　其三，颜李学派荐"靖异端"于世人。颜元对佛教、道教深恶痛绝，

---

①②③④　（清）颜元著，王星贤、张芥尘、郭征点校：《颜元集》，109 页。
⑤　同上书，48 页。
⑥　同上书，109 页。
⑦　具体内容参见第四章第二节第二目的相关部分。

在《存人编》中呼唤僧道及信徒放弃信仰，并对佛、道予以批驳，颇具唯物精神。他说道："佛不能使天无日月，不能使地无山川，不能使人无耳目，安在其能空乎！道不能使日月不照临，不能使山川不流峙，不能使耳目不视听，安在其能静乎！"① 同时，为打破佛在信徒心中的神圣地位，他还诘问信奉神佛之人，说道："佛是西域番人，我们是天朝好百姓，为甚么不做朝廷正经的百姓，却做那西番的弟子？"② 颜元甚至还批驳神佛品性，认为"他若是个好人还可，他为子不孝他父母，为臣不事他君王，不忠不孝便是禽兽了，我们为甚么与他磕头？为甚么做他弟子？他若是个正神还可，他是个西方番鬼，全无功德于我们"③。所以颜元呼唤信佛之人，认为佛对世人世事没有任何功德，所以不配享受他们的香火。他还从世人的实际生活入手，规劝信徒们返回世俗过正常生活。他说道："我们这房屋，是上古有个圣人叫有巢氏，他教人修盖，避风雨虎狼之害，我们于今得住；我们这衣食，是上古有个圣人叫神农氏，教民耕种，又有黄帝元妃叫西陵氏，教人蚕桑，我们于今得吃，得穿；我们这田地，是陶唐时有个圣人叫神禹，把横流的洪水都治了，疏江、淮、河、汉，凿龙门，通大海，使水有所归，我们于今得平土上居住；我们这世界，是伏羲、神农、黄帝、尧、舜、禹、汤、文、武，周公、孔子合汉、唐、宋、明历代帝王圣贤，立礼乐刑罚，治得乾坤太平，我们才得安稳。所以古之帝王圣贤庙食千古，今之帝王圣贤受天下供奉，理之当然。佛何人，有何功德，乃受天下人香火？"④

虽然之前也有人反对佛教，但是大都立足于佛教对社会的负面影响。颜元反对佛教，能够立足于唯物精神，驳斥佛教之虚妄，唤醒世人干实事。最后他总结佛、道为异端，认为："尧、舜之道，造端乎夫妇"⑤。也就是说，颜元认为佛、道之所以为异端，是因为它们让人断绝夫妇人伦，而夫妇人伦是一切的开端，如果没有夫妇人伦，没有家庭族群，那么社会就无法延续发展。所以他质问说："一切伦理都无，世界都无矣。且你们做佛弟子的，那一个不是夫妇生来的？若无夫妇，你们都无，佛向那里讨弟子？佛的父亲若无夫妇，佛且无了，那里有这一教？说到这里，你们可知

---

① （清）颜元著，王星贤、张芥尘、郭征点校：《颜元集》，125 页。
②③ 同上书，121 页。
④ 同上书，121～122 页。
⑤ 同上书，127 页。

佛是邪教了，是异端了。"①

另外，虽然程朱理学反对宗教，特别是佛教，但是颜元认为佛教对程朱理学仍有渗透影响。他说道："程子所见已稍浸入释氏分界，故称其'弥近理而大乱真'。"② 因此，颜元认为程朱理学的破坏力颇强。对此他提出了一些关于宗教改革的意见，表达了彻底反对程朱理学的态度。在《存治编》中颜元指出，异端邪说问题早在先秦时期就得到关注："古之善靖异端者，莫如孟子；古之善言靖异端者，莫如韩子。韩子之言曰：'人其人，火其书，明先王之道以教之。' 善哉，三言尽之矣！"③ 他认为自古异端的危害甚重，如能将其灭绝则裨益甚多，"且俭土木之浪费，杜盗亡之窝巢，驱游手之无耻，绝张角等之根苗，风淑俗美，仁昌义明，其益不可殚计，有国者何惮而不靖异端哉！若惑于祸福之说，则前鉴固甚明也"④。因此，为了消除宗教的危害，颜元考古谋今，提出九种方式来靖异端："一曰绝由，四边戒异色人，不许入中国。二曰去依，令天下毁妖像，禁淫祠。三曰安业，令僧道、尼姑以年相配，不足者以妓继之，俱还族。不能者各入地籍，许鬻寺观瓦木，以易宅舍；给香火地或逃户地，使有恒产。幼者还族，老而无告者入养济院，夷人仍纵之去，皆所谓'人其人'也。四曰清蘖，有为异言惑众者诛。五曰防后，有窝佛老等经卷一卷者诛，献一卷者赏十两，讦窝者赏五十两。六曰杜源，令硕儒多著辟异之书，深明彼道之妄，皆所谓'火其书'也。七曰化尤，取向之名僧长道，令近正儒受教。八曰易正，人给《四书》、《曲礼》、《少仪》、《内则》、《孝经》等，使朝夕诵读。九曰明法，既反正之后，察其孝行或廉义者，旌表显扬之，察其愚顽不悟者，责罚诛戮之，皆所谓'明先王之道以教之'也。"⑤ 颜元认为，唯有如此，家家户户才能做到"男女无抑郁之气而天地以和，兆姓无绝嗣之惨而生齿以广，征休召祥，蔑有极矣"⑥。

颜元对待宗教的态度，虽然有些偏激，但也在一定程度上反映了长久以来宗教对中国古代社会的危害。同样，王源承袭了颜元的唯物思想，反对迷信。他认为"天"是自然界的存在物，并非有神灵使其存在。和颜元

---

① （清）颜元著，王星贤、张芥尘、郭征点校：《颜元集》，127页。
② 同上书，40页。
③ 同上书，116页。
④ 同上书，117页。
⑤ 同上书，116页。
⑥ 同上书，117页。

相较，王源是个更彻底的无神论者。他在《答外舅李涵生先生书》中提出"天岁无祸善福淫之理，亦无必然祸善福淫之权"，认为人的命运是由自己决定的，而非由上天决定，因此个人无须迷信、信奉神灵。同时，他还在《太乙子题辞》中提出"天胜人，人胜天，胜人故为天，不胜天不足以为人"。也就是说，王源认为天作为自然界，必有常人所不可控之处，因此天能够战胜人，人要有敬畏之心，要遵循自然界的规律，不可逆流而行。但是，人也能够胜天，因为人具有主观能动性，可以使自己的行为作用于自然界，改变自然界。如果人不能发挥自己的主观能动性，那么就不配为人了。可以看到，王源的无神论思想，不仅突破了神灵迷信的桎梏，更站在唯物的立场上，看到了人的主观能动性所发挥的作用。这对于肯定人在自然界中的正确地位有着重要的理论意义。同样，程廷祚也秉持唯物的观点，认为人具有认识世界的独特能力，肯定了人作为天地之粹的地位。这些思想，对于反对迷信、推行无神理论有着启发意义，在文化上成为当时实学思潮的有力组成部分，加快了民众思想解放的历程。

为了推行上述思想，颜元赞同用游学的方法传播学派思想。从与王法乾的对话中可以看出，他不再反对李塨交游讲学，认为"刚主不及吾二人在此，其胜吾二人亦在此。吾二人不苟交一人，不轻受一介，其身严矣；然为学几二十年，而四方未来多友，吾党未成一材。刚主为学仅一载，而乐就者有人，欲师者有人。夫子不云乎，'水清无鱼，好察无徒'，某将以自改也"①。事实上，颜元之前并不推崇游学，在他40岁的时候，有人劝其交游讲学，但是颜元拒绝了。此前，他日常生活的范围也基本上局限于家乡。然而，在57岁的时候，他却主动游学中州，传播其经世致用的思想观念。《颜习斋先生传》中记录了颜元的这段经历："自是用世之志愈殷，曰：'苍生休戚，圣道晦明，责实在予。予敢偷安自私乎？'遂南游中州，张医卜肆于开封以阅人，所遇甚众，倡实学，明辨婉引，人多归之"②。

第三节　经世致用理论的价值评价

经世致用是颜李学派伦理思想的最终归宿，其人性一元论、"正谊谋

① （清）颜元著，王星贤、张芥尘、郭征点校：《颜元集》，753~754页。
② 同上书，703页。

利，明道计功"的义利观和"习行"的理想人格培养方式无一不以经世致
用思想为出发点。这一思想在明末清初时期有着极大的理论价值，在当代
也有一定的现实意义。

一、理论价值与现实意义

在中国古代，思想家更多地关注安身立命、治平天下的道德准则和经
世之学，讲求的是将道德原则和理论转化为日用人伦，寻求把握世间万物
的关系，并用以改善人所生活的环境，维护封建王权的稳定。无论是主张
静心顿悟、八股取士的程朱理学，还是重视实学实用的颜李学派，都是以
维护国家利益为最终目的，其差异仅仅是方式手段的不同而已。在手段的
选择上，颜李学派以实用知识为重，这源于明亡教训，同时也出于对现实
制度的忧患。

颜李学派经世致用的思想明确地表达了他们对现存制度的忧患与不
满。他们主张井田制，反对土地过度集中，希望达到均田的目的；他们反
对权力高度集中的中央集权统治，希望能够恢复封建制度的分权局面；他
们反对当时的募兵制，希望通过农兵合一，实现国家在军事领域的崛起；
他们为了促进国家繁荣，注重人才的培养和选拔，反对程朱理学的八股取
士，主张实行征举制度。颜李学派所主张的这一系列措施，是从政治、经
济、社会、军事和文化方面对现世社会的改良，其中饱含了该学派对国家
命运的关切和对国计民生的关注。这些思想和措施具有浓厚的复古色彩，
但本质上则是在复古外衣下的鼎革理论。

就具体举措而言，颜李学派在政治、经济以及文化等诸多方面的改
革，仍然存在一定的不合理性。这种不合理性较多地存在于颜元的具体措
施之中，李塨和王源的观点则在颜元的理论基础上有所发展和突破，故而
更具可行性。以政治举措为例，关于恢复封建制度和征举制度的观点，颜
元显然还有欠缺之处。虽然当时的中央集权制度在一定程度上存有弊端，
但是采取先秦以前的封建制度却并不适合当时的社会历史发展状况。另
外，颜元提出的征举制度，虽然是以维护国家利益为出发点，试图为国家
寻求能够经邦济世的人才，但仍然难于操作。因此李塨和王源将颜元的理
论进一步发展，主张针对当时的社会历史状况加大郡县权力，在人才培养
上反对八股取士的学习内容，这些都是可取的。

然而，就其举措的指导原则而言，颜李学派的经世致用思想仍具有很
高的价值。他们以国家利益为出发点，清醒地看到了程朱理学的空疏和流

弊，主张以实际的制度变革来结束程朱理学对国家前途的延误。其反对土
地兼并，主张发展商业、改革赋税的理念，无疑都适应了明末清初资本主
义萌芽的经济状况，能够起到推动社会经济发展的作用，也顺应了当时历
史的发展趋势。

　　虽然颜李学派的经世致用思想产生于数百年前，但是他们的理论仍然
具有现时代的指导意义。以人才培养为例，颜李学派将人才同国家命运相
联系，为寻求能够为国效力的人才，他们坚决反对八股取士的方法。无论
是颜元、李塨还是王源都明确指出八股取士是人才颓废、政事衰败的直接
原因。他们批判的不仅是八股取士的形式，同时也极力反对八股的考试内
容，认为八股所考的内容对增强国家力量几乎毫无用处。事实上，清末西
方列强叩开国门，中国这一泱泱文明古国难敌对手，也是清朝推行文字狱
和实行八股取士的恶果。由此足以看到颜李学派在清初针对明亡教训而总
结出的经验是极其具有前瞻性与合理性的。当今中国在民族复兴的过程
中，必然需要大批人才为国效力，颜李学派关于人才教育和人才选拔的思
想对我国科教兴国战略的实施具有一定的借鉴意义。

二、道统与政统的角力

　　在中国传统思想史中，各派思想家认为道统失传于孔孟之后，并皆以
承袭孔孟之道为己任。颜李学派也自认接续孔孟道统，批判程朱理学，其
伦理思想突显弘道理念。他们的道统观以"六府"、"三事"、"三物"为主
要内容，突显"经世致用"的宗旨，并亲设书院、培养"习行"人才。这
一思想是当时实学思潮中的重要部分，在实学兴起而程朱理学备受质疑的
时期，受到文化界和政界的关注与认同。通过颜元的中州讲学和李塨的多
次南方交游，颜李学派的思想走出河北，传播到中国的其他多个省份，许
多文人经接触后转信颜李学，并且当时清廷也有意选择李塨为太子讲学授
课。这是颜李学派最鼎盛的时期。但这一局面在李塨过世后有所改变。清
初文字狱之后，理学再次上升为官学，与之对立的颜李学派逐渐远离历史
舞台。直到清末民初，颜李学派才再次受到政界高度关注，颜元也一度祔
祀孔庙。颜李学派及其思想的几度兴起和衰微，实际上反映了道统与政统
的历史角力。在中国传统文化中，道统代表了社会道德标准和精神价值，
政统则代表了现实世俗社会的最高统治政权。道统与政统的角力在中国政
治伦理思想史上展开已久。其间，两者的分裂与联盟在各自实力的此消彼
长中形成了不同的结合方式，这联系着中华民族不同时期的荣辱与兴衰。

可以说，对颜李学派命运兴衰的反思亦是对政统与道统角力联盟关系的反思。这一反思应建立于对客观史实的善恶抉择之上，而非仅强调道统对政统的精神引导价值，或是知识分子的责任问题。反思的着眼点不仅是知识分子个人价值的实现，更是社会理想的实现。这种理想存在于道统的精神之中，也存在于政统的历史使命之中。道统与政统是共生双赢关系。

在中国伦理思想史上，道统问题为历代思想家所关注。道统思想的历史脉络在韩愈的《原道》一文中论及，韩愈认为先王之道，"尧以是传之舜，舜以是传之禹，禹以是传之汤，汤以是传之文、武、周公，文、武、周公传之孔子，孔子传之孟轲，轲之死，不得其传焉"。实际上韩愈没有提出道统的称谓，仅建立了道统传承的渊源脉络，即尧、舜、禹、汤、文、武、周公、孔、孟。这个"道"直至孟子之后失传。到北宋中期，二程自诩接续孟子圣学，承袭道统。到了南宋，朱熹提出了"道统"的称谓，认可周敦颐在道统承继中的地位，并肯定了张载的作用，在道统的谱系中添加了新力量。

值得注意的是，在尧舜禹汤文武周公之后，帝王皇权就没有再出现在道统的谱系之中，政教合一的现象于秦汉之际开始改变。在改变的过程中，政统逐渐分离出来，成为现实社会中最高的合法政权，代表了社会的世俗权威；而道统则代表了整个社会精神价值的思想权威，具有评判世俗皇权的力量。道统和政统分离后，承继孔孟之道便意味着具有批驳帝王权势的力量，道统与政统也由此不断展开角力或联盟。然而经过角力或联盟之后，道统体系中仅有孔孟的地位赫然矗立不变。自孔子开始，帝王的权威不再出自王室本身，孔子成为整个社会的精神权威，其后孟子接承孔子，但孟子的后继者却无定论。所以，在道统思想逐步确立的过程中，是否直接准确地承接孔孟之道，便成为历代思想家能否代表道统、是否有权品评皇权政统的标准。自唐代至明末，韩愈、二程、朱熹等人皆自称学承孔孟，后世学者对此多有评判，其缘由也多出于此。

颜李学派也不例外，他们有感于朝代更迭，其思想建立在反对程朱理学的基础上，直指朱熹思想非孔孟之道，并以承袭孔孟之道自居。关于道统，颜元认为"《论》、《孟》之终，皆历叙帝王道统，正明孔、孟所传是尧、舜、三代之道，恐后世之学，失其真宗，妄乱道统也"①。他所说的

---

① （清）颜元著，王星贤、张芥尘、郭征点校：《颜元集》，642 页。

"失真宗、乱道统"的思想指的正是程朱理学。由于程朱理学喜好静坐清谈，颜元认为其"全废'三事''三物'之道，专以心头之静敬，纸上之浮文，冒认道统"①。因此他认为"故仆妄论宋儒，谓是集汉、晋、释、老之大成者则可，谓是尧、舜、周、孔之正派则不可"②。虽然当时程朱理学仍是官方学说，但是颜元认为要恢复孔孟道统，就要反对程朱理学，"去一分程、朱方见一分孔、孟"③。颜李学派准确地表明了他们的看法："明道不在《诗》、《书》章句，学不在颖悟诵读，而期如孔门博文、约礼、身实学之，身实习之，终身不懈者。"④ 可以看出，指证程朱理学不是道统，是颜李学派重兴道统的出发点。他们将程朱理学置于孔孟道统的对立面，感叹"程、朱之道不熄，周、孔之道不著"⑤，主张禁绝程朱理学所致的空谈心性，不务实事之风。这在李塨所整理的《颜习斋先生年谱》中也可见一二："先生自此，毅然以明行周、孔之道为己任，尽脱宋、明诸儒习袭，而从事于全体大用之学"⑥。由此，颜李学派提出道统的内容为尧舜的"六府"、"三事"和周孔的"三物"。为了维护并重继孔孟道统，颜元还亲设书院，培养"习行"人才，以实现他经世致用的弘道宗旨。需要说明的是，他还倡导"夫'文'不独《诗》、《书》六艺，凡威仪、辞说、兵、农、水、火、钱、谷、工、虞，可以藻彩吾身、黼黻乾坤者，皆文也"⑦。不难看出，颜元的道统观，承接了尧舜孔孟之道，同时也超出了传统理学、经学，特别是宋明理学所研究的范围，迈向了一个更广阔的层面。颜李学派的伦理思想，其人性论、义利观和修养论皆是该学派以道统自居的学术表达，希望能够以道统的身份传播学术，指导现实生活，达到经世致用的目的。因此，颜李学派在思想理论上的突破，不仅是为了否定程朱理学的权威，更是为了继承孔孟道统，实现其与政统的联盟。

在宋明时代，宋儒和明儒还是极具明道精神的，但是他们明道的出路却只是为官，"道"由此渐失其独立性。至明代晚期，酷杀迫害的政治氛围使得知识分子阶层逐渐畏惧世事，为王朝的灭亡埋下隐患。颜李学派认为程朱理学无法继续承担"道统"，这一反思和质疑可谓在一定程度上顺

---

①　（清）颜元著，王星贤、张芥尘、郭征点校：《颜元集》，642 页。
②　同上书，48 页。
③　同上书，398 页。
④　同上书，48 页。
⑤　同上书，398 页。
⑥　同上书，726 页。
⑦　同上书，190 页。

应了历史趋势。颜元曾经说过："若聪明人也，则以天地粹气所钟，宜学为公卿百执事，以勤民生，以佐王治，以辅扶天地，不宜退而寂灭，以负天地笃生之心。"① 这句话非常清晰地表明了颜元的弘道意识。可以看出，颜元认为知识分子的所学，只有达到经世致用的目的，才能够担当起弘道的重任。颜李学派不仅以传承孔孟之道为己任，更要将孔孟道统发扬开来，将个人与国家命运紧密相连，将学术与政治紧密相连，超越程朱理学，发前人未发之言与未敢发之言。因而在清初短暂的时间里，颜李学说在全国范围受到了学界和政界的认可，颜李学派承袭了孔孟之道，几乎成功与政统联盟。

颜李学派的道统观打破了程朱理学的统治地位，使学术与政治紧密联系，达到了经世致用的目的，承担了道统的历史作用。但是随着清政府借程朱理学来消除异族入关的阻碍，大力推行文字狱，颜李学派便开始受到压抑，而程朱理学则再次成为官学。在乾隆中期，更有阎循观和程仲威撰文诋毁颜李学派，认为这一学派的思想危害了朝廷和社会。此后，颜李学派几近为清廷所搁置，无人问津。在政统与道统角力的过程中，颜李学派沉寂了两百年。直至清末民初，颜李学派才再次受到推崇。曾国藩的幕僚戴望在所著《颜氏学记》的序言中说道："颜李之学，周公、孔子之道也。自陈搏、寿涯之流，以其私说簧鼓天下，圣学为所汩乱这五百余年，始得两先生救正之，而缘隙奋笔者至今不绝，何其蔽与！"以此为标志，在清末，颜李学重新得到关注，上至朝廷大员，下至地方文人都开始挖掘颜李学派的思想精髓。在 20 世纪 20 年代，中华民国大总统徐世昌开始推崇颜李学派，并由官方建立了四存学会，以发扬颜李学说。

从清初直至民国，颜李学派伦理思想的历史命运跌宕起伏。在政统与道统的角力过程中，清政府作为统治阶级有其过失，然而希望承继道统的知识分子本身也需要反思这一过程。就颜李学派的思想本身而言，该学派对于明末清初的战乱及少数民族统一政权的建立颇有反思。然而，其思想虽在一定程度上反映了新兴市民阶层的利益和资本主义萌芽进一步发展的要求，具体的改革措施也或多或少触动了封建土地所有制，但尚没有真正地站在历史的最前端，更不可能独立客观地研究，为社会所用，这也是颜李学派道统观中存在不少弊端瑕疵的原因之一。不难看出，颜李学派对程朱理学的批判伴随了初为帝王师以及王朝更迭的惶恐，他们渐渐因对政治权

---

① （清）颜元著，王星贤、张芥尘、郭征点校：《颜元集》，126 页。

力的依附而使道统丧失了超越性和指导性。站在新的历史时期，任何掌握政权的阶层，都具有带领人类走向美好未来的使命，而任何道统的承载者，都具有发现走向美好未来道路的使命。借由发现真理、发现人类至善的契机，道统与政统能够结成共生关系。两者互为条件，是个双赢的过程。

第六章　命运兴衰——从与亚当·斯密的比较看

　　中国传统伦理思想包含传统文化中的精华部分，也有不足和欠缺之处。前者使中华民族的文明华彩延续至今，并为整个人类文明贡献智慧；后者在中国近代剧烈转型的历史中，成为导致西方文明赶超、领先中华文明的原因之一。因此，回顾近代中国转型时期的思想史，比较研究这一时期中西方的伦理思想，对我们当今开展自我反思、理论创新有着启发作用。

　　基于上述考量，本书选取亚当·斯密的伦理思想同颜李学派的伦理思想进行比较。两者的理论生成背景、理论出发点、具体思想内容及学术命运都具有极大的比较价值。

　　颜李学派伦理思想形成于明末清初，正是中国传统文明逐步被西方文明赶上并超越的关键性时期。相对而言，此时欧洲正处于封建社会的瓦解阶段，资本主义生产关系开始萌芽和成长。与颜元同时期的英国思想家亚当·斯密，面对英国社会的变化，反思这一时期社会各阶层的道德问题，完成了具有代表性和划时代意义的著作《道德情操论》及《国民财富的性质和原因的研究》（简称《国富论》）。亚当·斯密和颜李学派同处大变革的时代，都以建立理想社会为目标，对人性、利益及行为调节方式等问题的观点有很多相似之处。然而，两种思想的学术命运迥异，颜李学派传至第三代后，渐为清王朝所搁置弃用，而亚当·斯密的学术理论却在英国、欧洲大陆乃至全球掀起热潮，一直为世人所关注。此后，英国和中国的国家命运也迥然不同：英国迅速进入了工业化时代，开始建立市场经济体系；中国国力逐渐衰微，直至沦为半殖民地。这种理论相似而命运迥异的现象，值得思考和研究。

　　本章分析比较颜李学派和亚当·斯密的伦理思想体系，通过互为主体的比较视角，结合各自的历史条件，分析二者的得失及其兴衰缘由，为揭示颜李学派伦理思想的现时生命力奠定基础。

第一节　比较视野下的伦理基础理论

在以比较的视野审视颜李学派伦理思想与亚当·斯密伦理思想之前，有必要简要地明晰《国富论》和《道德情操论》的关系。

在亚当·斯密的两部巨著出版后的两百多年里，国内外的相关研究有两种倾向：其中一种倾向是将研究力度主要集中在《国富论》这部著作上，而忽视了《道德情操论》的学术价值。《国富论》问世前，经济学并不是一门独立的学科①，《国富论》的问世开辟了经济学在现代学科体系中的位置，亚当·斯密也成为现代经济学之父。伴随着经济学地位的上升，《国富论》的学术价值也随之上升，受到的关注渐渐超过《道德情操论》。特别是在国内的研究中，研究《国富论》的成果明显占据优胜地位。另一种倾向是认为《国富论》与《道德情操论》两本著作相互矛盾，即存在所谓的"亚当·斯密问题"。例如经济学的历史学派就持有此观点，认为由于受到法国唯物主义思想的影响，两本著作建立在不同的人性基础上，因而其理论也彼此矛盾。然而，这两部著作之间非但没有矛盾，而且所谓的"亚当·斯密问题"亦不存在，对这一问题的探讨在国内外学术界业已完成。因此，本章的分析，建立在两部著作思想统一的基础之上，由此挖掘《道德情操论》与《国富论》的理论体系，并以之作为分析颜李学派伦理思想的"他人之镜"。

按照亚当·斯密两部著作成书时的学科划分，伦理和经济都属于道德哲学的范畴。所以从道德哲学的层面看，亚当·斯密所关注的主题是建立一个理想的社会。在这个理想社会体系中，《道德情操论》是社会秩序基础性的思考，而《国富论》是对社会秩序中商业秩序的思考。由于商业在这一时期的重要地位，所以《国富论》中对商业秩序的思考能够完善、深

---

①　据陈岱孙在《真理的追求》1990 年第 1 期《亚当·斯密思想体系中，同情心和利己主义矛盾的问题》一文中的观点："首先，虽然从现在看《道德情操论》所涉及者是伦理问题，而《国民财富的性质和原因的研究》所涉及者是经济问题；从而涉及者为两个不同的学科。但在亚当·斯密的时代，尤其在亚当·斯密的体系中，它们只是'道德哲学'这一学科的，还不是全部的，两个构成部分。……作为一个学科的两个构成部分，两个不同的论点成为两本书各有的强调重点，是完全可以理解的；不能因之而认为二者就必然构成了不可调和的矛盾。"

化理想社会的建立体系。因而在本章第一节的比较研究中，更多是将颜李学派的伦理秩序思想同《道德情操论》的伦理秩序思想进行比较。《国富论》虽然是《道德情操论》的深化与发展，但亚当·斯密并没有完全让后者支配和约束前者的研究。《国富论》以一种客观独立的经济学分析，关注富国裕民的理想，为其与颜李学派的比较提供了独特的空间。颜李学派作为明末清初实学思想的代表，颇为关注国家经济发展，提出了"经世致用"的理念。这一方面的比较研究与分析，将在本章的第二节进行。

就伦理思想的具体内容而言，颜李学派和亚当·斯密在人性、利益以及行为调节方式三个方面都有相似之处。其一，都肯定了人性之中天生存在"善"因。颜李学派否定人性二元论，认为人性即"气质之性"，"气质之性"天生无恶，而人的不道德行为只是由于在后天环境中被外界"恶"的因素所污染，所以有"恶由引蔽习染"的说法；亚当·斯密认为人性复杂，但因具有"同情共感"的能力，所以人们能够仁爱行善。其二，都认为利益具有存在的必然性和合理性。颜李学派提出"正谊谋利，明道计功"的理论，反对做事不计合理个人利益的腐儒之论；亚当·斯密认为人既爱己也爱他，但是首爱自己，认为人的合理自利是市场经济运转的动力之一。其三，都提出了调节个人行为的方法。颜李学派提出"习行"的修养方式，主张在日常的修身与教化过程中发挥人的主观能动性，将个人利益同国家利益联系起来，成为经世致用的圣贤；亚当·斯密认为公正旁观者的存在，结合斯多葛学派"自制"理论，为理想社会中个体行为的合理性提供了理论可能。

虽然二者的伦理学理论具有很多相似之处，但两者的学术命运迥异，探寻二者极大相似性背后的迥异缘由，实为必要。

一、气质本善，引蔽习染与同情共感，爱己爱他

人性问题，是颜李学派伦理思想和亚当·斯密伦理思想的基石。二者的理论体系首先回答的就是人性的内容和人性之善恶的问题。因此，研究颜李学派的伦理思想和亚当·斯密的伦理思想，首先需要比较两者在人性论上的差异。在具体的人性问题上，颜李学派反对人性二元论，主张人性一元论。他们认为人性就是人的气质之性。这种气质之性天然形成，具有善的属性。亚当·斯密主张人性的形成是天生的，可以表现为两个方面，既"爱己"也"爱他"。在这两个方面中，"爱己"和"爱他"都受到同情共感能力的影响才得以发挥。因此，"爱己"和"爱他"只是人性中的两

个方面，并不是此消彼长的关系。亚当·斯密与颜李学派关于人性的研究结论颇为相似，都认为人性是天生已有，能够形成美德，这是两者伦理思想相似的基本理论依据。

颜李学派的人性论，实际上主要由颜元提出，他在《四存编》中著有《存性编》，专门论述人性的问题。颜李学派的人性一元论，以孟子的性善论为基础，但并不是对孟子性善论的简单继承陈述，而是具备了批驳程朱理学人性二元论的时代精神。事实上，人性一元论和人性二元论的根本分歧在于理气是否统一。宋代张载开创了人性二元论的先河，其后宋明理学继承并发展了他的观点。朱熹将人性分离成"天地之性"和"气质之性"，定性前者为善，是天理；后者为恶，是人欲。颜元的人性理论建立在反对这一观点的立场上，否定人性二分，并将人性归结为"气质之性"。

颜元提出人性一元论，实质就是认为理气合一。在《存性编》中他曾经绘图以示人性，并配以注释。虽经清朝文字狱的禁锢和历史长河的洗涤，这些图示已失传，但从原文注释中仍可清晰了解其"理气融为一片"的观点。颜李学派认为世间万物都发端于"气"，"气"作为源头分别分化成"阴"和"阳"，而"阴"和"阳"又分化成"元"、"亨"、"利"、"贞"四德。这"二气"与"四德"继续分化，成为人间万物。因此，他提出："二气四德者，未凝结之人也；人者，已凝结之二气四德也。存之为仁、义、礼、智，谓之性者，以在内之元、亨、利、贞名之也；发之为恻隐、羞恶、辞让、是非，谓之情者，以及物之元、亨、利、贞言之也；才者，性之为情者也，是元、亨、利、贞之力也。"① 颜李学派认为人性是气质之性，"气"不仅是万事万物的源头，同时它的属性为善，因此人类天生性善。在《四存编》里颜元说明了对人性的基本看法：

> 著《存性》一编，大旨明理、气俱是天道，性、形俱是天命，人之性命、气质虽各有差等，而俱是此善；气质正性命之作用，而不可谓有恶，其所谓恶者，乃由"引、蔽、习、染"四字为之祟也。期使人知为丝毫之恶，皆自玷其光莹之本体，极神圣之善，始自充其固有之形骸。②

① （清）颜元著，王星贤、张芥尘、郭征点校：《颜元集》，21 页。
② 同上书，48～49 页。

这里，颜元提出人性是天然形成的，是天道。人与人之间虽然性命和气质有差异，但是从本质上来看都是天生性善的。人性本善，人类之所以会有恶性，原因在于"引蔽习染"，即由于受到后天坏的、恶的东西的蒙蔽影响，导致本性善良的人有了恶性。在阐述自己人性观点的同时，颜李学派还提出程朱理学的人性观是完全错误的。其错误在于将"理"、"气"对立，认为人性存在二元，在人性这个体系中，理是至善，而性是恶的，人之所以会有恶性是因为性脱离了至善的理，受到欲望的牵制，因此要"存天理、灭人欲"。颜李学派驳斥了程朱理学的观点，认为"理"、"气"是一个统一体，它们的属性也都是相同的，不应该将两者分开讨论。这里可以看出，颜李学派的人性论是一元人性，其人性一元无恶的观点，较程朱理学的人性二元论更能反映出人性的本质，也易于引导人们进行道德修养。

颜李学派同时也提出，虽然"理"、"气"是一个统一体，但"气"也有偏有全。出现"气之偏者"，并非说明人性为恶，而是说明不同的人在禀气上有所不同，这个差异并非是善恶之异。既然人性没有善恶之分，那么恶又从何而来？颜李学派进而提出了"恶由引蔽习染"的观点。所谓"引蔽习染"，是指人性"受邪物引动而蔽其性"，"习于恶，染于恶"①。这个"恶由引蔽习染"的理论实际上继承了孟子的观点。总之，该学派秉承了人性一元论，指出了人的"气质"无善恶，人的本性是善良的，但是由于受到邪物引诱，因而变成恶的。因此，在社会行为中出现的恶行，并非是行为主体本性之恶造成的，而是由于行为主体本性受到邪恶事物的引蔽和诱惑。

此外，颜李学派认为程朱理学的人性论之所以必须批驳，是因为他们将人性定义为恶，这样就使"存天理、灭人欲"成为合理，将一种道德宿命论灌输给普通民众。在反对程朱理学人性二元论的基础上，颜李学派进一步分析，认为人的气质因人而异，由于气禀的不同而导致人的个性差异，这并非善恶之分。因此颜李学派在对待人性问题时，主张对于不同的气质要善于引导和发展。在这个问题上，颜元很推崇孔子因材施教的原则，这实际上也提出了尊重个性、反对盲目服从、反对压制个性的道德修养理论。

亚当·斯密的伦理思想体系也极其关注人性问题。但是，并非如现在

---

① 朱贻庭主编：《中国传统伦理思想史》，486 页。

的一些经济学研究所理解的那样，认为人性是"利己"或者是"爱己"。事实上，亚当·斯密在《道德情操论》的开篇便提出了自己的人性观点，其观点并非"爱己"这样简要单一。

首先，在分析亚当·斯密人性论内容之前，有两个概念需要辨析："同情心"与"同情共感"。这两个词都离不开"同情"。虽然在《道德情操论》开篇第一段就出现了"同情"一词，但随着作者论述的深入推进，出现了两个截然不同，却又彼此联系的概念，即"同情心"与"同情共感"。根据亚当·斯密的论述，"同情心"是指人的一种自然的心理倾向，是对他人情境和境况的关注。这种倾向和关注不仅品德高尚之人拥有，即使是大奸大恶之人也拥有。所以"同情心"是人之皆有的一种心理，同个人的性别、阶级、年龄、个人品行都没有关系。在人类的相互交往中，人们凭借这种同情心，感受和想象他人的痛苦境况，就会对他人的情感产生共鸣，因而生出一种怜悯之情，甚至生出帮扶之意。所以说，"同情心"是对他人悲伤和不幸的怜悯之情。但是"同情心"并非"同情共感"。在亚当·斯密的著作中，"同情共感"是一种和同情心关系不大的能力，是借由交换个体处境而感受对方感受的一种能力。这种能力也是人所共有的，是复杂人性表达的媒介。

其次，借助这个媒介，我们来分析一下亚当·斯密人性论的主要观点。亚当·斯密认为人性天生且复杂，这种复杂性导致人性中不仅包含爱己因素，同时也包含爱他因素，而无论是"爱己"还是"爱他"，都是由于同情共感的天生能力所引起的。那么，什么时候人会显现爱己的行为，什么时候人又会显现爱他的行为呢？这就要由同情共感能力的对象来决定。同情共感将自己作为对象的时候，人们就会爱自己，形成利己行为；将他人作为对象的时候，人们就会爱他人，形成利他行为。① 可以说，"爱己"和"爱他"是人性这一问题的两个方面，这种同情共感的能力就是复杂人性的基础、来源和动力。如果将亚当·斯密的思想与颜李学派相比较，可以看出两者在这方面的观点极为一致：都认为导致人们具有某种美德行为的人性，具有天然的先验性。

可以说，亚当·斯密的人性论并非简单的爱己或者爱他，下面就分析

---

① 亚当·斯密还提到了一种情况，即当人们将自己作为同情共感的对象时，就会爱己，并随之做出利己的行为，但是如果这个利己的行为同时也造成了利他的效果，那该怎样分类呢？亚当·斯密将这类行为归为爱己，因为无论结果是否利他，人们的这种行为都是以自己为同情共感的对象而生发出来的。

一下曾经出现过的两种对亚当·斯密人性论的错误理解，以便更好地分析
其人性论的精髓。

第一种，人性就是"爱己"的误解。在研究《国富论》的学者当中，
有人主张将"爱己"看作亚当·斯密所认可的人性，认为正因为人性就是
爱自己，所以才会有"经济人"假设。然而，将亚当·斯密的著作统一地
进行分析，就知道这个认识是错误的。在《道德情操论》第七卷中，亚
当·斯密对于这个问题有过清晰的分析：

> 当他们说，促使我们表示赞同或愤怒的不是我们对自己已经获得
> 的益处或遭受的损害的想法，而是假设我们在社会中与这样的人打交
> 道，我们对自己有可能获得的益处或遭受的损害的想法或想象，在这
> 时候，他们正在不怎么明确地指向这种间接的同情。①

在此，亚当·斯密提出，人类之所以对某种行为表示赞美或责难，表面上
似乎是因为爱自己，关注自身的利益，因此对于已经遭受的损害或者是已
经获得的益处在心中存有真实的感受，这种感受促使我们表达自己的想
法；但实际上，是人类天生的同情共感的能力促使我们表达自己的感受，
更确切地说，因为具有同情共感的能力，所以个人能够感知自己的快乐和
痛苦，同时也能够感知他人的快乐与痛苦。只是两相比较，前者比后者更
加强烈和直接。因此，当我们将自己置身于社会中，感受自己的痛苦或者
喜悦时，就能够对导致我们痛苦或者喜悦的事物进行评判。可见，人们将
自己作为同情共感的对象，就会爱己，形成利己的行为；人们将他人作为
同情共感的对象，就会爱他，形成利他的行为。所以说，认为人性只是爱
己是比较偏颇的。

第二种，人性就是"爱己而利他"的误解。还有不少学者曾提出，
亚当·斯密所主张的人性是"爱己"，且"看不见的手"能够将这种利
己行为转化成利他行为。的确，在有些情形下，人们利己的动机会形成
利他的结果，或者利他的动机会形成利己的结果。无论结果如何，亚当·
斯密指出，都不能够撇开动机，仅仅将单一的"爱己"或者单一的"爱
他"归结为人性，因为"爱己"或"爱他"都必须将某一特定个体作为同
情共感的对象才能够实现。因此，如何看待传统研究中认为"爱他是因为爱

---

① ［英］亚当·斯密：《道德情操论》，359 页，北京，中国社会科学出版社，2003。

己"这一问题，成为理解亚当·斯密所主张的复杂人性以"同情共感"能力为媒介生发出不同行为反应的关键所在。

亚当·斯密分析道：

> 然而，同情在任何意义上都不能被看作一种自私的倾向。当我同情你的悲伤或愤怒时，的确可以声称我的感情是建立在自私的基础上的，因为它源于我对身于你的处境，并由此设想我在相似的情形中会有什么样的感受。但是，虽说同情恰当而论是源于一种想象上的与当事人的位置转换，然而这种想象上的转换并不是被设想成正好发生在我的身上，而是发生在我同情的那个人身上。当我为你失去独子而向你表示哀悼时，为了分担你的悲伤，我不是去考虑，假设我有一个儿子，而且这个儿子也不幸死了，我这样一个具有目前这般身份的人将会遭受什么样的痛苦，而是考虑，假设我真的是你，我会遭受什么样的痛苦，我不仅与你转换了位置，而且也转换了身份和角色。因此，我的悲伤完全是因为你的原因，而丝毫不是因为我自己的原因。所以说这丝毫不是自私。我的悲伤甚至不是源于对任何降临在我固有的身份已有关系的事情的想象上，而完全是源于与你有关的事情，怎么能被看作一种自私的激情呢？①

可以看出，亚当·斯密所提出的"同情"和其他伦理学家的"同情"有着本质的区别，借由这个区别，亚当·斯密将"爱己"和"爱他"完全区分开。这种区别就在于：亚当·斯密认为"同情"是基于身份和角色的转换，而不是基于情感的迁移。也就是说，要求"我"这个主体完全进入到"你"的躯壳中来感受"你"的不幸和痛苦，而并不仅仅是"我"带着自己的躯壳来感受"你"这个角色所正在承受的不幸和痛苦。这种躯壳，实际上就是一个特定个体的身份和角色，只有拥有这种身份和角色，才能够真实地感受到躯壳主人的不幸和痛苦。这种同情的情感由于能够从一个主体进入另一个主体，因而和单纯的同情心不同，它显得更加强烈和清晰。因此亚当·斯密认为自我的悲伤不是由于自我的原因，而是基于同情共感的能力，使对方成为自己情感的原因。他借同情共感的能力，把人性中的"爱他"看作一种无私。

---

① ［英］亚当·斯密：《道德情操论》，359 页。

　　这样，亚当·斯密将人类"爱己"和"爱他"加以分离。他认为人类由于拥有同情共感的能力，根据对象的不同，能够形成"爱己"和"爱他"的情感，由此分别形成利己或者利他的行为。而"爱己"和"爱他"之间、利己和利他之间没有任何对立的关系。因此，就不难理解亚当·斯密的举例，认为如果一个人仅仅是因为他人的原因而爱惜自己的身体，而没有因为爱己的原因而爱惜自己的身体，那么也是不值得称赞的。这样的分析，将"爱己"和"爱他"分离开来，避免彼此成为对方行为的动机。由此，亚当·斯密进一步完善了他的人性论，提出人性是天生的、复杂的，包含了"爱己"和"爱他"两个彼此不对立的部分。

　　最后，来分析一下人性的这两个方面。首先来看"爱己"的方面。在复杂的人性中，亚当·斯密认为虽然"爱己"和"爱他"不是对立的，但是"爱己"仍然处于优先地位。在《道德情操论》中他论述道："无疑，就本性而言，每个人首先和主要的是依靠自我关心；由于他更胜任于关心自己，而不是别人，所以，自我关心亦理所当然。"[1] 在此，亚当·斯密想要强调的是个人拥有一种正常的情感，即首先关心自己。由于在所有爱的对象中，只有自己本人是最能够完成爱之情感的对象，因此首爱自己成为一种恰当与合适的行为。如果一个人首先关心别人，那么这就是一种不太自然的情感表达。亚当·斯密的论述是对人性本能不偏不倚的真实描述，将天生的"爱己"归入正常的人性之中。同样，在《国富论》中，他提出：

　　　　我们每天所需的食物和饮料，不是出自屠户、酿酒家和烙面师的恩惠，而是出于他们自利的打算。我们不说唤起他们利他心的话，而说唤起他们利己心的话。我们不说自己有需要，而说对他们有利。[2]

可以看出，与颜李学派一样，亚当·斯密也选取了人们生活的实际内容来分析人性，用真实的生活实例来证明人性之根本。在亚当·斯密看来，人作为社会成员而存在，因而具备了社会性，正是这种社会性要求人通过社会化的活动来满足自己的需要。换言之，正是因为人具有爱自己的本性，

　　① ［英］亚当·斯密：《道德情操论》，89 页。
　　② ［英］亚当·斯密：《国民财富的性质和原因的研究》，上卷，14 页，北京，商务印书馆，1972。

才必须为了满足自己的需要而与其他同类生活在一起。由此，人类组成了社会，具备了社会性，人类社会才有发展繁荣的可能。所以，亚当·斯密十分赞同人的自爱行为，认为这是人类社会形成的基础。同时他反对责难人的自爱行为，认为在某些时候人的自爱是值得尊敬和认可的：

> 关注我们个人的幸福和利益，在很多情况下也是非常值得赞扬的行为原则。节俭、勤劳、谨慎、专心、专注，这些习惯通常都被认为是由自利的动机出发而养成的，而且他们也被认为是非常值得赞扬的品质，值得每一个人尊敬和认可。①

亚当·斯密将"爱己"看作一种正常的人之本性，反对将"爱己"同"善"或者"美德"等概念对立起来，但他不认为自爱百无一害。在《道德情操论》中，他在反驳哈奇森的仁慈理论时提出，如果一个人的自爱没有对外界造成恶的后果，那么这种人性情感不应该被责难；如果这种自爱的情感有碍于普遍的善，那么就是邪恶的，应该受到指责。由此可以看出，"爱己"在亚当·斯密的人性论中，是一个中性的概念。

接着，亚当·斯密又分析了人性中的"爱他"。他将爱他的对象分成三个层次：亲人、国家社会和宇宙。亚当·斯密提出个人首先最爱自己的亲人："在自己之后，每个人的家庭成员，那些通常与他同住一个屋檐下的人，他的父母、孩子、兄弟姐妹，都自然是他最热烈情感的对象。"② 其次，个人爱国家社会："指导我们的善行在面向个人时遵循什么样的次序的那些原则，同样适用于我们的善行在面向团体时的情形。那些对我们至关重要，或可能至关重要的团体，便是我们的善行首要和主要所向的对象。在一般情况下，我们在其中生长、接受教育，并仍在其保护之下生活的政府或国家，便是我们的好行为或坏行为对其幸福或不幸有极大影响的最大的团体。"③ 最后，个人将爱他之心投向了浩瀚宇宙中任何有生命之处。"虽然，我们富有成效的帮助难以提供给任何比自己的国家更大的团体，但是，我们的善意是无边无界的，它能拥抱无垠的世界。我们想象不出有任何无害而有知的生命，其幸福是我们所不欲求的，或者，当我们设

---

① ［英］亚当·斯密：《道德情操论》，343 页。
② 同上书，247 页。
③ 同上书，257 页。

身处地地想象其不幸时而不对其不幸表示一定的厌恶。"① 可以发现，亚当·斯密在论述人性中"爱己"与"爱他"两个方面时，秉持了一种中立的态度，以一种平等的观点对待生命，并没有因为分析人性，而将人类或者其他生物刻意抬高或贬低。这样客观的治学精神，利于其发现宇宙中的真理。

在亚当·斯密的人性理论中，"同情共感"成为个人与他人和社会发生关系的纽带。人性中"爱己"和"爱他"这两个方面并存，且以"爱己"为主为先，但同时还要通过"同情共感"来抑制爱己。"正是更多地同情他人，更少地同情我们自己，约束我们的自私自利之心，激发我们的博爱仁慈之情，构成了人性的完善；也只有这样，才能在人类中产生得体与合宜即在其中的感情的和谐。"②

在人性论问题上，颜李学派和亚当·斯密的立论形式和论证思维虽不完全相同，却有着十分相近的思想倾向和理论立场。颜李学派以气质之性为人之本性，且认为人性无恶，这就在根本上肯定了个人的天性、欲求具有天然合理性。这与亚当·斯密视人之"生而爱己"天经地义的观点如出一辙。亚当·斯密认为人类具有关注他人利益和幸福的原始同情心，这与颜李学派所主张的人的气质之性由"二气四德"凝结而成的观点在基本倾向上也是相同的。二者之间也存在差异：一是体现在人性论的具体内容方面，此前已有分析，在此不复赘述；二是体现在人性论所面对的社会环境方面。颜李学派人性论最根本的特点就是不离开人伦经济来论述人性。颜李学派是从关注民生经济的视角来解释人性的，这体现出中国传统人性论思想自明代以来逐渐从"天"回归到"人"的理论进步。可以说颜李学派"气质性善论"在这一点上完全超越了他们所批判的对象——程朱理学。然而，由于理学在明末清初的社会意识形态中占绝对统治地位，"存天理、灭人欲"仍然是主流，所以提倡人性无恶、"恶由引蔽习染"的思想只能算是一种启蒙，是在那个封闭时代的微弱之声。

结合中国传统文化的特征来看，历代思想家有关人性的分析都是在政治框架内进行的，带有浓厚的政治伦理意蕴。在这种为君主政治服务的语境下，对人性的分析总是避免不了进行善恶的价值判断，并结合善恶价值判断来规导个人的修身活动。这样的人性论，最终会脱离人类真实生活，

---

① ［英］亚当·斯密：《道德情操论》，265 页。
② 同上书，22 页。

一味追求内圣境界。颜李学派虽然能够看到程朱理学脱离生活实践的弊端，能够结合民生经济实况来分析人性，但是也免不了因为追求内圣而导致对人性的分析脱离了人性本身。在颜李学派的人性论中，存在一个"上帝"，作为人性之源头。其人性气质无恶的理论，相较亚当·斯密的人性论而言，欠缺些许真实感，有脱离人性本身的隐患。究其原因，这同颜李学派所处的历史环境相关。亚当·斯密所处的历史环境则非常不同，关于人性自爱的思想，在亚当·斯密之前就有很多著名思想家提出过，这也成为亚当·斯密人性论的理论渊源。亚当·斯密关于人性兼具"爱己"和"爱他"两方面的理论，更真实地反映了人性的本质。在其人性理论提出的时候，新兴资产阶级基本上已经成为社会的主导力量，人性自爱成为主流思想的一种，在工业革命开始推进的英国占据了一席之地。颜李学派和亚当·斯密的理论所处的社会环境的不同，也预示着各自不同的命运。

人性论问题在中国传统伦理思想史上占据重要的位置，它是义利观和个人修养的前提，为提出人之为人的存在方式，以及个体完善自身的理论奠定了基础。

二、正谊谋利，明道计功与利己为先，自利非恶

"己"与"他"在人性论中是一对重要的概念，借由同情共感的能力，人性表现出"爱己"和"爱他"；在对义利观的讨论中，这对重要的概念仍然存在，"爱己"成为"利己"行为的动机，"爱他"也成为"利他"行为的动机。为了维护人类社会的稳定，"利己"行为成了"利"，"利他"行为却具有了"义"的含义，在颜李学派和亚当·斯密的义利观中，它们既被当作行为的动机，也被看作行为的结果。这样，在探讨义利观问题时，"利己"与"利他"成为一个复杂的问题。一般情况下，利己的动机会导致利己或者利他的结果，同时利他的动机也可能导致利己或者利他的结果。问题的关键在于，纯粹利己或者纯粹利他的结果之外，还存在着另一种情况，即利己与利他结果的混杂，且这种结果出现的可能性更大。也就是说，利己的动机可能导致单纯利己、单纯利他、利己且利他、既不利己也不利他、利己不利他，以及利他不利己等多种结果，利他动机的行为也是如此。在这种利己与利他混杂的结果中，如何看待个人利益，并且适当调节个人利益与他者利益的关系，成为颜李学派与亚当·斯密分析义利

关系的重点，也是分析个人与社会关系的切入点。

在义利观问题上，颜李学派和亚当·斯密都提出了重要的思想。颜李学派针对程朱理学泯灭人欲的弊端，反对汉代大儒董仲舒"正其谊不谋其利，明其道不计其功"的论断，明确提出"正谊谋利，明道计功"的理论，肯定利益存在的必然性和合理性。亚当·斯密在对待利益问题上，也持有相似的观点。他同样肯定个人利益，并提出利己为先、自利非恶的观点。他们都在肯定个人利益存在的必然性和合理性的基础上，看到自利行为对社会公共利益的促进作用，最后将其理论视角投射到个人与社会的关系中。接下来，将从个人利益入手分析利己与利他的关系问题，并探究颜李学派和亚当·斯密在个人与社会关系问题上的理论相似点及其背景成因。

先简要评述一下颜李学派的义利观。传统程朱理学的义利观对个人利益持否定的态度，主张"存天理、灭人欲"，遏制了人的正常欲求。颜李学派最突出的贡献就是批判程朱理学对合理利益的否定，提出个人利益的必然性与必要性，为个人利益的存在找到了理论依据。颜李学派首先通过人们的日常生活论证利益的必然性。"世有耕种，而不谋收获者乎？世有荷网持钩，而不计得鱼者乎？"① 该学派从人们日常最基本的物质生活入手，论证在实际生产劳动中，即便是耕种捕鱼这样寻常的事情，人们都会在乎是否获利，由此可见个人利益必然存在于人们的生活之中，存在于社会的方方面面。同时，颜李学派还列举尧舜的例子，作出"圣贤之欲富，与凡民同"的论断，为利益存在的必然性提供了更坚实的基础。接着，该学派论证了"利"的合理性。他们认为早期的儒家并没有完全排斥个人利益，正好相反，他们很赞赏"义中之利"。颜元举孔子之"君子贵可常，不贵矫廉邀誉"的典故，提出利益的存在具有必要性，肯定了合理的利益。同时，他提出这种传统直到程朱理学时代才被完全中断，程朱理学将"利"和"义"对立起来，主张"利"、"义"不相容，要"存天理、灭人欲"。这种不合理的理论压迫着世人，致使他们谈利色变，空谈玄理，耻于求利，最终导致明王朝国力积弱，朝代更迭。因此，颜元主张恢复先秦传统儒学所倡导的个人利益合理的主张，提出个人利益的存在是必然且必要的，对个人利益在伦理学理论上给予了肯定。颜李学派还提出个人利益不仅必然存在，而且是合理的。颜元也再次驳斥程朱理学，认为"盖'正

---

① （清）颜元著，王星贤、张芥尘、郭征点校：《颜元集》，671 页。

谊'便谋利，'明道'便计功，是欲速，是助长；全不谋利计功，是空寂，是腐儒"①。所以，颜李学派提出谋利、计功是"正谊"、"明道"的终极目的，"利"是"义"的基础，"谋利"、"计功"同"正谊"、"明道"是共生共存的关系。在人类社会中，不应当遏制个人利益，否则会导致社会混乱。因此，颜李学派最后将义利观落脚在个人利益与国家利益相连接的观点上。

同时期的英国，亚当·斯密对个人利益的肯定更为突出和显著。首先，亚当·斯密认为利己为先。他在《道德情操论》中作了清晰的论述："就本性而言，每个人首先和主要的是要依靠自我关心。"②亚当·斯密认为个体首先爱自己，然后才爱他人，因此个人将自利放在第一位，而将他利放在其次。亚当·斯密和颜元一样，从人们的日常生活中论证了个人利益的合理性。在《国富论》第一篇第二章"论分工的缘由"中他论述道：

> 别的动物，一达到壮年期，几乎全都能够独立，在自然状态下，不需要其他动物的援助。但人类几乎随时随地都需要同胞的协助，要想仅仅依赖他人的恩惠，那是一定不行的。他如果能够刺激他们的利己心，使有利于他，并告诉他们，给他做事，是对他们自己有利的，他要达到目的就容易得多了。不论是谁，如果他要与旁人做买卖，他首先就要这样提议：请给我以我所要的东西吧，你也可以获得你所要的东西。这句话是交易的通义。我们所需要的相互帮忙，大部分是依照这个方法取得的。我们每天所需的食物和饮料，不是出自屠户、酿酒家和烙面师的恩惠，而是出于他们自利的打算。我们不说唤起他们利他心的话，而说唤起他们利己心的话。我们不说自己有需要，而说对他们有利。③

在这里，亚当·斯密用日常的经济活动来论述利己为先的观点。他首先从微观的个体说起，认为人类的利己本性要求人类必然生活在群体之中，生活在群体之中必然存在交换行为，而交换行为必定引起分工。因

---

① （清）颜元著，王星贤、张芥尘、郭征点校：《颜元集》，671页。
② ［英］亚当·斯密：《道德情操论》，89页。
③ ［英］亚当·斯密：《国民财富的性质和原因的研究》，上卷，14页。

此，对于个体而言，无论是屠户、酿酒家还是面包师，都会按照利己为先的原则行事。每个人都有着利己的打算，必须拥有别人没有且需要的东西，通过交换来满足自己的需求。

其次，从宏观的经济活动来说，利己为先的原则是一切经济活动的动力，是社会发展的源泉。这里，亚当·斯密提出了著名的概念——"看不见的手"。亚当·斯密认为，受到这只"看不见的手"的调控，资本家虽然是为了满足自己营利的需要，本着利己为先的原则，却必定能够将资本投向最能够挣钱的地方。他通过比尔制作木雕和桌子的例子来说明这个问题：假设比尔有着一定数量的资金，希望进行投资来获得利润。由于他喜欢木雕，因此决定雕刻一只鹰。然而，这只售价 50 美元的鹰却始终卖不出去，最后比尔的母亲以低于成本的价格买下来，这也就意味着比尔投资失败。之后比尔观察到，木桌比木雕鹰更受欢迎，具有良好的市场。因此，比尔及时地改变了商品种类，成功地销售了木桌。亚当·斯密认为，这个时候，正是那只"看不见的手"，指引着比尔制作木桌。

从宏观来说，如果无数成功的"比尔"汇集起来，社会的经济就能够活跃发展。这样，"他追求自己的利益，往往使他能比在真正出于本意的情况下更有效地促进社会的利益"①。在《国富论》第四篇第五章中，亚当·斯密这样说："在可自由而安全地向前努力时，各人改善自己境遇的自然努力，是一个那么强大的力量，以致没有任何帮助，亦能单独地使社会富裕繁荣。"②

再次，亚当·斯密还强调，利己和利他的序位不可颠倒。对此，他将利己比喻成文法，将利他比喻成修辞法，将社会比喻成文章。他认为文章能够完成，离不开文法，这如同社会关系的形成离不开利己一样。文法组成文章的基本框架，而修辞法仅仅是用来美化文章的。同样的道理，利己是社会形成的基础，如果缺乏了利己的因素，人类社会也就不需要存在了。而利他则是让人类社会更加美好的因素，虽然重要，但是无法越过利己的优先性。此外，亚当·斯密还进一步说明，如果过分注重利他，不仅不能够促进社会关系的正常形成，甚至会导致相反的结果，危害社会。因此，在社会生活中应该顺从人的天性，将利己放在首位。

---

① ［英］亚当·斯密：《国民财富的性质和原因的研究》，下卷，27 页，北京，商务印书馆，1972。

② 同上书，112 页。

　　最后，值得一提的是，亚当·斯密不仅认为人类以自利为先，同时还认为自利非恶。一方面，需要说明亚当·斯密所提的"自利"概念并不等同于"自私"，因此这种"自利"不具有恶的属性。在《道德情操论》中，亚当·斯密提出人类行为受到不同激情的影响。自利行为就可能由三种不同的激情所驱动，这三种激情不仅来自个人，同时也来自社会。所以只要是生活在社会中的人，即便是最为利己的人，也不可能完全忽略社会的道德标准，他们或多或少都会用社会的道德准则来指导自己的行为。因此，不能从道德上判断自利行为是恶行。相反，某些自利行为也可能是善行。亚当·斯密认为，如果个人出于自爱，在一定的前提下追求自己的利益，就不应该受到阻碍。这个前提是这个人没有危害他人的利益，没有违反法律。亚当·斯密这种保护自利行为的论断，实际上是为资本主义商品经济的自由发展而提出的，为劳动力资本的自由竞争铺平了道路。他的这个观点，从道德理论上论证了个人利益驱使下的自利行为符合"义"的标准，这和颜元对个人利益的肯定有异曲同工之处。

　　另一方面，亚当·斯密认为人类的自利行为不仅不是一种恶，相反还是一种文明的表现。他认为，人类正是基于善的前提，才会出现相互交换的经济活动，以此来满足自己的需要。如果人类不是基于善的前提，那么为了满足自我需要，最好的方法不是进行分工和交换等经济活动，而是通过暴力掠夺，无偿强占他人的物品，而这是一种野蛮的恶行。因此在文明社会中，抢劫成为法律禁止的行为，而市场交换的经济行为则受到法律的保护。显而易见，人类基于善的原则，在经济活动范围内进行商品交换，满足自我需要。这个过程是人类文明的表现，是一种进化的、非暴力的、善的行为。

　　虽然颜李学派和亚当·斯密都看重个人利益，并且将个人利益合理化，但二者的最终目的都是为了推进国家利益。两者对于个人利益与国家利益的关系进行了相似的、深入的思考。

　　颜李学派强调国家利益，认为最大的国家利益在于"富天下"、"强天下"、"安天下"。颜元极力肯定并沿用了王安石富国强兵的治国之策。他认为宋朝之所以积弱丧国，就是因为不务实用经济，蔑视合理利益。事实上，程朱理学也该为宋、明两代王朝的覆灭承担一定的责任。在批判了程朱理学忽视个体利益的基础上，颜李学派提出了以个人利益推动国家利益的理论。在他们看来，个人利益和国家利益其实没有冲突。个人追逐合理的利益不但不会危害国家利益，相反能够推动国家的进步与发展。由此他们进一步肯定了个人利益对国家利益的促进作用，提出无论是凡人还是圣贤，都应该追求合理的个人利益。

事实上，颜李学派将个人利益看成国家利益的一部分。他们认为追求个人利益是正常的心理需求，这种需求促使人们努力劳作，追寻更好的生活。每个个体幸福生活的实现正是社会利益之所在。颜李学派一直强调传统先秦儒家对于个人利益持肯定态度，提倡合理的个人利益，对社会进步具有积极的推动作用。对此，颜元进一步批判了程朱理学，认为程朱理学完全禁绝个人利益，造成了世人空谈玄理，社会发展停滞不前，国家备受外族欺凌的状况。因此颜李学派提出正视个人利益，用合理的个人利益促进国家利益的提升。这是他们经历乱世后爱国情怀的体现，是关注国家利益的表现。在颜李学派的义利观体系中，个人利益在某种程度上和国家利益是统一的。

类似地，亚当·斯密也认为个人利益与国家利益存在某种一致性。他认为人具有社会属性，不可能独自满足自身所有的需求，必然需要寻求社会中其他个人和群体的帮助，这样个人就必须顾及其他个人和群体的利益。于是，在相互需要相互帮助的过程中，在个人利益得到满足的同时，个体也不自觉地实现了其他个人和群体的利益，由此促进了整个社会的利益。在个人与社会的关系问题上，亚当·斯密强调个人的优先性，但是又揭示了国家社会利益通过个人利益的实现而实现的机理。虽然亚当·斯密非常推崇个人利益的合理性，但是他也没有因此否认社会公共利益的客观性和必然性。他提出个人利益是社会整体利益的一个部分，重视个人利益的最终目的是为了提升社会整体利益。如同他在《道德情操论》中论述的：“我们的最终利益被视为那个整体的一部分，它的幸福应当不仅是我们期望的首要对象，而且是唯一对象。”① 显然，亚当·斯密提倡个人利益的最终目标是提升社会整体的利益。

总体来说，颜李学派和亚当·斯密在义利观上有相似之处。其一，颜李学派和亚当·斯密对个人利益都持肯定态度，他们都看到了个人利益存在的必然性及合理性，提出了对不妨害他人利益的个人利益，应当给予尊重和鼓励。当然，他们对个人利益的肯定是建立在重视国家利益的基础上的，将个人利益看成促进国家利益的原动力，甚至看成国家利益的一个部分。其二，国家利益在颜李学派和亚当·斯密的伦理学理论体系中具有十

---

① ［英］亚当·斯密：《道德情操论》，312 页。

分重要的位置。他们都将追求个人利益归为人类的天性，并指出个人利益与国家利益间的相互关系，突显对国家利益的重视。如马克思所说，人的本质在其现实性上是一切社会关系的总和。正是这个"社会关系"将个人利益相互关联起来，形成一张社会大网。其中单个的个人利益与社会总体利益牵连颇多，或多或少会影响整个国家的利益。因此，颜李学派和亚当·斯密都试图通过维护个人利益来推动国家利益的进步。

颜李学派和亚当·斯密都看到了个人利益同社会整体利益的一致性，更值得关注的是，他们还提出了个人自利活动对社会有利的观点。不过在这点上，两者具有一定程度上的差别。颜李学派对个人利益的重视，虽然是在程朱理学之后的呐喊，但仍然脱离不了儒家道统中知识分子责任意识的印记。因此颜李学派从促进国家利益的角度来分析个人利益存在的合理性，并期待个体通过道德修养成为救世圣贤，偏重国家对个体道德境界的要求。而亚当·斯密则在其义利观体系中明确提出个人利益为先无恶的观点，认为个人利益促进国家利益是一个自然而然的过程。在这个过程中，还存在一些不道德的现象，个体需要提高道德修养水平，而国家社会的角色只是守夜人，对个体不具有权威性。

三、习行实践与看不见的手

颜李学派和亚当·斯密都将个人利益放在了重要的位置，并为个人利益的必然性和合理性正名。这在二者各自所处的社会环境中都可谓是独具一格的。更值得一提的是，两者为个人利益正名，提出其必然性与合理性，是以社会整体利益为出发点的。如前所述，颜李学派和亚当·斯密都看到个人利益与国家利益在某种特定媒介下具有一致性，前者对后者的促进作用不容小觑，因此二者对这种特定媒介进行了分析：颜李学派认为个体利益要促进国家利益，因此提出"习行实践"作为连接两者关系的媒介；亚当·斯密认为个体利益促进国家利益是一个自然而然的过程，但在这个过程中，还需要有一位"公正的旁观者"守护社会的秩序。

颜李学派肯定了个人利益的合理性，认为个人利益对社会发展有促进作用。他们提倡"习行"的原则。"习行"要求在实践中实际地去做事情，去体会、检验理论。颜李学派的这个原则包括了两个方面：由悟转修、以义求利。前者是处理个人利益与国家利益关系的态度，后者是协调个人利益与国家利益关系的方法。

一方面，在"由悟转修"问题上，颜李学派有着独到的见解，倡导凡事要实践，而非顿悟。该学派认为要真正做到"习行"，就要敢于实践。由于程朱理学的误导，世人主静冥想，空谈玄理，顿悟而不干实事。要改变这种误国风气，当务之急就是要倡导实践，这也是颜李学派始终反对死读书的原因。他们主张，解决实际问题需要真正有用的知识，而这些知识需要通过自己亲身实践获得。所以，颜李学派反对死读书，但是鼓励治学。正是他们这种鼓励实践的精神，解放了人们长期受到禁锢的思想，改变了读书人"萎惰"的状态。

另一方面，在"以义求利"问题上，颜李学派遵循了孔孟之道，认为追求利益应当用合理的手段。他们坚决反对用不道德的手段去获取利益。他们看到了利益对于社会的促进作用，但同时也指明没有"义"保障的利益将导致社会的混乱。因此，他们提出，虽然正常的趋利行为能够促进社会的进步与发展，但如果这种利益同社会的长远进步与发展相冲突，就要反对追求这种利益。可以看到，在颜李学派的义利观体系中，"利"始终只是一个手段，而"义"才是最终的目的。他们在寻求一个点，这个点是一个合理的度，是以最终促进社会进步为目标的。

与颜李学派相似，亚当·斯密也提倡个人利益的出发点是提升社会整体的利益。他提出了"看不见的手"这个概念，解释个人利益促进国家利益。

虽然"看不见的手"是亚当·斯密理论中最闪耀的光辉，但这一短语在《道德情操论》和《国富论》中各自仅出现过一次。首先，来看关于"看不见的手"的相关表述。亚当·斯密在《道德情操论》中说道："（富人）消耗的比穷人多不了多少，尽管他们生性自私和贪婪，尽管他们只是考虑自己的方便，尽管他们雇佣无数人劳作的唯一目的也只是为了满足自己那爱慕虚荣和贪得无厌的欲望，但是，他们还得与穷人一起分享他们全部经营的成果。他们被一只无形的手所指引，去对生活必需品做差不多同样的分配，假设地球在其所有居民中被分成各自相等的一份，所能做出的即为这样的分配，因此，他们在无意无知中促进了社会利益，为人类的繁殖提供了条件。"[①] 此处，亚当·斯密认为虽然富人雇用了很多穷人为其劳动，目的仅仅是创造财富以满足他们自己的欲望，但是这一过程的结果却是增加了社会的财富，为更多的人提供了生活所需。同样，在《国富论》第四篇中，亚当·斯密也提出了"看不见的手"这一概念。他在《论限制从外国输入国内能生产的货物》这一部分论述道："确实，他通常既

---

① ［英］亚当·斯密：《道德情操论》，203 页。

不打算促进公共利益，也不知道自己是在促进那种利益。他宁愿投资支持国内产业而不支持国外产业，只是盘算他自己的安全；由于他管理产业的方式目的在于使其生产物的价值能达到最大程度，他所判断的也只是他自己的利益。在这场合，像在其他许多场合一样，他受一只'看不见的手'的指导，去尽力达到一个并非他本意想要达到的目的。也并不因为事非出于本心，就会对社会有害。他追求自己的利益，往往使他能比在真正出于本心的情况下更有效地促进社会的利益。""看不见的手"是一个比喻性的概念，亚当·斯密在两部巨著中并没有对此进行明确的解释，但可以清晰地看出，这只"看不见的手"就是市场的调节作用，它是一种客观的经济规律，调节了社会中的利益关系，不仅平衡了不同阶层人们之间的利益分配，同时还调节了个人利益与国家利益之间的关系。

其次，亚当·斯密"看不见的手"具有一定的运作机制。他认为从个人角度而言，很少有人会主动去促进公共利益，而且人们也不知道应该用怎样的方式，在何种具体领域促进社会的公共利益。然而，个人却能够借由一种力量的驱使，在追求其个人利益的同时，提升社会公共利益，这种力量就是"看不见的手"。由于人类不可能脱离群体生活，因此他寻求个人的利益，必然伴随着他人的参与。这样，每个人就必定会寻求他人的帮助，同时也会关注他人的利益。因此，个人在社会中必定要一方面追寻自己的利益，一方面顾及他人利益和社会利益。于是，在个人追求个人利益的同时，就不自觉地增进了他人利益，促进了社会公共利益的增长。这样，这只"看不见的手"将个人利益同他人利益、国家利益统一协调了起来。

最后，与颜李学派相同的是，亚当·斯密认为"看不见的手"还需要一定条件的保障，即公正。颜李学派的"习行"理论希望个人能够在实践领域里按照以义求利的原则促进国家利益，同时也在《存治编》和《平书订》中论述了国家社会应该提供一种良好的环境，并具体列举了社会改革的措施。同样，亚当·斯密认为"看不见的手"需要在公正的环境中才能够发挥作用，所以他也论述了国家的法律制度和暴力机关的作用。

同颜李学派相比较，亚当·斯密还提出了调节行为的判断权威及判断标准，这是颜李学派理论中较为明显的缺憾。就判断权威而言，亚当·斯密提出了"公正的旁观者"。从本质上说，"看不见的手"是一种客观的规律，它调节了个人利益和国家利益之间的关系。它的运转依靠良好的社会秩序。如果社会秩序受到破坏，则需要对破坏它的恶行进行纠正。亚当·

斯密在此受到斯多葛学派的影响，提出了"公正的旁观者"的概念。他借用"公正的旁观者"来发现恶行，并通过正义的法律制度制裁恶行。在《道德情操论》中，亚当·斯密花费了大量篇幅来论述公正的旁观者如何发挥作用。① 在道德判断标准的问题上，亚当·斯密坚持从动机与效果等多个方面来判断行为的善恶。《道德情操论》第二卷第三章的引言中说道："任何一个行为，是应受到称赞还是该被谴责，首先要看行为得以产生的内在意图或情感；其次要看由这情感引起的外在行为或动作；最后要看这行为或动作实际造成的好的或坏的结果。这三个不同的方面构成了行为的整体性质和全部细节，也应当是判断行为一切特征的基础。"② 在这三个方面中，第一个方面是基础。可以看出情感在亚当·斯密理论体系中的重要地位。"当我们对任何品质或行为表示赞同时，我们所感受到的情感有四个来源，它们在某些方面是彼此不同的。首先，我们同情行为者的动机；其次，我们同情因他的行为而受益的人所表达的感激之情；第三，我们发现，他的行为与那两种同情通常发挥作用所依据的一般规则是相符的；第四，当我们把这样的行为看作有助于增进个人或社会幸福的那种行为体系的一个组成部分时，它们便似乎从这种功用中获得一种美，这种美就如同我们在一部设计精巧的机器中看到的那种美。"③ 然而，亚当·斯密并非一个动机论者，他也注重行为本身以及行为最终造成的结果。

值得注意的是，亚当·斯密对于公正的旁观者的论述，仍然有其未尽之处。要建立一个理想的社会秩序，任何一个现实的个体都无法担任"公正的旁观者"这一角色。基于对资产阶级道德缺失的不满，在其晚年，亚当·斯密借助斯多葛学派的思想，构建了一个理想的完美道德判断权威。可以说，亚当·斯密试图构建一个完全公正的、完美无错的圣贤。这一圣贤的形象和颜李学派所期待的救世圣贤的形象，在本质上如出一辙。在实际社会中，二者都无法找到这一具体的圣贤，然而这并不影响对于美好社

---

①　一些伦理学家认为这只"看不见的手"属于"公正的旁观者"所有，公正的旁观者具有同情共感的能力，并借此发挥这只"看不见的手"的作用。在 20 世纪六七十年代，施奈德曾经在论文中指出：纵观《国富论》，虽然没有提出"公正的旁观者"这一概念，但是此部巨著的前提是作者将自己置于公正的旁观者的地位，并扮演了公正的旁观者的角色来评判商人们在经济活动中的行为。亚当·斯密这种公平正义的气质跃然纸上，使得公正的旁观者成为《国富论》的潜在立论前提。

②　[英] 亚当·斯密：《道德情操论》，100 页。

③　同上书，369～370 页。

会秩序的探索。

　　亚当·斯密和颜李学派对完美的社会道德进行了探索，二者对个人利益同国家利益之间的关系有着相似的思考，并由此提出了不同的实现媒介。颜李学派主张依靠个体"习行"努力，通过个体的实践来培养道德圣贤，聚集个体力量来增强国家利益。颜李学派的理论注重对个体的道德要求。亚当·斯密则发现了一个客观的规律，即"看不见的手"，主张通过公正的旁观者来进行调节，创造完美的社会秩序。亚当·斯密的理论注重的是对社会环境的调节。他和颜李学派的理论借助不同的媒介，但都指向创造完美有序的社会道德秩序，指向将个人利益同国家利益相结合。

　　总体来说，亚当·斯密生活在资本主义上升时期，代表了新兴资产阶级。在当时贵族地主阶级、资产阶级和无产阶级之间的矛盾不断复杂化的过程中，资产阶级同贵族地主阶级之间的矛盾成为社会的主要矛盾。资产阶级作为新兴阶级，首要的任务就是扫除封建残余势力，排除资本主义经济发展道路上的障碍。同时，从18世纪开始，圈地运动合法化，土地所有权的集中使大量破产农民进入城市成为雇佣工人，这些都为产业革命提供了力量。并且，在先进思想和文艺复兴时期优秀文化遗产的影响下，英国民众逐渐摆脱了对宗教的畏惧，力求独立自由。因此，亚当·斯密提出人性复杂，应重视个人利益的思想观点，实际上代表了资产阶级同封建残余势力进行斗争，为资本主义发展生产创造了条件。亚当·斯密的人性论、义利观为当时的工业资产阶级反对封建贵族地主阶级提供了思想武器，顺应了历史发展的趋势。

　　在颜李学派代表人物生活的中国，资本主义虽然早有萌芽，但是其发展特点与英国不同。中国资本主义发展的特点是早熟却不成熟。[①] 在这个时期，中国正在承受土地兼并带来的恶果。"明清两代，除了封建统治者采取政治上的暴力，如用设皇庄、官庄及圈地等方式来掠夺、霸占土地之外，一般地主和商人的集中土地，亦很活跃。"[②] 土地的集中使得一部分农民流离失所，农民起义此起彼伏，社会阶级矛盾不断加剧。然而，中国的土地兼并被没有带来大量的剩余劳动力，只是暂时激化了封建贵族同农民阶级之间的矛盾。在经历政权更迭之后，封建统治者颁布了安抚政策，缓和了这一矛盾。这一时期封建地主阶级同资产阶级之间的矛盾也并没有

---

　　① 参见傅衣凌：《明清封建土地所有制论纲》，4页。
　　② 同上书，13页。

被激化，因此中国没有像英国那样出现规模性的资产阶级，只是在封建贵族阶级同农民阶级斗争的夹缝中诞生了一个新兴的市民阶层，还远不足以成为代表生产力发展方向的阶级。此外，经过宋明理学长期"存天理、灭人欲"的思想教化，当时民众的思想还是极为保守的。因此，颜李学派的理论虽然具有革新性，却始终未为当局所接受，与亚当·斯密的理论有着迥异的命运。

第二节　"经世致用"与"富国裕民"：构建理想社会的思想体系

颜李学派与亚当·斯密的理论有很多相似之处，而两者最为一致的地方在于目标相同，即建立一个理想的社会。在这个理想的社会中，国家能够在一个秩序完善的状态下，发展经济、增强国力。颜李学派从生活实践中发掘出个人利益存在的土壤，将个人利益同国家利益联系起来，并提出个人应该通过"习行实践"的方式成为圣贤，以图经世致用。在《存治编》中，颜元从九个方面详细地对社会发展提出了自己的构想。同样，亚当·斯密基于对英国市场经济的入微观察，发现了那只能够客观地引导个人利益促进国家利益的"看不见的手"，由此发现了富国裕民的内在规律。为了达到富国裕民的目标，成就一个理想的社会，亚当·斯密在《国富论》中进行了细致的探讨。在这个理想社会中，经济领域是重要的组成部分，而劳动、商业和制度是促使经济良性发展不可或缺的要素。

一、理想社会中劳动的价值

颜李学派试图建立一个理想的社会，以达到其"经世致用"的目标。围绕这个目标，该学派对国家和个人都提出了要求，认为无论是国家还是个人，都应该具有"习行实践"的精神。这种精神体现在现实生活中的方方面面，使劳动成为理想社会构建的重要因素。

颜李学派的"劳动"的概念与亚当·斯密所提出的"劳动"的概念略有不同，这个差异在于其理论产生的时代背景。颜李学派所处的明末清初，虽然中国的资本主义已经萌芽，但仍旧处于不成熟的状态。资本主义的市场经济在范围和程度上都没有形成一定的规模。因此，劳动的概念更多是指那种自然经济占主体地位的社会中人们的一种习作行为。这种习作行为不仅涉及农业劳作、商业行为，还包括道德修养的行动。但是，无论在哪个领域，颜李学派都强调通过"习行实践"来突显劳动的价值，提出只有个人亲自劳作与实践才能够促进个体和社会道德水平的提高。它的具体价值体现在两个方面，即劳应有得，先劳后得。

颜李学派重视习行实践，认为要建立一个理想的社会就必须立足于国家利益，鼓励个人利益。因此无论是在农业劳作还是在商业发展的过程中，都应该倡导做实事的实学思想，培养"劳应有得"的社会氛围。针对当时社会耻于言利的传统，颜元曾经提出质疑，认为世间耕种的农民或捕鱼的渔夫，在辛勤劳作的同时必定计算自己利益的得失。这种计算利益的行为不仅不应受到指责，同时还具有必要性。如果农业的劳作和商业的发展都不计算正常合理的利益，那么社会就不可能合理运转。在实际生活中，也很难有"耕种不谋收获，持网不问所得"的情况存在。这对于孟子开创的"何必曰利"的贱利传统以及董仲舒"正其谊不谋其利"的论断是一种积极的回应与辩驳。

《颜习斋先生年谱》之"丙辰（一六七六）四十二岁"中也记载了一个有关孔子的故事以说明"劳应有得"对于建立理想社会的作用："昔子路拯溺人，劳之以牛而不受，孔子责之曰：'自此鲁无拯溺者矣。'"在劳应有得的观点上，颜元沿袭了孔子的主张。他赞同孔子的看法，认为在社会关系中，如果一个人的正当付出不能收获合理的回报，那么社会的道德风气必定下降。因此，颜李学派坚决反对劳无所得、耻于言利的思想。

就颜元的个人经历而言，除其少年时期家道尚且殷实外，其余时期均为生计所累。他是一个勤于劳作的人，这为他后期形成重视实践的思想奠定了基础。他曾经反驳程朱理学只顾静坐修身的传统，认为孔子思想中的"先难后获"、"先事后得"、"敬事后食"三句话非常正确。孔子所提这三"后"字的观点认为人们应该先经历困难然后有所收获，先做事然后有所得，先敬奉先祖神灵然后再自己吃饭。这体现了颜李学派重视劳动为先，提倡习行实践以锻炼身心的思想。在实际生活中，颜元常常以实际行动来表达他对于劳动实践的重视。《颜习斋先生言行录》上卷的《常仪功第一》全篇记载了他的日常劳作活动，透射出颜元的这一理念：

> 每日清晨，必躬扫祠堂、宅院。神、亲前各一揖，出告、反面同。经宿再拜，旬日以后四拜，朔望、节令四拜。昏定、晨省，为亲取送溺器，捧盥、授巾、进膳必亲必敬，应对、承使必柔声下气。此

在蛊事恩祖父母仪也。归博无亲，去此仪矣。写字、看书，随时闲忙，不使一刻暇逸，以负光阴。操存、省察、涵养、克治，务相济如环。改过、迁善，欲刚而速，不片刻踌躇。处处箴铭，见之即拱手起敬，如承师训。非衣冠端坐不看书，非农事不去礼衣。出外过墓则式，骑则两手据鞍而拱，乘则凭箱而立。恶墓不式；过祠则下，淫祠不下，不知者式之；见所恻、所敬皆式。所恻如见瞽者、残疾、丧家齐衰之类，所敬如见耄耋及老而劳力、城仓圮、河决、忠臣、孝子、节妇遗迹，圣贤人庐里类。非正勿言，非正勿行，非正勿思；有过，即于圣位前自罚跪伏罪。

颜元记录自身的劳作和习行活动，意在说明个人应该先劳后得，不应该整日沉浸在"萎惰"的状态中，提倡读书人修身养性需要实践。颜李学派强调"实践"，强调"行动"，是为了改正程朱理学"静坐冥思"修养方式的弊端。他们认为"先生正少个'实'，'半日静坐'之半日固空矣；'半日读书'之半日亦空也。是空了岁月；'虚灵不昧'，空了此心，'主一无适'，亦空了此心也。说'六艺合当做，只自幼欠缺，今日补填是难'，是空了身上习行也"①。正是由于读书人没有任何行为行动，不在实践中通过自己的身体力行来提高修养，所以导致了大批腐儒的产生。这些"腐儒"读书、著述、静坐，使得社会上从事实业的人减少，因此成了"无德、无用、无生"的社会。所以颜元提出读书人不应该把功夫用在静坐著书上，而是要在"行"字上着力。同样，李塨也否定"主静"的修养方式，并在《论宋人白昼静坐之非经》中提出程朱理学这种"主静"的修养方式无论对于个人的身心还是国家的安全都是有危害的。

此外，颜元还明确了学习内容同学习方式的关系，认为："若化质养性，必在行上得之。不然，虽读书万卷，所知似几于贤圣，其性情气量仍毫无异于乡人也。"② 他认为如果不能够运用好"习行"的方式，即使学习了再多的内容，也不可能成为"圣贤"。受其影响，颜元的弟子钟錂等人也推崇"习行"，认为口头和笔下的功夫都不如亲身实践，因而凡是读书所学的东西，必须每一点都在实践中检验，并进一步反思自我，提高自身的修养水平。

---

① （清）颜元著，王星贤、张芥尘、郭征点校：《颜元集》，270 页。
② 同上书，625 页。

　　颜李学派重视劳动的价值，认为建立理想社会，只有通过真实个体的辛勤劳作和亲身行动才能够有所收获，这是对程朱理学主静顿悟修身的批判，也是经世致用思想在现实生活中的体现。亚当·斯密所指的劳动与颜李学派稍有差异。亚当·斯密的理论所涉及的劳动概念，是在市场经济商业活动过程中人类所付出的劳作行为。亚当·斯密与颜李学派一样，也看到了劳动对于建立理想社会的重要价值。

　　亚当·斯密认为，在国家经济运转的过程中，只有创造社会财富的人才具有承担新道德的力量。他提出，在市民社会中存在着两类人，即"非生产性劳动者"和"生产性劳动者"①。前者是当时英国社会中的上流阶层或者贵族阶层，不从事具体的生产劳作，不直接为社会创造财富；后者是当时英国社会的中低等阶层，他们在社会的各个领域从事着具体的工作，直接为社会经济发展创造财富。这两类人不仅对国家财富的生产有着迥异的贡献，而且对促进社会道德建设的作用也有着极大的区别。亚当·斯密在仔细观察思考后认为，这些非生产性劳动者，不能生产价值，因此无论他们的社会地位如何显赫，都不是新美德的承担者。亚当·斯密将他们归成旧道德的维护者和新道德的对立者，认为这类上流阶层或贵族阶层的生活奢侈浪费，不但不能够增加社会财富，反而消耗社会财富。与此相反，生产性劳动者，包括资产阶级和无产阶级，在社会中从事各个领域里的商品生产工作，创造具体的财富，无愧为美德的承担者。

　　在《国富论》中亚当·斯密明确提出，国富民强的程度由生产性劳动者与非生产性劳动者的比例决定。一个国家和社会的财富来自土地和劳动的年产物。这个年产物是固定的，并且将在全体国民范围内进行分配。因此，非生产性劳动者越多，人均可分配财富越少，离国富民强的标准就越远。从这个意义上看，劳动这个概念对于亚当·斯密而言，同美德紧密联系，成为美德的源泉。亚当·斯密对于劳动的重视，对于生产性劳动和非生产性劳动的区分，不仅是经济学意义上的划分，更是伦理学上的道德善恶判断。

　　接着，亚当·斯密在《国富论》中进一步分析了劳动分工，分析了这一现象对于构建理想社会的影响。事实上，亚当·斯密劳动分工的思想受到了柏拉图《理想国》的启发，亚当·斯密分析认为，劳动分工是人类天

---

　　①　本书所讨论的非生产劳动和生产劳动，以及由此引发的新旧道德的标准，皆立足于亚当·斯密所生活的时代。

生所具有的一种倾向。人类通过交换获得好处，满足各自不同的需求。在人们进行合作交换时，会努力提高自身拥有物品的质量，以期通过交换获得相当质量的物品。而要提高自己物品的质量，就必须专注于某一物品的生产环节，这样分工就逐渐产生。在劳动分工的过程中，人与人的角色分类更加细致，人际关系的种类也变得繁多，人与人之间就形成了一张复杂的网络。同时，由于分工，个人处于相对固定的位置或长时间承担某种角色，所以这些分类细致、种类繁多的关系能够处于稳定的状态，于是个体将更加注意处理好与他人的关系。这种关系实际上就是一种利益关系，而个体所关心的首要利益就是个人利益。因此，当人类社会开始进行劳动分工，个体就会更多地关注并保护个人利益，并最终沿着那只"看不见的手"的指引，促进国家利益的增加，达到国富民强的结果。根据这一逻辑，劳动在理想社会中的价值清晰可见。

值得一提的是，亚当·斯密看重劳动的价值，不仅是因为劳动能够为社会创造物质财富，还因为劳动对个体也有着重要作用。亚当·斯密认为，在理想社会当中，不仅物质极为繁盛，同时个人权益也会得到保障。劳动创造了丰富的物质，同样劳动也是个人不可剥夺的权利。他提出劳动所有权是一切所有权的基础，是最神圣不可侵犯的权利。即使一个人贫穷到一无所有，他仍然拥有自己世袭的财产，那就是他的体力和技巧。因此，在不危害他人的前提下，如果不让此人以正当的方式使用他的体力和技巧来劳动，就是对最为神圣的财产的侵犯。

仔细分析亚当·斯密的思想，可以看到其劳动所有权思想的意义。亚当·斯密的劳动所有权的思想，在市场经济中赋予了个体以尊严。自由选择劳动职业，保护劳动权益是人类社会文明进步的体现，也是理想社会中人类全面发展的基础。从这个意义上说，亚当·斯密的著作不仅是经济学著作，更是伦理学著作。

与颜李学派相似，亚当·斯密的思想植根于现实生活。在亚当·斯密生活的时代，英国即将开始工业革命，《国富论》被奉为自工业革命以来国家经济发展的圣经。英国工业革命中的重大事件——詹姆斯·瓦特发明蒸汽机的过程也和亚当·斯密的劳动所有权思想有着密切关系。亚当·斯密在格拉斯哥大学任教期间，学校的办校方针政策相对宽松。1756年，詹姆斯·瓦特从伦敦来到格拉斯哥，希望能够在市内开办工厂，但遭到格拉斯哥同业公会的拒绝。亚当·斯密得知后，坚决反对格拉斯哥同业公会压迫、干涉劳动自由的行为，大力支持瓦特并为其在校内修建车间。这个举动正是亚当·斯密劳动所有权思想的体现，这种支持劳动者维护自我权益的理论，在一定程度上保障了商业社会的兴旺发展。

亚当·斯密认为，在劳动过程中，分工给劳动者带来利益，但同时也给他们造成了不利。大部分的劳动者在分工之后，拥有固定的工作。他们日常多数时间都被这种高度分工后的简单操作所占据。这种类似机器的枯燥工作影响了个体才智的展现和发挥。长期简单化和固定化的生活模式，使劳动者缺乏同其他对象的相互交流和作用，其智慧和思想将大幅度地削减，他们变成仅仅熟练掌握职业技巧却又愚钝无知的人。① 亚当·斯密以敏锐的眼光所看到的这个问题，实际上就是后来马克思提出的"劳动异化"问题。当然，亚当·斯密在《国富论》中对此也有相关的解决方案，即良好的公共教育以及每个人都可以享受的文化娱乐。亚当·斯密希望借助教育来提高劳动者的个体素质和生活水平。

在社会剧烈转型时期，颜李学派和亚当·斯密都力图建立一个完美的理想社会。前者认为理想的社会中应该拥有勇于习行实践的圣贤，达到经世致用的目标；后者认为理想社会应该具有良好的道德秩序，达到国富民强的目的。围绕各自的理想社会模式，两者都看到了劳动对理想社会的价值。颜李学派突出劳动中实践、行动的内涵，一扫程朱理学长期主静务虚的弊端，赞同通过劳动获得合理利益的行为，认为这不仅能够促进国民财富的增加，同时也有利于社会道德氛围的提升。同样，亚当·斯密也看到了理想社会构建过程中劳动的价值，提出"非生产性劳动"和"生产性劳动"的概念，指出劳动创造财富并给予理想社会中的个体以全面发展的机会。

二、理想社会中商业的地位

颜李学派认为，要建立理想的社会，除了鼓励劳动的合理所得，还要发展商业。该学派亦提出若干富有前瞻性的具体制度，旨在促进商业的繁荣。颜李学派代表人物王源在《平书订》第十一卷《财用第七下》中曾经说过："本宜重，末亦不可轻，假令天下有农而无商，尚可以为国乎？"可见该学派对商业的重视和经世思想。

颜李学派极力反对抑商传统。虽然中国的商品经济已于明朝中叶开始萌芽，但是直至颜李学派形成发展的清朝初期，商品经济的发展仍然受到

---

① 根据《国富论》第五章第五篇亚当·斯密关于劳动专门化弊端的内容整理。

严重的阻碍。其中最为突出的便是税收制度，清朝政府所实行的税收制度给资本主义工商业发展设下巨大障碍，但是颜李学派却在商业税收问题上有独到的见解。

最值得称道的是颜李学派所提倡的税收制度。这个税收制度类似于近代经济中的所得税制度：将商人分为两类，坐商和行商，分别按照不同的方式收取商税。《平书订》第十一卷《财用第七下》中提出这种分类及相应的税收额度：

> 坐商也，县同给以印票，书其姓名、里籍、年貌与所业，注其本若干，但计其一分之息而取其一。
>
> 行商也，亦给以票如坐商，但不计其息，惟本十贯纳百钱，任所之，验其票于彼县同，注日月，而退鬻所贩，司市评之，鬻已，乃计息而纳其什之一。

坐商由县衙颁发营业许可的票印，登记了他们的姓名、籍贯、年龄、外貌、经营商品种类以及资本，采用计其一分之息而取其一的税收方法。行商与坐商类似，也能够得到县衙颁发的票印。他们在纳税的时候要由当地县衙验证票印并且盖章，注明纳税金额和日期即可。

颜李学派提出的这种所得税制度，保护了商人经商的积极性，扩大了商业经营的范围，对资本主义经济的发展起到了积极促进作用，能够有效解除封建生产关系对商业资本的束缚，在清初的商品经济发展史上有重要意义。从时间上来看，虽然中国的商品经济发展水平与同时期的英国有一定的距离，但是理论水平却保持领先。在英国，所得税是 1798 年由首相威廉·皮特提出的，用于解决战争所引发的财政危机，直到 1874 年成熟。其他发达国家如德国、美国、俄国、日本都直到 19 世纪或者 20 世纪才制定了所得税制度。王源所代表的颜李学派早于欧洲上百年提出的税收制度，可谓是开创了世界商业史上所得税制度的先河。

颜李学派不仅一反重农抑商的传统，将商人分类鼓励其纳税营业，同时还给予商人一定的社会地位来促进商业的发展。王源将商人进行分类，只要商人所缴纳的税额达到了二千四百贯，就授予他们"登仕郎"，并给予一定的荣誉地位。这一荣誉地位也是有品级的，以五品为上限。这样，商人如同官员一般，被分为九等，由低到高依次为下商、中商和上商。下商为本钱九百贯以下的商人，中商为本钱一千至九千贯的商人，上商为本钱一万至九万贯的商人。在每个等级中再平均分为三个等级，分别为：下下、下中、下上、中下、中中、中上、上下、上中、上上。和官员一样，不同等级的商人，衣着、随从、奴仆、马乘和礼仪都有一定的规定。王源还提出，但凡商人纳税达到一定数额就可以被授予从九品到五品不等的官衔和冠带。这九品到五品是一种没有俸禄的官衔，可以子承父位，不断晋级，世代累计。

颜李学派的这种理论，实际上适应了明末清初经济发展的状况。中国自古就有"万般皆下品，唯有读书高"的传统，经商总是伴随着支撑家人读书从政的理想。颜李学派对商人的分类，既能够满足商人对社会地位的渴望，同时也能够将商人这一群体固定在其职业领域，促进国家工商业的发展，是中国传统伦理思想史上具有开创性的壮举。

虽然颜李学派重视商业发展，也详细论述了一系列的具体措施，但是并没有为当时的政府所采用。不仅如此，清廷颁布了禁海令，切断了同他国的贸易往来，使中国慢慢成为一个发展停滞甚至倒退的国家。相较中国的抑商政策，同时期的英国则为重商主义所影响。随着经济的发展，亚当·斯密对重商主义进行了分析。

自 15 世纪地理大发现开始，欧洲各地就出现了一系列相互矛盾的法律来管制本地区的经济，以封闭自己的领地，保存自己的财富。这一情况延续了 300 多年，直至 18 世纪才成为批判和质疑的对象。亚当·斯密看到，这种重商主义看重货币和金银，认为这是唯一的财富。由于这一财富的数量有限，固定不变，为了保存国家的财富，各国都颁布了法律。重商主义主宰了欧洲，各国限制进口贸易，补贴出口贸易。面对这种情形，亚当·斯密在《国富论》中提出，重商主义不仅损害了经济的健康发展，同时也损害了人的自由。

重商主义在一定程度上阻碍了自由贸易，制约了欧洲各国的经济发展，但是相较于同时期的中国，其仍具有重要意义。这从一个层面反映出欧洲各国对于商业的重视，对于财富的追求，为即将到来的市场经济打下了坚实的理念基础。反观中国清初时期，清政府将程朱理学封为御用思想，遏制个人对经济利益的追求，并严格实行海禁政策，最终导致中国的资本主义经济萌芽被扼杀。同时，英国重商主义政策的实施，成为亚当·斯密思想理论的基础。亚当·斯密认为当时主张重商主义的人，最大的问题在于认为只有货币和金银才能够创造财富，由此遏制了自由贸易。他提出创造财富、形成经济增长的是劳动、资本和土地。不仅如此，由这三者

所创造的财富是可增加、不固定的。因此，发展经济，需要积极发展对外
对内的自由贸易，政府的角色仅仅是守夜人。这个观点为英国工业革命之
后资本主义经济的高速发展指明了道路，是亚当·斯密《国富论》最为重
要的贡献之一。事实上，英国也沿着亚当·斯密的理论走上了一条理想的
道路，成为"日不落帝国"。

虽然亚当·斯密生活的时代仍然有对商业的偏见，但是在这个时期，
越来越多的思想家和作家开始提出商业无害的观点。如包斯维尔在为其友
约翰逊所写的传记中就表达了这个观点。而认为商业无害的法国于1669
年颁布海上贸易条例时也明确表明海上贸易是可贵的。可以说，虽然在亚
当·斯密时代，人们对商业还不能够完全接受，对商人还有着鄙夷的态
度，但是重视商业的思想业已出现，成为资本主义市场经济发展的肥沃土
壤。遗憾的是，同时代的中国却仍然坚守着抑制商业的政策，将商业行为
和商人控制在狭小固定的范围内。颜李学派虽然提出了具有前瞻性的税
收制度，试图鼓励商业发展，却由于无法跻身朝廷高位而无法使其思想
获得当政者的重视。这一忽视商业的做法，对中国之后的命运产生了极
为负面的影响。

三、理想社会中制度的作用

为了建立理想社会，颜李学派和亚当·斯密都谈及劳动的价值，也
看到了商业在国家发展中的地位，且都认为只有建立合理的制度才能保
证劳动的价值得到认可，商业的地位得到维护。因此，在各自的著作
中，都论述了一系列当时政府应该采取的具体制度。颜元在《存治
编》中，分王道、井田、治赋、学校、封建、宫刑、济时、重征举、
靖异端等九个部分，涉及了公平和自由的问题，其思想在《平书订》
中得到补充和扩展。亚当·斯密《国富论》的核心就是如何建立一套
公正、自由的社会秩序，以保障"看不见的手"在实际经济生活中的
正常运作。

首先，来看颜李学派对有关制度的论述。为了建立一个有序的社会，
颜李学派认为首要的就是建立公正、自由的政治制度。因此，颜李学派主
张恢复"封建"，改革人才培养方式。颜李学派所主张恢复的封建制度，
是一种国家政体，即周朝时期的封国建藩制度，并非指生产关系中地主阶
级占有生产资料的封建所有制。明朝中期之后，逐渐发展起来的新兴资本
主义同专制的中央集权出现了尖锐的矛盾，高度中央集权造成的腐败现象

极大地影响了正常的经济秩序，土地兼并、集权腐败现象严重。对此，颜李学派认为只要实行了封建制度，就可以达到"尽天下人民之治，尽天下人材之用"① 的目标。颜元恢复封建制度的主张，和他的出身有极大关系，体现了他重视民生、体察劳动人民现实疾苦的传统儒家思想。但是这种观点带有非常浓厚的复古主义色彩，可以说极具空想的成分。并且在批判中央政府集权的问题上，颜元的观点存在片面性，过于突出郡县制的缺点。颜元的弟子李塨修正了他有关封建的观点，认为虽然集权专制弊端很大，但是也应该注意到由于历史环境不同，不可完全搬用古法。他指出："宋、明之失在郡县权轻，若久任而重其权，亦可弭变。且唐之藩镇即诸侯也，而黄巢俨然流寇矣，岂关无封建耶"②，并且"流寇亡蠚而诸侯亡迟，则将为数十年杀运、数百年杀运，而祸更烈矣"③。同时在人才的培养上，封建制度也容易导致埋没人才的结果，"草泽贤士虽如孔、孟，无可谁何，非立贤无方之道也。不公孰甚"④。李塨认为在颜元所提的制度中，唯有封建制度应该多加思量。

其次，颜李学派认为要形成有序的社会，培养人才、选拔人才的制度就一定要公正。这突出表现在该学派坚决反对朝廷八股取士的制度上。颜元曾经明确提出如果继续采用八股取士的制度，则天下的读书人都不会愿意做学问了，没有学问就无法参与政事、治理国家，如此国家由治而乱，这同秦始皇焚书坑儒的危害一样。因此，他提出废除八股，采用征举的方法任免官员。王源也提出要改革中央机构，设立"成均府"取代吏部。他认为应该将吏部任免官员的权力收归到教育部门，只有合理培养和任免官员，才能够避免腐败，创造清明的社会环境。

再次，在经济方面，颜李学派的具体制度设想亦体现了公平和自由的原则。在清朝初期，中国的经济局面混乱，土地非法兼并严重。为了形成公正有序的社会环境，颜李学派提出用井田制来解决土地非法兼并的问题。井田制度，即按照一定的尺寸、面积来规划方块形耕田。颜元认为，实行了井田，不仅能够实现"游顽有归……学校未兴，已养而兼教矣"⑤ 的有序状态，同时"治农即以治兵"⑥ 的方法还有利于提高国家的军事实力，能

---

① （清）颜元著，王星贤、张芥尘、郭征点校：《颜元集》，111 页。
② 同上书，118 页。
③④　同上书，119 页。
⑤　同上书，104 页。
⑥　同上书，107 页。

够在最大程度上提高国家的战斗力。其弟子李塨在《平书订》的《武备》中说道:"今拟制田能行,必宜兵寓于农",表明了赞同的态度。颜李学派另一重要人物王源也主张废除封建土地所有制,实现均田。但王源认为井田制立足于维护封建社会的和谐秩序,对于资本主义经济的发展没有太大的推动作用。因此他提出"惟农有田"论,大胆建议废除封建土地所有制。他从经济方面着手,其思想动摇了封建土地所有制和封建生产关系,为资本主义萌芽在封建母体中的发展开辟了光明的理论大道,并对其后清朝末年孙中山"平均地权"的思想产生了极大的影响。

颜李学派不仅在土地问题上主张公平,力图改变封建贵族肆意兼并土地的恶劣行径,同时他们也提出要重视发展商业,给予商人自由发展贸易的权利。颜李学派将商人分为两类:坐商和行商,并提出给予商人一定的社会地位。这一观点的提出,打破了中国重农抑商的传统。中国人往往将读书为官视作光耀门楣和报效国家的唯一出路,抑商的观点被广泛接受。在不同的时代,商人即使能够挣得极大的物质财富,也往往在反对利益的程朱理学的影响下,承受了巨大的精神压力。这种无形的抑商制度成为制约中国经济发展的重要原因。因此,王源提出,无论是行商还是坐商,只要他们的税收达到两千四百贯,就可以被授予九品冠带,封为登仕郎,并且可以逐级递增,直至达到五品。同时,他还按照官员的体制来设想商人受封制度。将不同的商人分为九等,按照他们对社会贡献能力的大小来分级,不同等级享受不同的待遇,衣食住行皆类似官员的仪制设立,虽然不享受国家俸禄,但是可以世袭。这不仅满足了商人追求社会地位的需求,也在一定程度上减轻了社会舆论对商业的抑制。

最后值得一提的是,在文化上颜李学派主张改革教育制度,突破八股取士所必学之术,扩大学生的学习范围,反映了他们崇尚科学的自由态度。颜李学派认为,世人读书为官,学习的都是于实事无用之术,严重禁锢了世人受教育的自由。他们反对读书人受到学而优则仕的局限,更反对只让读书人学习科举考试所规定范围内的经文,防止读书人成为腐儒。因此,颜元质疑了当时的学校制度。作为倡导实践的哲学家,他在漳南书院身体力行,革新了教育教学的制度。他对学校所教授的知识作了明确的梳理,将孔子的六艺作为学生学习的对象,在一定程度上拓宽了学生学习的知识体系,给予了学生学习的自由。

这种主张表面上是对孔孟之学的复古,实际上针对的是明末清初时期程朱理学通过八股取士来限制世人知识体系范围的现状。在颜李学派所处的清初时期，随着社会生产力的发展，资本主义经济因素在封建母体中受到制约，但同时也在发芽壮大。宋明理学的知识范围极大地限制了人们认识世界、改变世界的自由。因此，李塨在《瘳忘编》中提出沟洫、漕挽、治河、防海、水战、藏冰、醝榷诸事、焚山、烧荒、火器、大战、冶铸、泉货、修兵、讲武、井田、封建、山河、城池诸地理之学等等内容皆可为学校培养人才的学习内容。这些内容远远超越了宋明理学八股取士所要求的四书五经的学习范围，显现了近现代科技的端倪，为世人打破理学束缚、自由地认识和改造世界提供了可能。

另外，颜元在《存治编》中"靖异端"这一部分论述了宗教的危害。颜元认为异端邪说危害严重，控制了民众的头脑，甚至使读书人也缺乏辨别善恶是非的能力。禁止异端邪说能够"俭土木之浪费，杜盗亡之窝巢，驱游手之无耻，绝张角等之根苗，风淑俗美，仁昌义明，其益不可殚计，有国者何惮而不靖异端哉！若惑于祸福之说，则前鉴固甚明也"①。他甚至要求在全国范围内禁止异端邪说，以达到社会有序的状态。虽然颜元对宗教的看法有些偏激，但也在一定程度上突破了长久以来宗教对民众身心自由的钳制与危害。

对于公平和自由的认识，亚当·斯密与颜李学派有着共同的看法。亚当·斯密基于人性中爱己的天性，提出个体是个人利益的天然保护者和追逐者。他看到在个体追逐个人利益时，会受到一只"看不见的手"的指引，使其满足个人利益的行为也能够有助于国家利益的增进。亚当·斯密同时也看到在市场经济发展的过程中，仍然存在不少问题，因此，"看不见的手"虽然是一个天然存在的规律，但是需要合理的制度来保障它的运行。其著作《道德情操论》和《国富论》就是围绕着如何建立一个合理、公平、自由的制度来保障那只看不见的手，从而指引国民促进国家利益，达到富国强民的理想展开的。

亚当·斯密对重农主义和重商主义进行了批判，认为无论是重农主义还是重商主义，都在一定程度上否认了商业发展的重要性，使商业失去了自由发展的机会。这两种理论忽视了劳动、资本以及自然资源对于财富增加的作用。同时，政府也扮演了不正确的角色，限制海外自由贸易的制度严重制约了经济的自由发展。因此，要实现理想社会，经济的自由发展必不可少，而政府则应该退居幕后，做一个忠诚的"守夜人"。

———————————

①　（清）颜元著，王星贤、张芥尘、郭征点校：《颜元集》，117 页。

亚当·斯密还提出了公正的旁观者的概念。他认为虽然在个人追逐自我利益的过程中，能够无意识地沿着"看不见的手"的指引去促进国家利益，但是在现实经济生活中，道德缺失的现象层出不穷。因此，如何使经济行为在道德范围内开展是亟待解决的问题。亚当·斯密借助古希腊早期斯多葛学派的自制精神，提出了"公正的旁观者"的概念。他认为每个人之所以有利己行为之外的利他行为，是由于个体同情共感的能力。借助这种天生的道德能力，亚当·斯密试图将个体放在"公正的旁观者"这个位置上。他希望个体能够以他者的身份来公正地评判道德行为，从而形成自觉遵守道德规范的社会氛围。虽然亚当·斯密在晚年将公平的概念建立在古老的斯多葛学派的理论上，但他毕竟看到了资本主义市场经济发展所需要的重要因素，即公平和自由。在《国富论》中他也专门开辟篇章论证了法律对于公平制度的作用。

无可否认，颜李学派和亚当·斯密都摸索到了理想社会的基本模型，也试图采取合理有效的制度保障这一理想状态的实现。但是不得不说，直至今日，这种理想社会的实现仍然需要世人极大的努力，然而这并不能够减少两者理论的魅力。

第三节　思想理论命运迥异的分析及其启示

颜李学派的思想理论产生于明末清初，亚当·斯密的思想理论产生在英国资产阶级革命之前。这两个时期都是社会转型的变革时期，中国和英国的资本主义也都恰好处于萌芽状态，亟待发展。颜李学派和亚当·斯密对人性及义利关系都有着深入的思考，同时，中英两个社会的政治经济现实都为其思想理论的成熟提供了土壤。然而，颜李学派的思想理论最终还是没有成为官学，并渐为清王朝所压制，而亚当·斯密的理论却让他成了欧洲经济学之父。造成这种迥异学术命运的原因很多，应该将颜李学派的思想理论和亚当·斯密的思想理论放在各自的历史时代背景之中去考察，从国家制度、文化传统以及个人所面临的境遇方面去思考。

总体来说，颜李学派和亚当·斯密的理论都旨在建立一个理想的社会。颜李学派所处的明末清初时期，中央集权的政府重视精神秩序的建立，注重现实的道德教化，要求个人肩负起成为圣贤的责任；亚当·斯密所处的英国，较为重视经济秩序的建立，注重繁荣市场经济。国家在市场经济发展中承担着调节的角色。如若考察二者思想的哲学就会发现，颜李学派的理想社会认为道德来源于天，而亚当·斯密的理想社会认为道德来源于人。正是这种差异，使颜李学派和亚当·斯密相似的思想理论有了不同的命运。

一、精神秩序贵道德教化，国民肩负圣贤期望

颜李学派诞生的明末清初时期，是中国封建社会的末期。因此，对于知识分子个体而言，他们肩负的是社会要求他们成为圣贤的期待。从社会制度、文化传统和个人境遇三个方面来看，颜李学派的思想是当时社会重视精神秩序、重视道德教化的时代产物。

第一，社会制度对颜李学派的学术命运影响最大。需要说明的是，本书中所讨论的社会制度指中国的大一统制度，这里所论及的是大一统制度在政治、经济、文化等方面的影响。大一统制度指从秦始皇统一六国开始到清末辛亥革命为止，由一个皇帝作为国家的最高统治者，对国家进行政治、军事、经济和文化管理的制度。明末清初，整个社会在经历了近两千年的大一统集权统治后，最为注重建立维护封建伦理纲常的精神秩序。这一制度的形成过程、阶级结构、经济主张以及管辖区域，都在一定程度上制约了颜李学派伦理思想的发展。

从中国封建社会大一统制度的形成过程来看，颜李学派必然遭受和亚当·斯密不同的历史命运。中国的大一统制度在其形成时期，受到的阻力比较小。秦始皇统一六国时期，中国经历了血腥厮杀。在从奴隶社会向封建社会过渡的过程中，后者对前者的革新非常强烈，几乎铲除了奴隶制对中国社会的影响，为此后中国大一统制度的建立提供了保障。秦始皇建立统一的国家之后，颁布法令统一了语言、文字、度量衡等，皆有助于其后的思想统一。在这种状态下，当时社会的各个方面都受到了严格的控制。虽然秦二代而亡，但汉朝建立之后，独尊儒术，进一步使得中国在思想意识上趋于统一。这种统一的力量，让重农抑商的传统开始形成。

中国抑商的传统也源于小农经济的影响和封建政权的维护。在大一统形成的过程中，虽然孔子没有明确提出反对利益，但却用"以义制利"的理论来表明对待利益问题的态度。在孔子时期，商人即使非常富有，社会地位也极其低下。到孟子之后，利益就成了思想家们诟病的对象。历代帝王为了维持稳定的社会秩序，皆以农业为立国之本，反对发展商业，因此中国的农业生产力得到最大程度的发展，但商业发展却受到抑制。并且，

历代统治者在面对失去土地的流民时，总会采取各种措施，使他们同土地紧密地结合在一起，避免政治上的冲突。这种重农抑商的发展模式为统治者所偏好，为资本主义的萌芽埋下深深的隐患。

这种隐患经历整个封建社会的建立、发展时期，到了封建社会的最后一个王朝，逐步成为阻碍有功利色彩的理论成长的重要因素。而亚当·斯密所处的英国，正是重商主义、重农学派以及自由主义充斥之所，新兴资产阶级的地位正在逐渐提高。因此，亚当·斯密所论及的商业问题必将受到关注。颜李学派所处的明末清初，虽然资本主义开始萌芽，但是这一萌芽并不强大。清王朝仍旧以程朱理学为官学，力图从思想上桎梏民众。此时颜李学派高唱反程朱理学之调，主张发展商业，必然会遭到大一统制度的压制，从而难免衰亡的命运。

从中国封建社会大一统制度的阶级结构来看，颜李学派必然遭受与亚当·斯密不同的历史命运。在大一统制度中，世袭制度慢慢得以改革，不同阶级之间没有英国那样严格不可逾越的标准。随着官员的选拔从征举变为八股取士，阶级不再由出身决定，而是可以通过科举的方式从根本上改变个人的社会地位。因此，在中国封建大一统的制度中，阶级结构虽然没有变更，但是个人的阶级成分完全可以凭借自身能力获得改变。在这个制度中，财富无法决定个人命运，考功名却可以。

在这样的阶级结构中，参加科举考试是改变阶级成分的唯一方法，这一途径在明末清初更是为世人所追捧。因此，作为新兴资本的代表，商人们经商的目的不是积累财富，培养财富的继承人，而是为家族后代创造更好的物质条件，助其努力读书，从而跻身士族阶层，改变商人身份。因此，从事商业活动的人，不但不会去破坏大一统制度，反而会积极维护这一制度，将自己的商业资本投入到政治仕途中。由此，整个社会很难正视合理利益、鼓励商业发展，而这却是颜李学派所推崇的思想。不难看出，大一统的制度决定了颜李学派必定不可能成为当时的主流思想。

从中国封建社会大一统制度的经济主张来看，颜李学派必然遭受和亚当·斯密不同的历史命运。由于中国的大一统社会以地主经济为中心，"地主阶级的经济权与政治权既有抱合又有分离；而且中国封建土地所有制的扩大，往往又和整乡、整族的移徙结合在一起，这就在皇室所有、贵族所有和私人地主所有之旁形成了一个个以家族同产制或乡族共有制面目出现的封建经济组织。土地所有制的这种特点，使得中国封建社会的统治形成了'公'和'私'的两个体系。'公'的体系是指封建政权，从一国、一省、一县以至乡，和官僚制度结合在一起，表现得非常错综复杂。而'私'的体系，则'集中了族权、神权、夫权等诸种力量，并巧妙地利用原始公社制和奴隶制的残余来进行统治'。这个特点造就了中国的封建经济结构十分牢固，既有落后性，又有灵活性"①。这种制度直接导致了在经济上，清王朝必然是藏富于国，而非藏富于民。它不主张以个体为单位进行财富的积累，同时也反对张扬个体的利益。因此，颜李学派倡导个体利益的合理性和必然性，虽然在理论上极具正确性，同时也打破了程朱理学长期以来对民众的束缚，但仍然无法逃脱被抑制的命运。

从中国封建社会大一统制度的管辖区域来看，颜李学派必然遭受和亚当·斯密不同的历史命运。秦始皇统一六国之后，大一统的管辖区域形成雏形。伴随着封建王朝几千年的扩张与战乱，在清初，大一统制度的管辖区域达到了理想的状态。从地形上来看，形成了濒临大海，内有宽阔空间的格局。大海隔绝了清王朝同外界的直接联系，而宽阔的空间也为其内部的民众生存提供了资源。这个管辖区域虽然不及元朝的疆域大，但是其得天独厚的封闭型地理环境使自给自足的生存模式得以发展。所以，当西方国家因资本主义萌芽而需要发展海外市场的时候，中国却坚守了近500年的禁海令，几乎断绝了同其他国家的经济交往。在中国周边，其他国家的实力皆落后于中国。所以，清政府能够在长期闭关锁国的状态下发展，保障了程朱理学的官学地位。颜李学派的思想与程朱理学相对立，其理论也不如程朱理学那般适应封闭状态下大一统的中国，因此，其学术思想不为清廷所接纳是历史的必然。

第二，文化传统对颜李学派的学术命运也产生了巨大影响，这种文化传统就是中国人的道统意识。

同英国人相比，中国人过着迥然不同的生活。亚当·斯密时期的英国人，由于工业革命的影响和资本主义制度的极大发展，过的是一种重视物质的生活。然而，在明清之际，虽然出现了以反对宋明理学为基础的实学，标榜"经世致用"的目的，倡导关注实用知识，然而，无论其方式如何，实学思想关注的焦点仍然和宋明理学相一致：治国平天下。因此，虽然颜李学派伦理思想以反对程朱理学的立场来论证其学术观点，但是他们仍然将理论的焦点放在如何治国平天下上。在本质上，这种经世致用学说仍然是为了建立一种伦理纲常，以达到维护封建统治阶级利益（同时也是

① 傅衣凌：《明清封建土地所有制论纲》，4页。

国家利益）的目的。中国思想家重视精神生活，受道统思想的约束，使得颜李学派的学术命运异于亚当·斯密。

颜李学派的代表人物颜元、李塨、王源、程廷祚和钟錂，皆具有一种道统意识，追求较高的精神境界。这种情感在他们的代表著作中显而易见：他们分析了中国传统文化中道统的历史沿革，并对当时程朱理学自诩承袭道统的观点很不以为然，提出程朱理学不仅没有承袭孔孟的道统，还与孔孟道统对立，认为自己才是能够承继孔子思想的后学，能够继承道统。所以，颜李学派几位代表人物的人生目标就是帮扶国家社稷。他们试图从历代王朝的治理经验和教训中，结合自己的知识体系，挖掘当世治平天下之良策。颜李学派将这种良策视为对孔孟道统的承继，也视为自己的精神使命。而这一过程，使学派代表人物失去了自己的独立性。

一方面，颜李学派虽然渐渐受到统治者的冷落，但强烈的家国观念使他们仍怀有关心国家命运的热情。他们始终站在维护封建王权统治的立场上，没有跳出历史的局限，丧失了知识分子的独立地位。亚当·斯密所处的英国，独立的思想家很多。他们能够摆脱统治阶级的精神支配，仅凭自己在某一领域的热情和理性来观察社会、思考问题，形成自己独立的学术体系。可以说，他们能够做到为学术而学术，而颜李学派几代人都在为统治阶级而学术。颜李学派虽经历了改朝换代的亡国之伤，却仍然对清廷报以奴仆般的辅佐之情。因此，颜李学派的代表人物虽然能够看到封建土地所有制的关键问题，主张发展商业，却没有废除封建土地所有制和推翻清王朝统治的觉悟。这样，颜李学派也就无法动摇封建大一统制度的根本，更无从为资本主义经济发展的时代要求服务。虽然颜李学派思想在一定程度上反映了新兴市民阶层的利益和资本主义萌芽进一步发展的要求，他们的具体观点也或多或少触及了封建土地所有制问题，但该学派没有真正清醒地站在历史的最前端，触及社会问题的根本。

另一方面，由于颜李学派的道统精神，他们更偏重自上而下的变革，反对自下而上的革命，致使其理论存在弊端。该学派思想理论中的圣贤人格、圣贤修养方式、圣贤境界等论述，在《存治编》、《平书订》等著作中列举的诸多改革举措，都旨在维护封建统治。所以，与其说颜李学派的思想体系包括了针对世人提出的道德修养目标，还不如认为这是他们自己所渴求的境界，即希望达到一种近乎宗教性的精神平静和满足。为了达到精神上的平静与满足，颜李学派必然在客观上不允许封建统治的完整性被打破，因而他们形成了一套自上而下的改革理论，试图从政治、经济、文化等方面修复现有社会的问题。同时，这也要求他们对自我进行完善，以圣贤的身份来辅助自上而下改革的过程。因此，他们无法将自己置身于研究对象之外，以一种客观的态度来研究问题。

上述两方面所形成的学术弊端，使得颜李学派的思想发展和传播遇到困难，因而其学术命运必然与亚当·斯密不同。

第三，个人境遇也对颜李学派的学术命运产生了影响。从个人境遇方面看，颜李学派所处的明末清初社会，虽然资本主义已经开始萌芽，特别是江南地区的工商业得到蓬勃发展，却远不及当时亚当·斯密所处英国的自由主义的社会背景。当时的中国，清朝贵族入主中原，统治者所关注的是如何利用大一统的政治、经济权力来遏制个体的自由发展意识，希望通过程朱理学来泯灭个体追求利益的冲动。自由主义的氛围，对当时的中国来说，是天方夜谭。中国虽然处于封建社会末期，但封建势力仍然非常顽强，这时的资本主义萌芽只是封建母体中的一棵小苗，不具备亚当·斯密所处的英国社会那样的经济氛围。

至于颜李学派各代表人物的具体境遇，则更无法与亚当·斯密相比。颜李学派的创始人颜元年轻时习于耕作劳动，因此其学术思想中所提倡的"习行"修养方式，分外注重在实际生活中修身养德，对个体的利益也注重通过"义"来制约。其理论仅仅肯定了合理利益的地位，尚无法突破制度的藩篱。颜元的弟子李塨，虽然曾游学江南，并借入京赶考的机会传播颜元的思想，但是由于其鲜少与皇室权臣结交，且与方苞有学术立场之争，失去了成为太子傅的机会。由此，颜李学派在其兴盛时期，失去了获得未来最高统治者支持的机会，其后发展之艰难，可想而知。在李塨之后，颜李学派的弟子程廷祚、钟錂经历了文字狱，且险受牢狱之灾，再也没有机会公开传播颜李学派的思想。相较而言，亚当·斯密所生活的英国，社会就宽容多了。当时的英国，教会和宗教对市民生活以及科学文化研究的影响在不断减弱，远不如中世纪那般支配个人思想。在亚当·斯密所任教的格拉斯哥大学，学术氛围颇为融洽。亚当·斯密本人也在生前拥有较高的社会地位，并拥有富足的经济来源。这些都使得亚当·斯密能够站在独立、自由的立场上研究问题、交流学术观点。因此，颜李学派和亚当·斯密虽然都关注人性论和利益问题，都以国家富强为目的，但颜李学派走上了"以义制利"的道路，力主"习行"修身，而亚当·斯密却发现了"看不见的手"，建立了纷繁庞博的古典经济学理论。最终，与亚当·斯密截然相反，颜李学派略具实用性的伦理思想，终究不敌程朱理学对中国封建社会的"有用性",为清朝历史所摒弃。

二、经济秩序重市场繁荣,国家承担调节角色

亚当·斯密所生活的英国,无论是社会制度还是文化传统,都与颜李学派所处的中国有所不同。究其根本,当时的英国重视建立经济秩序,追求市场繁荣,强调国家应该在建立理想社会秩序过程中扮演调节角色。

第一,社会制度问题对亚当·斯密的学术命运产生影响。从社会制度的形成过程看,亚当·斯密生活的英国有其独到之处。同中国的封建大一统制度不同,英国在经历了漫长而黑暗的中世纪之后,宗教反而给了资本主义一定的发展空间。在中世纪,宗教的统治和压迫非常严重,因此英国的封建生产力没有得到完善和发展。当资本主义萌芽开始在封建母体内部成长的时候,封建经济因素对其阻力相对较小,没有构成威胁。于是,资本主义萌芽破土而出,兴盛发展起来。而资本主义萌芽迅速发展,必定开始进一步寻求海外市场,谋求海外殖民地的利益。因此,亚当·斯密的理论体系容易得到认同。

从社会制度中的阶级结构看,亚当·斯密生活的英国有其独到之处。此时的英国,等级森严,皇室在几百年的统治中并没有随意扩增贵族家族的数量;这使得英国的平民只得通过提升经济地位谋求内心的满足。此时的中国则正好相反,保留了平民上升为贵族的空间,扼制了世人对追逐经济实力的兴趣。亚当·斯密的著作契合了当时新兴资产阶级的需求,必然拥有广阔的受众。

从社会制度中的经济主张看,亚当·斯密生活的英国有其独到之处。在亚当·斯密开始思考《国富论》一书的理论结构时,英国的资本主义市场已开始形成,并初具规模。这一形成得益于 15 世纪初开始的航海殖民掠夺,数百年的财富掠夺促使英国在 19 世纪顺利完成了产业革命。英国政府当时所推进的经济主张,保护了新兴资产阶级的利益,促进了地区经济的发展。仅以亚当·斯密所工作的格拉斯哥大学所在地为例,作为港口城市的格拉斯哥,经过数年发展,出现了完整的工业区,拥有廉价的劳动力和广阔的市场,这为亚当·斯密进行学术观察提供了条件。可以说,英国资产阶级的形成和完善,伴随了亚当·斯密两部著作的研究和写作过程。而此时的中国,"社会经济发展有这么一个特点,这个现象是早

熟而又不成熟，奴隶社会如此，封建社会也是如此"①。所以，新兴的市民阶层无法成为独立的阶级力量来寻求自己的利益，适应这个阶级利益的学术理论必将遭到湮灭。同中国相比，英国真正的大一统由资产阶级完成，它必定能提供比中国的封建地主阶级更加民主科学的学术氛围。

从社会制度中的管辖区域看，亚当·斯密生活的英国有其独到之处。英国有着和中国差异极大的地理环境，这造成了两国各自不同的对外政策。在地理位置上，英国的东边是欧洲大陆，其中的各国皆属于国土较小、市场有限的地区。岛国的西部是汪洋大海，也无广阔的市场，因此英国希望能够借助海洋来开拓国外市场。所以，就在中国政府从 14 世纪到 19 世纪执行了近 500 年的海禁政策，沉浸在天朝大国的威严之中时，英国采取了相反的政策。为了进一步拓展海外市场，谋求海外殖民地的利益，摆脱来自邻邦的经济威胁，英国政府非常重视对外贸易和政治活动。这种开放的政策得益于狭小的地理管辖区域，同时也使亚当·斯密的理论体系得到广泛认同。

第二，文化传统也对亚当·斯密的学术命运产生影响。从文化传统来看，亚当·斯密在《道德情操论》和《国富论》中所阐述的思想，源自古希腊哲学，同时也从自由主义、个人主义、法国重农学派以及同时期的思想家的理论中汲取了养分。亚当·斯密以其丰富的知识和敏锐的眼光，将时代对个人的影响作为建立学术体系的基础。在亚当·斯密所汲取养分的各种思想中，自由主义、重农主义、重商主义和斯多葛学派对其影响最大。自由主义在经济上维护个人的私有财产，在思想上维护个人的精神不受束缚，主张每个人拥有平等的政治地位。亚当·斯密受到自由主义的影响，必然在义利观方面比颜李学派更有魄力去维护个体利益的合法性。因此，亚当·斯密的思想能为个体合理的经济利益和精神利益提供理论支持，成为更适应那个时代的理论。法国重农学派和重商学派也都给亚当·斯密的思想以反面的启发作用。重农学派和重商学派皆受到亚当·斯密的尖锐抨击，在它们的影响下，亚当·斯密对资产阶级的社会结构进行了深刻的剖析，寻找到正确的财富来源，也对理想社会的秩序有了深入的思考。在亚当·斯密晚年，斯多葛学派的自制理论对其产生了深刻影响。虽然亚当·斯密看到了市场经济中那只"看不见的手"，

① 傅衣凌：《明清封建土地所有制论纲》，1 页。

但是对于资产阶级商人所表现出的道德缺失深感失望。由此他在斯多葛学派的思想中汲取力量，提出"公正的旁观者"的概念。可以说，亚当·斯密思想中理想社会的行为约束机制比颜李学派的更为全面有力，其理论也必然更加有生命力。

第三，个人境遇也对亚当·斯密的学术命运产生影响。亚当·斯密是一个遗腹子，在14岁的时候进入了格拉斯哥大学，开始学习道德哲学、数学、逻辑学、天文学等内容。这一学习经历是颜李学派诸位代表人物所不可企及的。其在格拉斯哥大学的学习内容，相比于颜李学派的学习内容，更加偏重对理性逻辑思维能力的锻炼，这使得亚当·斯密的思维更加缜密，更具逻辑性。1740年，亚当·斯密于大学毕业后，到牛津大学继续学习，1745年回到了故乡，之后于1751年到大学任教，讲授逻辑学和道德哲学。在求学的过程中，亚当·斯密的老师弗兰西斯·哈奇森、大卫·休谟、贝纳德·曼德维尔对他的影响都很深远：哈奇森的自由精神理论、休谟的分工理论、曼德维尔关于人性和利益的思想都给予亚当·斯密以启发。可以说，亚当·斯密著作的关键理论都能够在其求学的过程中找到来源。这样的学术氛围，也是颜李学派遭受程朱理学孤立的状况所不可比拟的。并且，亚当·斯密的思想，深深地扎根、依托于他的时代。他的研究工作是试图建立一种理论体系，用来揭示社会繁荣运行的机制。因此，他将这个社会的主体力量，即资产阶级引入到社会的道德体系建设中，认为他们是社会新道德的承担者，并赋予他们建设英国理想社会的神圣任务。所以在亚当·斯密的理论中，不仅经济学，其他多个现代学科都有所涉及。而对这些学科知识的涉猎，同亚当·斯密的个人境遇息息相关。不仅如此，亚当·斯密所处的时代，宗教对于市民生活及科学研究的束缚力逐渐减弱，资本的影响力则逐渐突显。亚当·斯密本人，出身优越，拥有良好的物质生活条件并受到了良好的高等教育，后因两部名著《道德情操论》和《国富论》而拥有了相当高的社会地位和社会影响力。颜李学派的境遇则不然。在其代表人物中，颜元少年家贫，李塨因学术立场卷入政治争斗，程廷祚因文字狱而不敢传播颜李学说，可以说颜李学派一直处于靠挣扎才能生存的状态。

社会制度、文化传统和个人境遇方面的差异，使颜李学派和亚当·斯密在思维方式上存在差异，这一差异最终导致了二者在理论上的区别。从学术研究的方法上看，颜李学派，无论是人性一元论、义利观、人才培养方式还是"经世致用"的理论，均注重具体观点的诠释和表达，偏重对先秦儒家著作以及宋明理学思想的理解与说明。虽然他们也注重在实际中检验理论的正确性，倡导实践，但他们的思维模式缺少"假设—演绎"的检验。例如，在人性论理论中，颜李学派虽然成功地提出了"人性无恶"、"恶由引蔽习染"的思想理论，但是由于缺乏对引蔽事物的具体深入分析，无法探讨人性受到邪恶引蔽时的动机、引蔽的方式以及避免受到引蔽的详细对策。因此，他们只能就"习行"这个概念提出粗浅的应对之策，导致理论在实践中缺少指导性，从而使得颜李学派的理论观点虽然挂上了"实践性"的招牌，却在实践中难以践行，这必然导致该学派理论在实际社会中的接受传承出现问题。

纵观颜李学派和亚当·斯密的著作，可以清晰地看到两者对于在一个动荡变革的时代建立理想社会的渴望、决心与智慧。两者对个人合理利益的肯定，无论是对极为保守的中国传统社会还是刚步入市场经济时代的英国社会，都具有打破束缚、改革创新的意义；两者都能够以敏锐的眼光看到个人利益最终同国家利益紧密联系，不仅为个人利益找寻到存在的合理性，同时也为社会财富的增加、国家利益的创建指明了正确的方向；而"习行实践"与"看不见的手"实乃殊途同归地处理了国家利益和个人利益的关系问题。所以，在后世，颜元和亚当·斯密都被认为是道德修养高、注重实际的哲学家。① 虽然亚当·斯密和颜李学派代表人物在思想理论和个人品行上都极为相似，但是两者却有着迥然不同的命运。亚当·斯密在有生之年享有了极高的声望和丰厚的酬薪，在其任教的大学中深受欢迎，他的思想获得了英国统治阶层的赞誉，并为现实中经济政策的制定提供了无法估量的理论支持。相反，颜李学派虽然兴盛了一段时间，却传至三代后湮灭了。颜元的弟子李塨本为太子傅的候选人，有机会将颜李学派的思想发扬传播，但由于清廷中的派系斗争而失去宝贵的机会，清廷最终也没有采用颜李学派的学说，使之沉寂于历史长河。

虽然颜李学派的学说没有成为清代历史最终的选择，但是该学派的理论仍然对后世产生了一定的影响，它重击了清初程朱理学的桎梏，打开了理性的天窗；其理论中包含的实践思想对青年毛泽东有着深远的影响，重

---

① 颜元的道德修养水平几为当时世人所传颂。他重视自身的道德修养，为人问心无愧，其侍奉养祖母的佳话至今流传。颜元是中国传统伦理学史上最为重视实践的哲学家，其实践思想对毛泽东等一代伟人产生过重大影响。关于亚当·斯密的评价，来自休谟和巴黎的布弗莱·鲁韦尔伯爵夫人、里科博尼夫人。后两位夫人都是法国著名沙龙的女主人或常客。从他们来往的信件中可见当时名流对亚当·斯密的评价，认为其道德修养高、重视实践。

视实践、实事求是的理论观点至今仍是我国进行和谐社会建设必不可少的理论支撑；创始人颜元所主持的漳南书院，代表了现代教育模式的趋势，包含了人的全面发展的科学因素；其"正谊谋利，明道计功"的义利观，为正确看待社会主义市场经济建设中个人利益与国家利益的关系问题提供了理论参考。

三、道德来源于人与道德来源于天

在一定程度上，社会制度、文化传统和个人境遇等因素导致了颜李学派与亚当·斯密迥异的学术命运，但若将他们各自的理论放入其哲学体系中加以比较，就会发现根本原因是两者认为道德的来源不同。两者的理论都包含三个重要内容，即劳动的价值、商业的地位和制度的作用。由于道德来源不同，三个内容在颜李学派和亚当·斯密的理论中各有偏倚，实质上反映了个人、市场和国家三者在理想社会建构过程中的不同位置，最终也导致了他们的理论有不同的命运。

在道德来源的问题上，颜李学派认为道德来源于天，而亚当·斯密认为道德来源于人。从人性论出发，虽然两者都认可人性存在善因，但颜李学派认为人性之善来自天道、天命，而亚当·斯密则认为人性中的爱己与爱他都天然地存在于个人之中。因此，前者在论述人性时说："理、气俱是天道，性、形俱是天命"①，而后者则认为借助同情共感能力，人性天生包含爱己和爱他。也就是说，颜李学派认为人性来自天道，因此人的行为应该顺乎天道；亚当·斯密认为人性来自人本身，主张人的行为应该因循自我。

由此，两者的思路产生差异：在颜李学派看来，道德行为首先以顺乎天道为先，而君权为天授，所以顺乎天道就是保持封建社会秩序，追求利益仅是副产品。亚当·斯密认为道德来源于人，鼓励遵循人的本能去追逐利益，在市场机制下，国家没有凌驾于个人之上，相反扮演服务的角色。所以颜李学派肯定个人的合理利益，主张一定程度地发展市场，但判断趋利行为是否合理的标准是封建国家的利益。亚当·斯密则认为遵循人性最自然的状态，就是保持市场秩序的最佳方式，并且引入了公正的旁观者，用法律制度来进一步维持市场秩序。因此，颜李学派提出"习行"概念调节个人和国家的关系，主张国家在个人、市场和国家关系中居于主导地

---

① （清）颜元著，王星贤、张芥尘、郭征点校：《颜元集》，48页。

位；亚当·斯密则提出公正的旁观者，主张国家居于次要地位。

依托于对道德来源的不同看法，颜李学派的理想社会是经世致用，最终是要通过经世达到致用，为封建君王所用；而亚当·斯密的理想社会是富国裕民，最终是要通过富国达到裕民，为市民个体服务。仅以劳动的价值为例，从正面看，亚当·斯密认为劳动创造了繁盛的物质，同样也成为个人不可剥夺的权利，在市场经济中赋予了个体以新的自由；从负面看，亚当·斯密认为劳动分工致使劳动者变成仅仅熟练掌握职业技巧却愚钝无知的人①，这实际上就是后来马克思提出的"劳动异化"的问题。无论是正面还是负面的考量，亚当·斯密都是基于个人来谈论劳动的价值的。同样，颜李学派也看重劳动的作用，但仅在亡国之痛的基础上批判程朱理学静谈玄理的弊端。因此，从国家利益出发，劳动的价值中"动"的含义受到重视，所以颜元格外反对冥思读书和理性思维。可以说，颜李学派的思想在一定程度上反映了新兴市民阶层的利益和资本主义萌芽进一步发展的要求，其具体制度也或多或少触及了封建土地所有制，但是他们没有真正清醒地站在历史的最前端，没有超出历史的局限；而亚当·斯密的理论对国家角色进行了定位，更为资本主义市场经济的发展提供了理论基础，并且从表面上看，国富的目的也在一定程度上迎合了当时统治阶级的政治需求，使其能够为资产阶级的经济需要服务。

总体来说，颜李学派的理想社会认为道德来源于天，重视建立精神秩序，要求个人成为圣贤，但亚当·斯密的理想社会认为道德来源于人，重视维护经济秩序，要求国家扮演调节角色。这样的差异，成为两者学术命运迥异的原因。

---

① 根据《国富论》第五章第五篇亚当·斯密关于劳动专门化弊端的观点总结。

第七章　颜李学派伦理思想的时代生命力

颜李学派产生于明末清初，其思想随着代表人物颜元、李塨、王源、程廷祚等人的学术传扬，曾受到广泛的关注，且李塨也曾成为太子傅的候选人。然而，由于颜李学派的思想和当时的程朱理学对立，为理学所压制排挤，渐渐沉寂。在清朝末期，因为戴望所著《颜氏学记》，该学派再次受到关注。直至中华民国建立，大总统徐世昌亲自建立四存学会，创办《四存学刊》。章太炎、刘师培、梁启超、康有为、孙宝瑄、李石曾、胡适、钱穆、冯友兰、毛泽东等人对颜李学派皆推崇有加，赞赏该学派的教育主张、实践理念及体育精神。虽然颜李学派没有为清朝政府御用，但这掩盖不了其强大的时代生命力。颜李学派突出全面发展、劳动修身的教育理念，倡导独立实践、自立自强的奋斗精神，注重正确处理个人和国家之间的关系，这些理论对于国家经济建设和核心价值观建设有着重要的借鉴意义。

第一节　颜李学派伦理思想在 20 世纪的生命力

颜李学派的伦理思想在清代沉寂两百年后，于清末得到曾国藩幕僚戴望的推崇，著书《颜氏学记》以宣扬颜李学派的思想，一改该学派被理学排挤的局面。这一复兴延续至 20 世纪，颜李学派伦理思想开始大放异彩，在学术界和政界都受到重视。1920 年，中华民国大总统徐世昌推崇颜李学派，亲自在前清太仆寺旧址创设了"四存学会"，并创办了《四存学刊》宣讲颜李学派的思想；梁启超、刘师培推崇颜李学派的教育主张；孙宝瑄、胡适、毛泽东推崇颜李学派的实践理念。

一、徐世昌与"四存学会"

徐世昌（1855—1939），字卜五，号菊人，前清的举人。他与袁世凯关系密切，得到袁世凯的重用成为国务卿。1918 年皖系操纵选举，徐世昌成为民国大总统。之后，徐世昌以大总统身份提倡颜李学派的学说，成立了四存中学，创办了四存学会，主办了《四存学刊》。并且，民国四年（1915）9 月 3 日的大总统批文中记录，云南巡按使任可澄呈文要求大总统准予颜元及其弟子李塨、王源从祀孔庙，得到批准后，这一从祀孔庙的活动交由政事堂礼制馆核议。这一事件在当时的《国学杂志》中受到关注，学者们撰文对颜元、李塨等人的身世、人品、学术加以品评。

四存学会创立于 1920 年，其名字来源于学派代表人物颜元的著作——《存人编》、《存性编》、《存学编》和《存治编》。学会会长为张凤台，直奉战争爆发后由李见荃做代会长，王达、王瑚做副会长。在中国伦理学思想史上，由当权者支持为一个学派建立学术组织的情况极其鲜见，颜李学派在当时可谓显赫一时。四存学会建立不到一年，会员人数就达到600 多人，并在天津、太原等地开设了分会。学会的学术活动频繁，日常开办一些讲习，会员会仿照颜李学派代表人物记日谱，以此修身养性。

然而，后世对于四存学会的建立仍存在一些争议。四存学会代会长李见荃所写《四存月刊发刊辞》中曾述："同人等承大总统之意，创立四存学会。推崇颜李，重习行兼重发明。"可见，四存学会的创办是建立在一定政治支持的基础上的。在姜广辉所著《颜李学派》的序言中，邱汉生表达过相似的观点，认为四存学会的存在以及颜李学的复兴，是为了在政治上支持袁世凯。朱义禄在《颜元李塨评传》中提出颜李学派在民国的复兴完全是政治力量的推动。不可否认，颜李学派的思想中的确有尊孔复孔的内容，这使得不少学者认为徐世昌支持颜李学派是为了维护旧制，抵制新思想。但是，颜李学派的复古孔孟之道，是一种革新性的复古，其理论中不乏革命性和创新性。当时尊崇孔子的更非只有这一支学派。不得不说，颜李学派在当时受到推崇，并非完全为了维护旧制。其理论的革新性，深切的经世致用情怀，以及变革求发展的理念，都是民国时期政客与学者所共同的诉求。仅就徐世昌而言，作为清末的翰林，其学术积累深厚，并涉猎西学，提倡发展实业，这些并不是所谓维护旧制的官员所能企及的。

四存学会伴随着颜李学派的复兴，为颜李学派思想的传播作出了贡献，在社会中形成了一股研究颜李学的风潮。人们对颜李学派的关注逐渐超越政治，更多地转向纯粹学理性质的探讨，章太炎、刘师培、梁启超、康有为、孙宝瑄、李石曾、胡适、钱穆、冯友兰、毛泽东等人都对颜李学派倍加关注，颜李学派在 20 世纪迎来了又一个发展高潮。

二、梁启超、刘师培推崇颜李学派的教育主张

颜李学派伦理思想强调培养"圣贤"以图经世致用，为此颜元亲自主持漳南学院，分设文事斋、武备斋、经史斋、艺能斋、理学斋以及帖括斋等六斋，授课内容涵盖了天文地理、军事理工、六艺以及理学等。他主持的书院主张文武并重，讲授能够振兴国力的实用之学。颜李学派的这一教育主张为梁启超、刘师培等人所推崇。梁启超在北京平民中学演讲，将颜元视为大师，并讲其人格及治学方法。

梁启超于 1923 年著《颜李学派与现代教育思潮》一文，阐述他对颜李学派教育思想的认识。梁启超认为颜李学派思想中经世致用的理念值得推崇，因此，他将颜元列为清朝初期的大师中最值得尊敬的人。他在著作《中国近三百年学术史》第十章开篇颂扬颜李学派为："举朱陆汉宋诸派所凭借者一切摧陷廓清之，对于二千年来思想界，为极猛烈极诚挚的大革命运动。其所树旗号曰'复古'，而其精神纯为'现代的'。"他认为颜李学派是反对程朱理学的代表，在内容上能够以实、动代替虚、静的程朱理学。

梁启超赞赏颜元的全部学术精神在于"习"。"感觉'习'的力量之伟大，因取《论》'习相远'和'学而时习'这两句话极力提倡。所以我说他是'唯主义'。习斋所讲的'习'，函有两义，一是改良习惯，二是练习实务。而改良习惯的下手方法又全在练习实务，所以两义还只是一义。"① 这段话表示梁启超认为培养人才，应该让其学习实际有用的知识并在实践中学习，这是唯一有效的学习方法。因此他说道："所以专提倡《论语》里'习相远'、《尚书》里'习与性成'这两句话，令人知道习之可怕。"② 他还拿如何熟悉北京城的道路做比喻，说明颜李学派在实践中学习知识的方法："拿很粗浅的例来打比，你想知道北京的路怎样走法，任凭你孔夫子，你总没有法子生来就知道：你读尽了什么《北京指南》不中用，听人讲得烂熟也不中用。你要真认得路，除非亲自走过几回。所以他说知识的来源，除了实习实行外是再没有的。"③

---

① 梁启超：《中国近三百年学术史》，123 页。
② 梁启超：《颜李学派与现代教育思潮》，见陈登原：《颜习斋哲学思想述》附录，213 页。
③ 同上书，212 页。

梁启超还认为颜李学派反对埋头在书堆里，是"积极的而非消极的"①，因为"斋反对读书，并非反对学问，他认定读书与学问截然两事，而且认定读书妨害学问，所以反对"②，同时他提出颜李学派"只是叫人把读书的岁月精神腾出来去做真正学问罢了"③。因此，梁启超将颜李学派教育思想中的"习"奉为治世良药。

梁启超除了赞赏颜李学派"习"的学术精神，还提出在"习"中包含了一种体育精神。颜李学派之所以在开设书院时教授弟子六艺，倡导弟子学习武术，是因为"他反对宋人所提倡之静坐，和反对读书同一理由：一曰静坐使人愚，二曰静坐使人弱"④。梁启超认为"中国二千年提倡体育的教育家，除颜习斋外只怕没有第二个人了"⑤。评价之高，足见颜李学派在他心中的地位。

不仅梁启超高度评价了颜李学派的教育主张，章太炎、刘师培、毛泽东也从不同方面认可了颜李学派的教育思想。章太炎曾给予颜李学派极高的评价，认为自荀子之后，颜元才可算得上是大儒。他认为"颜习斋之意，以为程、朱、陆、王都无甚用处，于是首举《周礼》'乡三物'以为教，谓《大学》'格物'之物，即'乡三物'之物，其学颇见切实。盖亭林、船山但论社会政治，却未及个人体育。不讲体育，不能自理其身，虽有经世之学，亦无可施。习斋有见于此，于礼乐射御书数中，特重射御，身能盘马弯弓，抽矢命中，虽无反抗清室之语，而微意则可见也"⑥。刘师培对颜元的教育理念颇为赞赏，特别是颜元主张学习"水火工虞学"的教育思想，他认为颜李学派的学科设置同西方的教育理念非常相似，注重实用科学。毛泽东赞赏颜李学派"动以至强"的育人观念，1917年在《新青年》上发表《体育之研究》一文表达自己赞同颜李学派认为人才应文武兼备的观点，提出只有身体强壮了，修养道德才能够有所成效和收获。

三、孙宝瑄、胡适推崇颜李学派的实践理念

在20世纪，有识之士不仅高度赞赏颜李学派的教育主张，同时也极

①②③　梁启超：《颜李学派与现代教育思潮》，见陈登原：《颜习斋哲学思想述》附录，218页。
④　同上书，219页。
⑤　同上书，218页。
⑥　章炳麟：《国学略说》，162～163页，上海，上海文艺出版社，2001。

其推崇该学派的实践理念，提倡其功利学说。其中，孙宝瑄、胡适就是较为突出的代表。

孙宝瑄在清末民初是颇有影响力的人物，曾任职于清廷工部、邮传部及大理院，民国初年为宁波海关监督，其兄孙宝琦为晚清驻法、驻德公使，民国国务总理。孙宝瑄出身书香门第，家中藏书不下两万卷，这使他有着深厚的国学功底。这样一位家学深厚的人物，也推崇佩服颜元，足以见颜元在民国时期的地位。孙宝瑄对颜李学派很是赞叹，其在《忘山庐日记》之"丁酉光绪二十三年（1897）九月二十二日"的日记中写道："吾于国初，最心折者两先生：一黄梨洲，一颜习斋。二公皆能破旧时障碍，而创新知，以先觉觉斯民者也。真盖梨洲能揭数千年专制之毒，于政界中放一曙光；习斋则悟孔孟真谛为三代下儒生所蔽，专研求空虚无用之学，今欲一一返求诸实，以期有用，又于学界中放一曙光。至今日，二先生之言皆验矣。"

孙宝瑄批评中国历史上没有实学，读书人和政治家都不做实事。事实上，这一评价颇为中肯地看到了颜李学说的实质。孙宝瑄本人也效仿颜元，记录日谱以修养身心。他在日记中与颜元甚有共鸣，在"丁酉光绪二十三年正月二十二日"的日记中他写道："中国无实学，无论词赋讲读，甘蹈无用。即名为治经济家，往往纸上极有条理，而见诸实事，依然无济。不核实之病至此！昨见习斋先生云：自帖括文墨遗祸斯世，即间有考纂经济者，亦不出纸墨见解。悲夫！"与颜元一样，孙宝瑄也认为中国的读书人最擅长的就是在纸上清谈，只会高谈阔论，遇到实际需要解决的问题就束手无策了，这也正是颜元指责程朱理学之弊端所在。孙宝瑄十分佩服颜元主张重视实用济民之实务，他在《忘山庐日记》之"丁酉光绪二十三年正月二十一日"中说道："览《颜氏学记》，痛诋后儒仅以讲解诵读为学之极则，犹学琴者专习琴谱不知操琴，真善喻也。要了三代以后，自秦焚书，书虽复出，人皆视类碑碣玩好之物，不复求于书之外，余尝论之前矣，习斋之意与余正合。习斋以为，世间真学问，不外天文、律历、兵农、水火、礼乐诸有实用济民事。盖已窥见今日泰西学校之本。吾不意国初时竟有此种人物。"不仅如此，孙宝瑄更是放眼世界范围评判颜李学派的实践理念，在当日的日谱中他认为："颜先生所发明之宗旨学派，虽在当时界域尚狭；然推而广之，正与处今日时势，谋社会之进化者，有不谋而合者焉。盖先生当日所知之实学，不过礼乐射御书数，以及兵农水火六府三事而已，使生今日，则又将知宇宙间更增无穷之科学，岂不大快乎哉！然而各专一门，精益求精，期获实功，有益家国，先生固已言之矣。起欧美巨儒而问之，彼能易先生之言乎？先生真伟识哉！"

胡适也极其推崇颜李学派的实践精神。他在《几个反宋明理学的思想家》中说道："中国的哲学家之中，颜元可算是真正从农民阶级里出来的。他的思想是从乱离里经验出来的，从生活里阅历过来的。他是个农夫，又是个医生，这两种职业都是注重实习的，故他的思想以'习'字为主导。他自己改号习斋，可见他的宗旨所存。"胡适认为，颜李学派的创始人颜元经历过朝代更迭、乱世谋生、亲自耕种的生活，这样的经历给了他关注实际生活的机会。之后颜元又从事了医生的职业，这又使他能够注重实习。"习"成为颜李学派的宗旨，并不断渗透到实际的修身养性过程中。可以说，胡适认为主张"动"的思想是颜元最根本的贡献之一。他在《颜李学派的程廷祚》一文中赞赏颜元："反对静坐的理学，他要人习动，要人'犯手去做'。颜李之门学习礼乐都是要人动手动脚去实做实习。"

总之，颜李学派在20世纪显现了极强大的生命力。该学派为了达到经世致用的目的，推崇"习行"主张。这一主张不仅彰显在文字著述之中，更体现在他们实际的育人实践过程里。颜李学派的育人主张和实践理念开始越来越为世人所推崇，并开始走向国际学术界。1906年日本东京铅印出版戴望的《颜氏学记》，是国外最早接触颜李学派的著作。之后在20世纪二三十年代，有关颜李学派的研究开始走向欧美。1926年曼斯菲尔德·弗里曼在英文杂志《皇家亚洲学会中国华北分会学报》1926年第17期上发表学术论文《颜习斋：17世纪的哲学家》，可见当时颜李学派已经受到国际学术界的关注。时光流转，颜李学派伦理思想仍然保持着理论的光辉，在当今中国仍然具有旺盛的学术生命力，对于建立社会主义市场经济和社会主义核心价值体系具有一定的借鉴意义。

第二节　颜李学派伦理思想在当今中国的生命力

颜李学派饱含着对社会、民族和国家的忧患意识，对程朱理学进行反思批判。《存治编序》的开篇即说道："唐、虞、三代复见于今日乎？吾不得而知也；唐、虞、三代不复见于今日乎？吾不得而知也。……七制而后，古法渐湮，至于宋、明，徒文具耳，一切教养之政不及古帝王。而其最堪扼腕者，尤在于兵专而弱，士腐而靡，二者之弊不知其所底。以天下之大，士马之众，有一强寇猝发，辄鱼烂瓦解，不可收拾。黄巢之起，洗物淘城；李自成、张献忠如霜风杀草，无当其锋者，官军西出，贼已东趋川、陕、楚、豫，至于数百里人烟断绝。"正是由于颜李学派的理论建立在反思社会现实的基础上，才使其具有了实践性和生命力。

在人性论上，颜李学派主张"理气合一"，倡导"气质"一元论，提出人性无恶，"恶由引蔽习染"的观点，反击了程朱理学关于人性为恶的理论；在义利观上，颜李学派反对程朱理学"存天理、灭人欲"的主张，提出"正谊谋利，明道计功"的义利观，在中国古代义利观发展史上革除了自汉代以来"重义轻利"的影响，具有举足轻重的历史地位；在修养方式上，颜李学派重视"实践"，提出"习行"的修养方式，主张培养经世致用的圣贤人才。颜李学派是清初反宋明理学思潮中最彻底的一支，他们的理论具有反封建的色彩，顺应了明末清初资本主义萌芽的历史时代要求，打破了宋明理学的思想束缚，对唤起人们的初步觉醒起到了不可低估的作用，其批判意识和战斗精神值得赞赏。

颜李学派对伦理道德教育的贡献在同时代思想家中首屈一指：他们看到了人才对于国家命运的重要性，并在实践中将两者紧密联系在一起，用"习行"的教育理念实现了培养圣贤同国家政治的紧密相连，纠正了程朱理学对国家教育的误导。颜李学派伦理教育体系中的学科设置具有前瞻性和突破性，不仅重视传统德育的学习，还将自然科学和军事技能纳入教育体系中，成为现代学校教育制度的雏形。这种教育体系突出了全面发展、劳动修身的育人理念。教育关乎国家命运，当代我国推行科教兴国战略，颜李学派的理论为这一战略提供了理论参考。

颜李学派重视实践、讲求"习行"的伦理思想将道德教化同生活实践结合起来，成为"实践是检验真理的唯一标准"理论的传统文化渊源之一。该学派倡导独立实践、自立自强的奋斗精神，这对于我们今天构建社会主义核心价值体系具有一定的借鉴意义。

在建设市场经济的条件下，将"义"、"利"对立就是否定个人正当利益的合理性，就是否定人性，同我国建设社会主义市场经济不相适应。颜李学派充分肯定了人的自然欲望及利益的必然性与合理性，并主张用正确的方式追求合理利益，促进国家经济发展。在世界经济不景气、金融风暴席卷全球的背景下，颜李学派的义利观为正确看待个人利益和社会公共利益的关系提供了理论依据。

同时，我们也必须清楚地看到颜李学派理论的局限性。虽然颜李学派提出了许多值得推崇和借鉴的思想，但是这些思想在运用到当今中国的建设实践中时，仍然需要注意其背景与范围。

一、突出全面发展、劳动修身的育人理念

颜李学派的"习行"教育最突出的特色就是强调"实践"，这是一种全面动态的育人理念。这种教育理念在颜元的著作《存学编》中有详细论述。颜李学派"习行"教育的内容以"六艺"为主，漳南书院中分设六斋，涵盖了多学科的内容。针对当时程朱理学育人的弊端，对这些内容的学习，是为了培养"经世致用"的全面人才。颜李学派认为当时程朱理学误人子弟，只能够培养腐儒，导致读书人只会静坐顿悟、玄谈误国。他们从明亡的过程中看到读书人"平居诵诗书，工揣摩，闭户偬首如妇人女子；一旦出仕，兵刑钱谷渺不知为何物"①。相反，"习行礼、乐、射、御之学，健人筋骨，和人血气，调人情性，长人仁义。……小之却一之疾，大之措民物之安"②，无论对于个人还是国家都有着实际的好处。除了六艺之外，颜李学派的"习行"教育内容还包括了兵、农、水、火、钱、谷、工、虞等，李塨在《瘳忘编》中也进一步阐述并发展了相关理念。

颜李学派的"习行"教育理念，从内容来看，立体多面，涵盖广泛，认识到了程朱理学修炼心性的误区，突出了人的全面发展。特别地，颜元重视劳动和体育精神在"习行"教育中的作用。颜元本人的生活经历，使得他很重视劳动的价值，坚决反对理学所圈定的学习方式和学习内容，反对只读书不实践。

颜李学派的"习行"理念不仅强调实践，更突出了个体行为本身的运动性。这一观点，立足于对明朝亡国的反思，认为"今之学者有三弊：溺于文辞，牵于训诂，惑于异端。苟无此三者，则必求归于圣人之道矣"③。也就是说，由于程朱理学倡导主静顿悟，因此造成了读书人终身围绕着八股文而不思习行礼、义之事，所以颜李学派认为程朱理学"灭儒道，坏人才，厄世运，害殆不可胜言也"④。因此，颜李学派的"习行"理念也看重"动"对受教育者的作用。颜元还借助历史来说明"动"的好处："三

---

① （清）颜元著，王星贤、张芥尘、郭征点校：《颜元集》，101 页。
② 同上书，693 页。
③ 同上书，95 页。
④ 同上书，678 页。

皇、五帝、三王、周、孔，皆教天下以动之圣人也，皆以动造成世道之圣人也。五霸之假，正假其动也，汉、唐袭其动之一二，以造其世也。晋、宋之苟安，佛之空，老之无，周、程、朱、邵之静坐，徒事口笔，总之皆不动也。而人才尽矣，圣道亡矣，乾坤隳矣。吾尝言一身动则一身强，一家动则一家强，一国动则一国强，天下动则天下强，益自信其考前圣而不谬矣，后圣而不惑矣。"①

正是由于这个原因，体育也在颜李学派的教育思想中占有重要的地位。颜李学派认为只有锻炼好身体，才能够在智育和德育上有所收获。这种德育、智育和体育相互促进、全面发展的理念，教育学生参与道德实践的思想，对当今我国教育事业的发展颇有参考价值。

值得注意的是，虽然颜元的教育思想具有动态的特色，其主持的漳南学院作为近代中国现代化教育的雏形具有重要地位，但其理论仍然有局限性。颜李学派坚决反对程朱理学八股取士，反对培养死读书不解决实际问题的腐儒，因此颜元对于书本知识颇有排斥，甚至反对著书立说。其弟子李塨、王源有所不同，不如颜元那般排斥书本和读书。实际上，完善的教育既不能够排斥书本，也不能够脱离实际。李塨对颜元教育思想的继承与改革颇具意义。

二、倡导经世致用、自立自强的奋斗精神

颜李学派的伦理思想实际上是一种经世之学，承载着重要的政治使命，投射出自立自强的奋斗精神。颜李学派以恢复孔孟之道为学术旗帜，以经世、生民为现实关怀。这种理论，不仅来自该学派代表人物作为知识分子的责任意识和爱国之情，更因为他们经历了明末清初改朝换代的政治冲击，看到了程朱理学的弊端。

针对程朱理学的弊端，颜李学派积极致力于增强国家实力，推崇经世之学，并始终以匡复国力为己任。李塨回忆颜元："先生自幼而壮，孤苦备尝，只身几无栖泊；而心血屏营，则无一刻不流注民物，每酒阑灯灺，抵掌天下事，辄浩歌泣下。一日，与塨语，胞与淋漓，塨不觉亦堕泪。先生跃起曰：'此仁心也。吾道可传矣！'"② 从中可以看到，颜元能够走出书本，关心国家命运和民生。颜元在自成一家后，对于主张

① （清）颜元著，王星贤、张芥尘、郭征点校：《颜元集》，669 页。
② 同上书，101 页。

玄虚空静、不务实事的程朱理学进行了极力批驳，提出"以实药其空，以动济其静"①。这些具体的改革主张，编于《王道论》之中，后改名为《存治编》。在《存治编》中，颜元主要分王道、井田、治赋、学校、封建、宫刑、济时、重征举、靖异端等九个部分来论述其经世致用思想。其弟子李塨得其理论之旨，在《瘳忘编》中将这一思想发扬存续。《存治编》的"书后"中记录："先生《三存编》，《存性》、《存学》皆悟圣学后著，独《存治》在前，乃壮岁守宋儒学时所作也。当是时，仁心布濩，身任民物之重已如是，其得圣道也盖有由矣。塨从游后，闻而悦之，著《瘳忘编》以广其条件。"

颜李学派的经世致用思想，反映了其自立自强的奋斗精神，这种精神对我国的社会主义建设有着激励作用。这种激励作用对于个人而言也颇为重要。在建设社会主义核心价值体系的过程中，许多不同的价值观冲击着青年一代的头脑。对于对财富和地位不切实际的追逐，对于不惜借用自曝丑闻以一夜成名的扭曲心态，颜李学派所倡导的自立自强的奋斗精神都是一剂良药。当然，《存治编》中的诸多举措，也体现了一种"君轻民贵"的传统儒家思想。颜元看到了天下命运系于皇帝一人的弊端，反对明末的混乱暴政状态。但是颜李学派的许多主张有着乌托邦式的色彩，在实行上有一定的难度，缺乏对历史规律的自觉。

三、注重正确处理个人同国家的关系

注重正确处理个人同国家的关系，是颜李学派的义利观的主要内容，它同颜李学派经世致用的主旨紧密相连，在颜李学派伦理学体系中最值得称道。

颜李学派在处理个人利益同国家利益的关系问题上，能够做到不偏激，没有忽视个人的合理利益，正确肯定了个人利益的必然性与合理性，是那个时代的最强音。汉代大儒董仲舒提出"正其谊不谋其利，明其道不计其功"的观点，程朱理学将其推向了极致，主张"存天理、灭人欲"，压抑了合理的个人利益和欲求，导致理论与历史发展脱轨。针对于此，颜李学派"正谊谋利，明道计功"的义利观能够反映合理利益的需求，打破了自汉代以来中国人数千年不敢言利、耻于言利的错误观念。更重要的是，这种义利观肯定人性之善，鼓励人们追求美好，直接引导了当时义利

---

① （清）颜元著，王星贤、张芥尘、郭征点校：《颜元集》，125 页。

价值观的变化。在程朱理学钳制人性欲求的时期，颜李学派能够大胆提出肯定利益正当性的学说，是对人性的重新衡定与解放。

同时，值得注意的是，颜李学派虽然注重个人利益，但把持有度，没有过分夸大个人利益，而是将其与国家利益相关联，延续了先秦孔子对利益问题的处理方式，主张"以义制利"。虽然颜李学派沿用了孔子的古制，但却具有明末清初时代的新气息。孔子所言之"义"，包含了多重内涵，而颜李学派的突破性在于以国家利益为标准，衡量、制约个人利益，这对于当代中国发展社会主义市场经济有着指导作用。伴随着国家经济发展，道德缺失现象频发。追究这些现象产生的根源可以看到，将个人利益凌驾于国家利益之上、凌驾于他人利益之上是造成道德滑坡的主要原因。因此，颜李学派的义利观在数百年之后的今天，依旧具有指导意义。

总之，虽然颜李学派没有成为清代历史最终的选择，但是该学派重击了清初程朱理学的桎梏。其伦理思想建立在人性一元论基础上，倡导人性之善；确立了"正谊谋利，明道计功"的义利观，肯定了个人利益的合理性，关注国家利益；提出了"习行"的修养方式，以经世致用的理念将个人利益与国家利益相统一。在清末民初，颜李学派的思想曾鼓励了不少有识之士求学西洋，振兴国力。跨越数百年，颜李学派的思想在今日仍然光辉闪耀：突出全面发展、劳动修身的育人理念，倡导经世致用、自立自强的奋斗精神，注重正确处理个人同国家的关系，这些理论不仅在当时具有革命性和先进性，即使在今天仍然具有突出的现实价值。颜李学派虽然被没落的封建统治阶级冷落和压抑了，但并没有被历史所抛弃，其不朽的思想价值宝藏，必将吸引后来的追随者不断挖掘。

参考文献

文献类

1. 北京大学注释组. 荀子新注. 北京：中华书局，1989
2. （宋）陈亮. 陈亮集. 北京：中华书局，1987
3. （汉）董仲舒. 春秋繁露. 上海：上海古籍出版社，1989
4. （清）冯辰，刘调赞撰，陈祖武点校. 李塨年谱. 北京：中华书局，1988
5. （清）顾炎武. 日知录. 上海：商务印书馆，1934
6. （清）顾炎武著，黄汝成释. 日知录集释. 上海：上海古籍出版社，1985
7. （宋）黎靖德编，王星贤点校. 朱子语类. 北京：中华书局，1986
8. （清）李塨. 平书订. 上海：商务印书馆，1937
9. （清）李塨著，冯辰校. 恕谷后集. 北京：中华书局，1985
10. （清）李塨著，王源订，陈祖武点校. 颜元年谱. 北京：中华书局，1992
11. 李学勤主编. 十三经注疏. 北京：北京大学出版社，1999
12. （宋）李觏. 李觏集. 北京：中华书局，1981
13. 刘师培. 刘申叔遗书. 南京：江苏古籍出版社，1997
14. 孙宝瑄. 忘山庐日记. 上海：上海古籍出版社，1983
15. （宋）王安石. 王文公文集. 上海：上海人民出版社，1974
16. （清）王夫之. 张子正蒙注. 北京：中华书局，1975
17. （清）颜元撰，王星贤，张芥尘，郭征点校. 颜元集. 北京：中华书局，1987
18. 杨伯峻译. 管子译注. 北京：中华书局，1960
19. 杨伯峻译. 论语译注. 北京：中华书局，1980
20. （清）张伯行. 正谊堂文集. 上海：商务印书馆，1937

21.（宋）周敦颐. 太极图说. 上海：上海古籍出版社，1992

22.（宋）朱熹. 河南程氏遗书. 上海：商务印书馆，1935

23.（宋）朱熹撰，金良年译. 四书章句集注. 上海：上海古籍出版社，2006

著作类

1. 阿马蒂亚·森著，王宇，王文玉译. 伦理学与经济学. 北京：商务印书馆，2000

2. A．B·阿尼金著，丁祖永，胡汉英译，陈国雄校. 马克思以前的思想家和经济学家. 武汉：湖北人民出版社，1986

3. 艾尔·芭比著，邱泽奇译. 社会研究方法. 北京：华夏出版社，2005

4. 查果洛夫著，晏智杰译. 亚当·斯密与现代政治经济学. 北京：北京大学出版社，1982

5. 陈岱孙. 从古典经济学派到马克思. 北京：北京大学出版社，1996

6. 陈登原. 颜习斋哲学思想述. 北京：中国大百科全书出版社，1989

7. 陈鼓应，辛冠洁，葛荣晋主编. 明清实学思潮史. 济南：齐鲁书社，1988

8. 陈钧，任放. 经济伦理与社会变迁. 武汉：武汉出版社，1996

9. 陈孟熙主编. 经济学说史简编. 北京：光明日报出版社，1986

10. 陈山榜. 颜元评传. 北京：人民教育出版社，2004

11. 陈廷湘. 宋代理学家的义利观. 北京：团结出版社，1999

12. 崔永东. 内圣与外王：中国人的人格观. 昆明：云南人民出版社，1999

13. 大河内一男著，胡企林，沈佩林译. 过渡时期的经济思想——亚当·斯密与弗·李斯特. 北京：中国人民大学出版社，1987

14. 戴家龙，赵建. 中西经济思想纲要. 合肥：安徽大学出版社，2002

15. 方克立. 中国哲学史上的知行观. 北京：人民出版社，1982

16. 冯友兰. 中国哲学简史. 天津：天津社会科学院出版社，2007

17. 傅济锋. 习行经济：建基于"气质性善论"的习斋哲学研究. 北

京：华龄出版社，2007

　　18. 傅衣凌. 傅衣凌治史五十年文编. 北京：中华书局，2007

　　19. 傅衣凌. 明清封建土地所有制论纲. 北京：中华书局，2007

　　20. 傅衣凌. 明清社会经济变迁论. 北京：中华书局，2006

　　21. 傅衣凌. 明清社会经济史论文集. 北京：中华书局，2008

　　22. 傅衣凌. 明清时代商人及商业资本，明代江南市民经济试探. 北京：中华书局，2007

　　23. 傅筑夫. 中国古代经济史概论. 北京：中国社会科学出版社，1981

　　24. 高岸起. 利益的主体性. 北京：人民出版社，2008

　　25. 葛荣晋. 中国实学文化导论. 北京：中共中央党校出版社，2003

　　26. 龚长宇. 义利选择与社会运行：对中国社会转型期义利问题的伦理社会学研究. 北京：中国人民大学出版社，2007

　　27. 辜鸿铭. 中国人的精神. 北京：外语教学与研究出版社，1999

　　28. 郭霭春. 颜习斋学谱. 上海：商务印书馆，1957

　　29. 郭庠林. 中国封建社会经济研究. 上海：上海财经大学出版社，1998

　　30. 亨利·西季威克著，廖申白译. 伦理学方法. 北京：中国社会科学出版社，1997

　　31. 侯外庐. 中国思想通史·中国早期启蒙思想史. 北京：人民出版社，1956

　　32. 胡怀国. 《国富论》导读. 成都：四川教育出版社，2002

　　33. 胡寄窗. 中国经济思想史（下）. 上海：上海财经大学出版社，1998

　　34. 黄家瑶. 经济哲学导论. 北京：社会科学文献出版社，2000

　　35. 黄建中. 比较伦理学. 济南：山东人民出版社，1998

　　36. 贾旭东. 利己与利他："亚当·斯密问题"的人学解析. 北京：北京师范大学出版社，2002

　　37. 姜广辉. 颜李学派. 北京：中国社会科学出版社，1987

　　38. 焦国成. 传统伦理及其现代价值. 北京：教育科学出版社，2000

　　39. 李非. 富与德：亚当·斯密的无形之手——市场社会的架构. 天津：天津人民出版社，2001

　　40. 李国钧. 颜元教育思想简论. 北京：人民教育出版社，1984

41. 李书有主编. 中国儒家伦理思想发展史. 南京：江苏古籍出版社，1992

42. 李文治，魏金书. 明清时代的农业资本主义萌芽问题. 北京：中国社会科学出版社，1987

43. 李文治. 明清时代封建土地关系的松懈. 北京：中国社会科学出版社，1993

44. 李亦园，杨国枢主编. 中国人的性格. 南京：江苏教育出版社，2006

45. 李志军. 西学东渐与明清实学. 成都：巴蜀书社，2004

46. 梁启超. 中国近三百年学术史. 太原：山西古籍出版社，2001

47. 林仁川，许晓望. 明末清初中西文化冲突. 上海：华东师范大学出版社，1999

48. 林语堂著，郝志东，沈益洪译. 中国人. 杭州：浙江人民出版社，1988

49. 林增平，李文海主编. 清代人物传稿-下编：第 3 卷. 沈阳：辽宁人民出版社，1987

50. 罗国杰主编. 伦理学. 北京：人民出版社，1989

51. 马涛. 经济思想史教程. 上海：复旦大学出版社，2002

52. 南京大学历史系明清史研究室编. 明清资本主义萌芽研究论文集. 上海：上海人民出版社，1981

53. 南京大学历史系明清史研究室编. 中国资本主义萌芽问题论文集. 南京：江苏人民出版社，1983

54. 聂文军. 亚当·斯密经济伦理思想研究. 北京：中国社会科学出版社，2004

55. 欧内斯特·莫斯纳，伊恩·辛普森·罗斯编，林国夫，吴良健，王翼龙，蔡受百译，吴良健校. 亚当·斯密通信集. 北京：商务印书馆，1992

56. 欧阳卫民. 儒家文化与中国经济. 成都：西南财经大学出版社，1995

57. 帕特里夏·沃哈恩著，夏镇平译. 亚当·斯密及其留给现代资本主义的遗产. 上海：上海译文出版社，2006

58. 钱穆. 中国近三百年学术史. 北京：商务印书馆，1997

59. 任继愈主编. 中国哲学史（四）. 北京：人民出版社，2003

60. 沈善洪，王凤贤. 中国伦理思想史. 北京：人民出版社，1987

61. 汤剑波. 重建经济学的伦理之维：论阿马蒂亚·森的经济伦理思想. 杭州：浙江大学出版社，2008

62. 唐凯麟，陈科华. 中国古代经济伦理思想史. 北京：人民出版社，2004

63. 托德·G·巴克霍尔兹著，杜丽群等译. 已故西方经济学家思想的新解读：现代经济思想导论. 北京：中国社会科学出版社，2004

64. 谈敏. 法国重农学说的中国渊源. 上海：上海人民出版社，1992

65. 宛樵，吴宇晖. 亚当·斯密与《国富论》. 长春：吉林大学出版社，1986

66. 汪丁丁. 经济学思想史讲义. 上海：上海人民出版社，2008

67. 汪丁丁. 市场经济与道德基础. 上海：上海人民出版社，2007

68. 王海明. 伦理学方法. 北京：商务印书馆，2003

69. 王海明. 人性论. 北京：商务印书馆，2005

70. 王思治主编. 清代人物传稿-上编：第3卷. 北京：中华书局，1986

71. 王小锡，华桂宏，郭建新. 道德资本论. 北京：人民出版社，2005

72. 王莹，景枫. 经济学家的道德追问：亚当·斯密伦理思想研究. 北京：人民出版社，2003

73. 韦森. 经济学与伦理学：探寻市场经济的伦理维度与道德基础. 上海：上海人民出版社，2002

74. 韦政通. 伦理思想的突破. 北京：中国人民大学出版社，2005

75. 吴慧. 中国古代商业. 北京：商务印书馆，1998

76. 吴来苏，安云凤. 中国传统伦理思想评介. 北京：首都师范大学出版社，2002

77. 吴育林. 社会主义道德与市场经济统一性研究. 广州：中山大学出版社，2007

78. 席林著，顾仁明译. 天主教经济伦理学. 北京：中国人民大学出版社，2003

79. 谢国桢. 明末清初的学风. 上海：上海书店出版社，2004

80. 辛冠洁，丁健生，蒙登进主编. 中国古代著名哲学家评传续编一（先秦两汉部分）. 济南：齐鲁书社，1982

81. 徐复观著，陈克艰编. 中国学术精神. 上海：华东师范大学出版社，2004

82. 徐复观. 中国思想史论集续篇. 上海：上海书店出版社，2004

83. 许涤新，吴承明编. 中国资本主义发展史：第1卷. 北京：人民出版社，1985

84. 薛为昶. 伦理学与经济学的离分与复归：斯密体系及斯密以来经济学伦理意蕴研究. 徐州：中国矿业大学出版社，2004

85. 亚当·斯密著，余涌等译. 道德情操论. 北京：中国社会科学出版社，2003

86. 亚当·斯密著，郭大力，王亚南译. 国民财富的性质和原因的研究. 北京：商务印书馆，1972

87. 杨松华. 大一统制度与中国兴衰. 北京：北京出版社，2004

88. 姚新中，焦国成. 中西方人生哲学比论. 北京：中国人民大学出版社，2001

89. 颜元撰，陈居渊导读. 习斋四存编. 上海：上海古籍出版社，2000

90. 于俊文. 亚当·斯密. 北京：商务印书馆，1987

91. 鱼宏亮. 知识与救世：明清之际经世之学研究. 北京：北京大学出版社，2008

92. 张岱年. 中国伦理思想研究. 南京：江苏教育出版社，2005

93. 张岱年. 中国哲学大纲. 北京：中国社会科学出版社，1982

94. 张国俊. 先利与后义：中国人的义利观. 昆明：云南人民出版社，1999

95. 张岂之主编. 中国思想学说史：明清卷. 桂林：广西师范大学出版社，2002

96. 张锡勤，柴文华主编. 中国伦理道德变迁史稿. 北京：人民出版社，2008

97. 赵靖主编. 中国经济思想通史. 北京：北京大学出版社，1998

98. 赵璐. 中国近代义利观研究. 北京：中国社会科学出版社，2007

99. 哲学研究编辑部编. 老子哲学讨论集. 北京：中华书局，1959

100. 中国实学研究会主编. 实学文化与当代思潮. 北京：首都师范大学出版社，2002

101. 中国史研究编辑部编. 中国封建社会经济结构研究. 北京：中

国社会科学出版社，1985

102. 中野美代子著，北雪译. 中国人的思维模式. 北京：中国广播电视出版社，1992

103. 朱贻庭主编. 中国传统伦理思想史. 上海：华东师范大学出版社，2003

104. 朱义禄. 颜元 李塨评传. 南京：南京大学出版社，2006

论文类

1. 陈坚. "存人"与"原人"——颜元《存人编》与宗密《华严原人论》中的"人学"思想比较研究. 孔子研究，2006（5）

2. 陈林. 威廉·詹姆士实用主义与颜元实用思想之比较. 南京师范大学学报（社会科学版），1992（4）

3. 陈林. 颜元的实用思想. 江苏社会科学，1989（4）

4. 陈山榜. 颜元礼仪思想简论. 道德与文明，2004（6）

5. 陈山榜. 颜元人性论探析. 河北师范大学学报（教育科学版），2004（5）

6. 陈瑶夫，黄培勇. 试论颜元教育思想的实学特征. 河北学刊，1989（2）

7. 郭淑云. 颜元对宋明理学的批判及其特点. 东北师范大学学报（哲学社会科学版），1987（5）

8. 韩进军. 李塨对颜元思想的背离与超越. 河北大学学报，2008（1）

9. 何植靖. 试评颜元对程朱人性论的批判. 南昌大学学报（人文社会科学版），1986（1）

10. 黄楚文. 论颜元教育思想的成因. 社会科学辑刊，2009（1）

11. 纪山. 孔子、颜元教育思想比较. 首都师范大学学报（社会科学版），1988（1）

12. 解成. 试论颜元思想的理学性质. 晋阳学刊，1986（6）

13. 李道湘. 论颜元宇宙论的实质——兼论其宇宙论与人性论、认识论的关系. 兰州大学学报（社会科学版），1987（3）

14. 梁启超. 颜李学派与现代教育思潮//陈登原. 颜习斋哲学思想述. 北京：中国大百科全书出版社，1989：209

15. 卢育三. 从"体用兼全"看颜元的哲学体系. 天津师范大学学报（社会科学版），1988（2）

16. 商聚德. 颜元思想再评价. 晋阳学刊，1987（4）

17. 徐麟. 试论颜元的人学思想. 船山学刊，1999（2）

外文类

1. Arthur F. Holmes. Ethics：Approaching Moral Decisions，Inter Varsity Press，1984

2. James R. Otteson. The Recurring "Adam Smith" Problem. History of Philosophy Quarterly，2000，17（1）

索　引

图书在版编目（CIP）数据

颜李学派伦理思想研究/吴雅思著. —北京：中国人民大学出版社，2014.12
ISBN 978-7-300-20518-2

Ⅰ.①颜… Ⅱ.①吴… Ⅲ.①颜李学派-伦理思想-研究 Ⅳ.①B249.55

中国版本图书馆 CIP 数据核字（2015）第 000423 号

国家社科基金后期资助项目
颜李学派伦理思想研究
吴雅思　著
Yan-Li Xuepai Lunli Sixiang Yanjiu

出版发行	中国人民大学出版社				
社　　址	北京中关村大街 31 号		**邮政编码**	100080	
电　　话	010 - 62511242（总编室）		010 - 62511770（质管部）		
	010 - 82501766（邮购部）		010 - 62514148（门市部）		
	010 - 62515195（发行公司）		010 - 62515275（盗版举报）		
网　　址	http://www.crup.com.cn				
	http://www.ttrnet.com（人大教研网）				
经　　销	新华书店				
印　　刷	涿州市星河印刷有限公司				
规　　格	165 mm×238 mm　16 开本		**版　　次**	2016 年 1 月第 1 版	
印　　张	14.25 插页 2		**印　　次**	2016 年 1 月第 1 次印刷	
字　　数	233 000		**定　　价**	39.00 元